人力资源和社会保障部职业能力建设司推荐
冶金行业职业教育培训规划教材

炼焦设备检修与维护

主　编　魏松波
副主编　盛军波　常红兵

北　京
冶　金　工　业　出　版　社
2013

内 容 提 要

本书为冶金行业职业技能培训教材，是根据冶金企业的生产实际岗位群的技能要求编写的，并经人力资源和社会保障部职业培训教材工作委员会办公室组织专家评审通过。

全书共分8章，主要介绍了炼焦设备的作用、原理、点检与维护要点、检修等基础知识，设备点检制度；设备故障表现、原因、处理与预防等。

本书可作为炼焦生产一线的生产人员和设备检修人员技能培训教材和职业技术院校相关教材，也可作为炼焦企业从事设备管理的工程技术人员的参考书。

图书在版编目（CIP）数据

炼焦设备检修与维护/魏松波主编. —北京：冶金工业出版社，2008.3（2013.6重印）
冶金行业职业教育培训规划教材
ISBN 978-7-5024-4457-0

Ⅰ.炼… Ⅱ.魏… Ⅲ.炼焦—化工设备—维修—技术培训—教材 Ⅳ.TQ520.5

中国版本图书馆CIP数据核字（2008）第013824号

出 版 人 谭学余
地　　址 北京北河沿大街嵩祝院北巷39号，邮编100009
电　　话 (010)64027926 电子信箱 yjcbs@cnmip.com.cn
责任编辑 曾 媛 美术编辑 张媛媛 版式设计 张 青
责任校对 王贺兰 责任印制 张祺鑫
ISBN 978-7-5024-4457-0
冶金工业出版社出版发行；各地新华书店经销；三河市双峰印刷装订有限公司印刷
2008年3月第1版；2013年6月第2次印刷
787mm×1092mm 1/16；11.75印张；303千字；169页
32.00元

冶金工业出版社投稿电话：(010)64027932 投稿信箱：tougao@cnmip.com.cn
冶金工业出版社发行部 电话：(010)64044283 传真：(010)64027893
冶金书店 地址：北京东四西大街46号(100010) 电话：(010)65289081(兼传真)
（本书如有印装质量问题，本社发行部负责退换）

冶金行业职业教育培训规划教材
编辑委员会

序

吴溪淳

改革开放以来，我国经济和社会发展取得了辉煌成就，冶金工业实现了持续、快速、健康发展，钢产量已连续数年位居世界首位。这其间凝结着冶金行业广大职工的智慧和心血，包含着千千万万产业工人的汗水和辛劳。实践证明，人才是兴国之本、富民之基和发展之源，是科技创新、经济发展和社会进步的探索者、实践者和推动者。冶金行业中的高技能人才是推动技术创新、实现科技成果转化不可缺少的重要力量，其数量能否迅速增长、素质能否不断提高，关系到冶金行业核心竞争力的强弱。同时，冶金行业作为国家基础产业，拥有数百万从业人员，其综合素质关系到我国产业工人队伍整体素质，关系到工人阶级自身先进性在新的历史条件下的巩固和发展，直接关系到我国综合国力能否不断增强。

强化职业技能培训工作，提高企业核心竞争力，是国民经济可持续发展的重要保障，党中央和国务院给予了高度重视，明确提出人才立国的发展战略。结合《职业教育法》的颁布实施，职业教育工作已出现长期稳定发展的新局面。作为行业职业教育的基础，教材建设工作也应认真贯彻落实科学发展观，坚持职业教育面向人人、面向社会的发展方向和以服务为宗旨、以就业为导向的发展方针，适时扩大编者队伍，优化配置教材选题，不断提高编写质量，为冶金行业的现代化建设打下坚实的基础。

为了搞好冶金行业的职业技能培训工作，冶金工业出版社在人力资源和社会保障部职业能力建设司和中国钢铁工业协会组织人事部的指导下，同河北工业职业技术学院、昆明冶金高等专科学校、吉林电子信息职业技术学院、山西工程职业技术学院、山东工业职业学院、安徽工业职业技术学院、武汉钢铁集团公司、山钢集团济钢公司、中国职工教育和职业培训协会冶金分会、中国钢协职业培训中心、中国钢协人力资源与劳动保障工作委员会教育培训研究会等单位密切协作，联合有关冶金企业、高职和本科院校，编写了这套冶金行业职业教育培训规划教材，并经人力资源和社会保障部职业培训教材工作委员会组织专家评审通过，由人力资源和社会保障部职业能力建设司给予推荐，有关学校、企业的编写人员在时间紧、任务重的情况下，克服困难，辛勤工作，在相关科研院所的工程技术人员的积极参与和大力支持下，出色地完成了前期工作，为冶金行业的职业技能培训工作的顺利进行，打下了坚实的基础。相信这套教材的出版，将为冶金企业生产一线人员理论水平、操作水平和管理水平的进一步提高，企业核心竞争力的不断增强，起到积极的推进作用。

随着近年来冶金行业的高速发展，职业技能培训工作也取得了令人瞩目的成绩，绝大多数企业建立了完善的职工教育培训体系，职工素质不断提高，为我国冶金行业的发展提供了强大的人力资源支持。今后培训工作的重点，应继续注重职业技能培训工作者队伍的建设，丰富教材品种，加强对高技能人才的培养，进一步强化岗前培训，深化企业间、国际间的合作，开辟冶金行业职业培训工作的新局面。

展望未来，任重而道远。希望各冶金企业与相关院校、出版部门进一步开拓思路，加强合作，全面提升从业人员的素质，要在冶金企业的职工队伍中培养一批刻苦学习、岗位成才的带头人，培养一批推动技术创新、实现科技成果转化的带头人，培养一批提高生产效率、提升产品质量的带头人；不断创新，不断发展，力争使我国冶金行业职业技能培训工作跨上一个新台阶，为冶金行业持续、稳定、健康发展，做出新的贡献！

前　言

伴随我国钢铁产业的快速发展，炼焦行业的产能规模和装备水平发生了历史性的变化，目前我国炼焦企业已有1300多家，“十五”期间，我国焦炭产量以每年21.7%的速度增长。近几年来，随着国家产业政策的不断调整、环保法规的不断完善以及对炼焦行业准入标准的提高，加速了各炼焦企业对新技术的引进和应用，正逐步淘汰4.3m以下焦炉，6m焦炉成为主导炉型。近年来武钢、太钢、马钢、兖矿等企业的7.63m大容积焦炉建成投产，我国部分大型炼焦企业的装备水平仅次于德国，已达到了世界一流水平。

炼焦生产是复杂的工艺过程，为炼焦生产服务的设备种类比较多，操作过程繁琐，特别是焦炉是一个多炭化室组成的工业炉组，各个炭化室处于不同的结焦时期，需要用同一组设备按时间顺序完成多个炭化室的生产操作，并且在焦炉的25~30年寿命期内生产不能停止，炼焦生产的稳定性对于焦炉寿命和焦炭质量非常重要，而炼焦设备的检修与维护是保证设备正常运行、生产稳定有序的关键，所以要严格按规程操作设备，做好设备维护与检修工作。

我国各炼焦企业的发展并不平衡，各种炼焦炉型并存，炼焦设备差异性较大。为了提高广大炼焦企业一线生产人员和检修人员的专业素质，掌握炼焦设备检修和维护知识，我们组织多年从事炼焦生产的工程技术人员，总结生产实践中的经验，编写了这本《炼焦设备检修与维护》。

本书主要介绍了炼焦设备的作用、原理、检修与维护、故障处理等基础知识与基本技能，供生产一线生产人员和设备检修人员进行技能培训，也可供炼焦企业从事设备管理的工程技术人员参考。

由于编者水平所限，书中如有不妥之处，敬请读者批评指正。

编　者

2007年12月

目　　录

1 概　　述

中国是一个煤炭大国，同时也是一个焦炭生产与出口大国，每年生产焦炭超过 2 亿 t，居世界首位。焦炭是高炉生产的重要原燃料，其生产工艺较为复杂，如何更好地满足高炉生产、最大限度地减少污染，用循环经济的理念来实现清洁化生产是我们的目标。

近年来，按照国家炼焦行业清洁化生产标准，焦化行业的技术发展迅速，逐步淘汰炭化室高度 4.3m 以下的焦炉，6m 焦炉已经成为焦化厂的主流炉型，并配套干熄焦装置。

炼焦生产是复杂的工艺过程，为炼焦生产服务的设备种类多，操作过程繁琐；焦炉又是一个多炭化室组成的工业炉组，各个炭化室处于不同的结焦时期，需要用同一组设备按时间顺序完成多个炭化室的生产操作，并且在焦炉的 25 ~ 30 年寿命期内生产不能停止，其设备的高可靠性，故障处理的及时性、检修维护的经常性，是保证炼焦生产正常进行的关键。因此，既要严格按规程操作设备，又要认真做好设备的维护与检修工作。

1.1　炼焦生产工艺流程

焦化厂是通过对烟煤进行高温干馏，炼制焦炭并生产焦炉煤气和回收化学产品的生产企业。一般焦化厂由备煤、炼焦、回收等生产车间组成。在选煤厂经过洗选后的精煤，作为炼焦生产的原料煤，送至焦化厂，在备煤车间受煤工段卸车，送到煤场储存和进行煤质均匀化，再根据质量要求进行取煤、配煤、粉碎作业而得到适合炼焦生产的配合煤，并通过运输胶带机送到炼焦车间。在炼焦车间，配合煤被装入炼焦炉的炭化室内，按规定时间隔绝空气进行加热。

配合煤隔绝空气加热到 950 ~ 1050℃，经过干燥、热解、熔融、黏结、固化、收缩等阶段最终制得焦炭，这一过程称作高温炼焦（高温干馏）。由高温炼焦得到的焦炭用于高炉冶炼、铸造、气化和化工等工业部门作为燃料或原料；炼焦过程中得到的干馏煤气经回收、精制得到各种芳香烃和杂环化合物，供合成纤维、染料、医药、涂料和国防等工业作原料；经净化后的焦炉煤气既是高热值燃料，又可以作为有机合成工业的原料。

现代焦炉是指以生产冶金焦、气化焦等为主要目的，可以回收炼焦化学产品的水平室式焦炉。它由炉体和附属设备构成。焦炉炉体由炭化室、燃烧室、蓄热室、斜道、炉顶与基础、抵抗墙等组成，并通过烟道与烟囱相连。焦炉的附属设备主要包括：护炉铁件（炉柱、保护板、拉条、弹簧与炉门框等）、荒煤气导出设备（上升管、桥管、水封盖及集气管）、加热设备（煤气、废气与换向设备）及炉门修理站。

焦化厂的一般工艺生产流程如图 1-1 所示。

1.2　炼焦工艺原理

焦炭的炼制是将煤料装入炭化室内隔绝空气加热到 950 ~ 1050℃，其间经过一定时间逐渐分解，挥发物逐渐析出，残留物逐渐收缩，最终形成焦炭的过程。从煤料炼成焦炭的过程就是结焦过程。在结焦过程中，即煤的热解过程中，大体会有以下几个变化阶段：干燥和预热→开始分解→生成胶质体→固化黏结形成半焦→半焦分解收缩→半焦转变成焦炭。

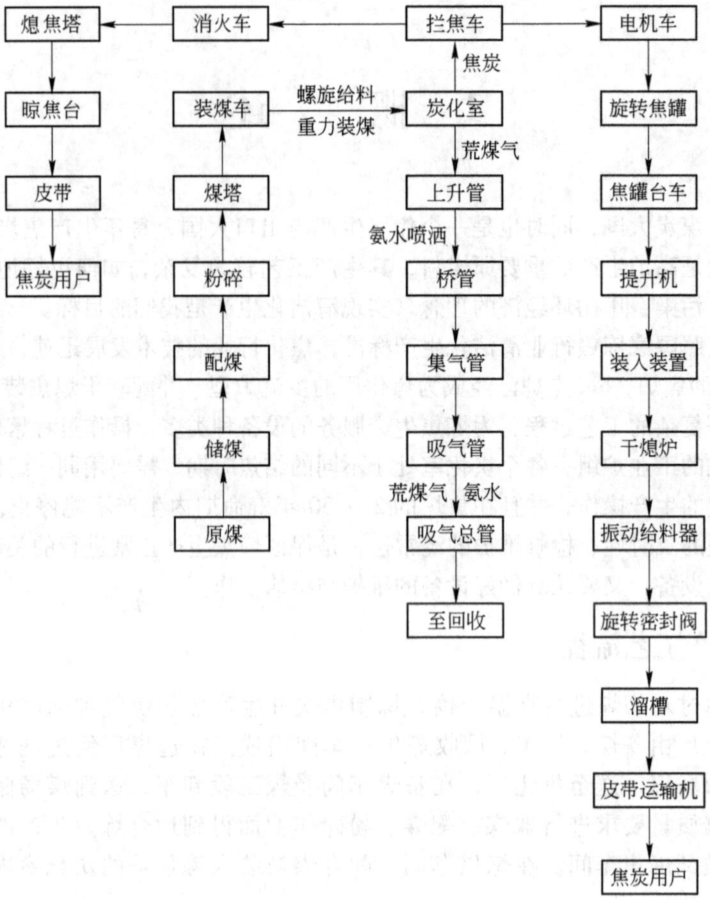

图 1-1　焦化厂一般工艺流程

（1）干燥和预热。湿的配合煤装入炼焦炉后，水分开始蒸发，未蒸发完以前，煤的温度低于 100℃，这个阶段需要大量的热和很长的时间。在 100～200℃煤变干燥，并释放出吸附于煤表面和气孔中的二氧化碳和甲烷等气体，但煤质不变。

（2）开始分解。200～350℃煤开始分解，不同变质程度的煤开始热分解的温度是不同的：气煤是在 210℃左右，肥煤约在 260℃左右，焦煤约需 300℃，瘦煤大约到 390℃才开始分解。煤在转变成胶质体状态前就开始分解。350℃前主要分解出化合水、二氧化碳、一氧化碳、甲烷等气体和少量焦油蒸气和液体。

（3）生成胶质体。当温度升高至 350～450℃时，由于其侧链的断裂生成大量液体、高沸点焦油蒸气和固体微粒，构成一个多分散相的胶体系统，即胶质体。凡是能生成胶质体的煤都有黏结性。由于胶质体很黏，不透气，并将固体小粒黏结在一起，因此产生膨胀，对炉墙有一定的膨胀压力。

（4）胶质体固化形成半焦。450～550℃时胶质体热解变得激烈，并伴随有缩聚和合成等反应析出大量挥发物。随着气体析出，固态物质形成，即开始产生半焦。

（5）半焦收缩。550～650℃时，由于进一步加热的结果，在半焦内热解出大量的挥发物（主要是氢气和甲烷），这样，半焦收缩使焦质变紧，并产生裂纹。

（6）半焦转变为焦炭。650～950℃时，半焦继续析出气体，主要是氢气。半焦进一步收缩，使焦质变紧变硬，裂纹增大，最终转变为焦炭。在此阶段中析出的焦油蒸气与赤热焦炭相遇，部分进一步热分解，析出游离碳沉积在焦炭上，逸出的蒸气成分与低温状态下的不同，这个再分解过程称作二次热分解。

在生产条件下，炭化室中的煤料受到两侧燃烧室的加热，热流从两侧炉墙逐渐传递到炭化室中心。因此，上述结焦过程也是从靠近炉墙的煤料开始逐渐向中心变化。在整个结焦时间内，炭化室中的煤料状况是分层变化的（见图1-2），各层从炉墙向中心移动。也就是说，靠近炉墙的焦炭先成熟。因此，在沿炭化室宽度上的各点焦炭质量实际是不均匀的。

由于供给的热量是固定的，而炭化室中煤料的吸热状况随着结焦过程在变化，因此在整个结焦时间内，煤料在沿炭化室宽度上的各点温度也随之变化。煤料开始装入炭化室时，炉墙表面温度为1000～1100℃，装煤后2h，湿煤从炉墙吸走的热量大于供给炉墙的热量，所以炉墙温度迅速降低，随着煤料的逐渐转变成焦炭，它所需要的热量逐渐减至和供给的热量相平衡，半焦转为焦炭时需热小于供给的热量，使炉墙温度逐渐上升，积存多余的热量，恢复原来的温度（见图1-3）。

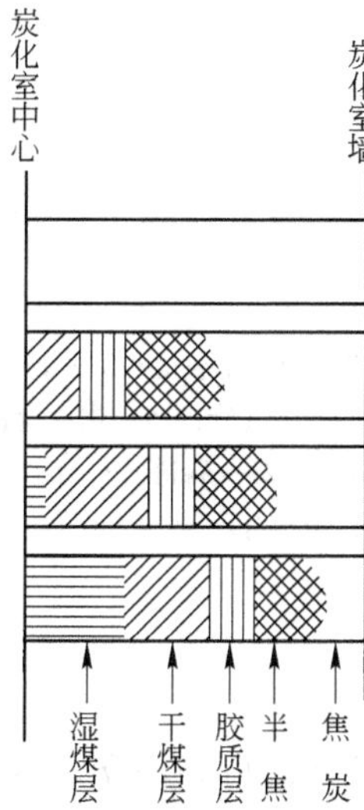

图1-2　炭化室中煤结焦层的分布示意图

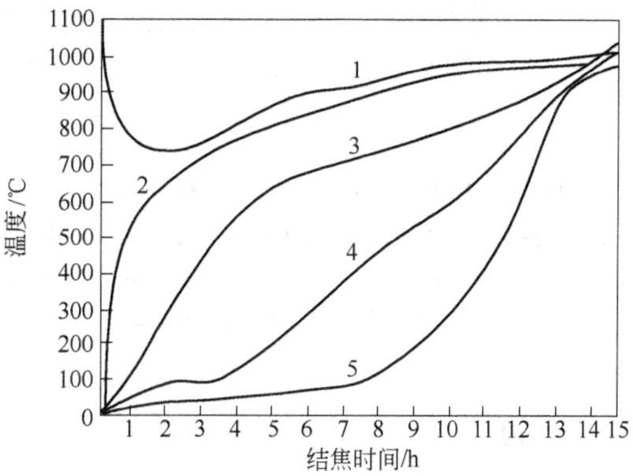

图1-3　炭化室装入煤后的温度变化

1—炭化室墙表面温度；2—炉墙附近煤的温度；3—距炉墙50～60mm处的温度；4—距炉墙130～140mm处的温度；5—炭化室中心（焦饼中心）温度

炉墙温度变化的绝对值和煤的性质、炉墙的热容量、结焦时间的长短以及加热的条件有关，而主要因素是煤的水分。水分越大，温度下降越多。因此，煤的水分过大，对焦炉加热、焦炭质量和炉墙维护都是不利的。

随着炭化室墙温度的变化，燃烧室立火道的温度也产生变化，整个结焦过程的温度变化对调火操作是有一定影响的。从图1-3还可以看出，沿炭化室宽度各点的升温是不一样的，靠炉墙的煤料开始升温速度快，中心煤料开始升温速度很慢。在实际操作中只测量焦饼中心温度，它的升温规律：当结焦时间为15h，大致是装煤后7～8h内缓慢升到100℃；从100℃以后升温逐渐加快直至成熟。结焦速度快慢，对焦炭质量是有一定影响的，当炭化室宽度一定时，结焦时间越短，焦炭裂纹多，强度低；结焦时间长，强度高。

1.3 炼焦生产操作流程简介

炼焦的生产操作包括装煤、推焦、熄焦以至焦炭产品的筛分分级、运出，整个过程是连续进行的，每一个环节都必须配合好，并严格地按一定的程序和技术要求进行操作，才能确保生产正常稳定地进行，使炼焦生产稳产、高产、优质、长寿。其主要设备如图 1-4 所示。

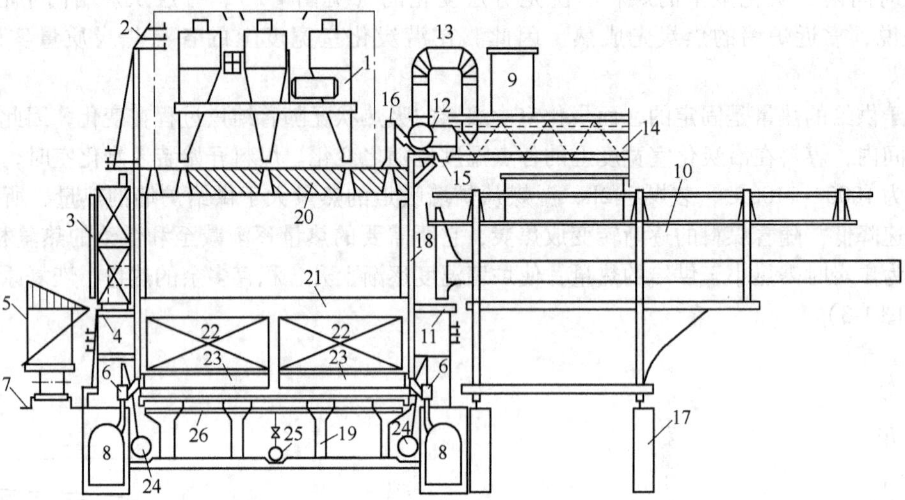

图 1-4　炼焦主要设备示意图

1—装煤车；2—摩电线；3—拦焦车；4—焦侧平台；5—熄焦车；6—废气盘；7—熄焦车轨道；8—分烟道；9—控制室；10—推焦车；11—机侧平台；12—集气管；13—"Π"形管；14—吸气管；15—焦油盒；16—上升管；17—推焦车轨道；18—护炉柱；19—地下室；20—炉顶区；21—斜道区；22—蓄热室；23—小烟道；24—高炉煤气管；25—焦炉煤气管；26—分配管

1.3.1 装煤

装煤应装满，装煤量应均匀稳定，要装平，装密实，不应当有缺角和凹腰。煤料顶面（煤线）与炭化室顶之间的距离称炉顶空间高度。大型焦炉炉顶空间高度为 250～300mm。

装煤不满，炉顶空间就会增大，空间温度就会升高，这不但降低焦炉的生产能力和化学产品质量，而且会导致炉顶和炉墙的石墨增加，严重时会造成推焦困难。

装煤过满，会使炉顶空间过小，影响煤气的流通，使炭化室压力增大，而且顶部会产生生焦。

装煤不平，有缺角和凹腰现象，会产生局部过火或生焦。

装煤不均匀，煤料从炭化室墙吸热就不均匀，那就会影响燃烧室各火道温度的均匀性，甚至产生高温事故。平煤不好，还容易堵塞装煤孔，使气体不能流通而且造成推焦困难。

因为对每个炭化室的供热量是一样的，如果各炭化室的装煤量不均匀，就会使焦炭的最终成熟度不一致。因此应当搞好装煤的计量和平煤操作，每个炭化室的装煤量应不超过规定装煤量的 ±150kg。有的厂是采用定容装煤，也就是装入一定体积的煤，用装煤车煤斗来衡量，那也应当按具体情况规定相应的装煤标准。

1.3.2 推焦

推焦就是把成熟的焦炭推出炭化室的操作。焦炭成熟后，炭化室中焦饼产生一定的收缩，才能保证顺利推焦。一般认为煤在炭化室内高温干馏，焦饼中心温度达950～1050℃时焦炭即成熟。焦饼中心温度达不到时，则焦炭夹生，焦饼收缩不好。若焦饼中心温度过高，使焦饼易碎，不但影响焦炭质量，还可能影响正常推焦。另外，因焦炉结构或入炉煤性质及焦炭用途不同对焦饼成熟温度也有不同的要求。推焦应按规定的图表和一定的顺序进行，正常而有秩序地推焦是整个焦炉管理的重要环节，它标志着机械正常运转、炉体维护及时、热工制度稳定而均匀，也标志着送煤和运焦系统工作的正常。

1.3.2.1 推焦串序和计划

焦炉的炭化室孔数很多，而且都按一定的结焦时间炼焦，因此焦炭成熟后的推焦操作必须严格地按一定的顺序和时间进行。因为在焦炉结构、装煤量、煤料性质和结焦时间一定的情况下，燃烧室加热温度是一定的，如果推焦不按规定的时间进行，提前或推后，都会使焦炭不成熟或过火。焦炭不成熟时，生焦收缩不好，和炉墙间的摩擦力增大；过火时，焦块碎，推焦时容易将焦饼推胀。这些都容易造成推焦困难，不但降低焦炭质量，而且严重地损坏炉体。因此推焦操作必须安排好计划，并严格地按计划执行。

在实际操作中，结焦时间与一炉操作时间之和称作周转时间。推焦杆碰到焦饼开始至平煤杆进入炭化室为止的一段时间为操作时间。在这个时间内进行清扫炉门炉框及装煤操作。一次操作时间一般为10～12min。结焦时间一般不得短于周转时间15min。各个炭化室的周转时间、结焦时间和操作时间应当是一样的，为此推焦有一定的顺序，这称作推焦串序。推焦串序是根据下列原则制定的：

（1）有利于保护炉体。推焦的时候，焦饼对两面炭化室墙产生一定的压力，炭化室墙如果受力不均衡就会变形，甚至损坏。而煤料转变为胶质层时产生膨胀压力，在结焦中期对炭化室墙的压力最大，为了使炭化室墙两侧的压力能够互相抵消，就必须使推焦炭化室的两侧相邻的炭化室处于结焦中期。

（2）有利于炉温均匀。在结焦过程中由于吸热不同，对炉温有一定影响，如果结焦末期或装煤的炭化室集中在焦炉的某个部分，就会使这部分的炉温集中升高或降低，这就降低了炉温的均匀稳定性。所以应当使这样的炭化室分散开。

（3）有利于荒煤气的排出。在处于结焦前期和中期的炭化室荒煤气发生较多，使这样的炭化室分散开，才能使荒煤气顺利排出，集气管和炭化室压力能够均匀，也有利于炉体维护。

（4）有利于出炉工人和热修工人的操作，以及有利于减少机械磨损和缩短运行时间，所以推焦的炭化室也不宜相隔太远。

根据上述原则，我国焦炉大部分4.3m焦炉采用9—2串序推焦，6m焦炉采用5—2串序推焦。这个串序的“9”表示推完一孔炭化室，再推其后第九个炭化室，即每隔8炉推一炉。“2”表示推完一串后，再推时，从上次串号后第二个炭化室推起。

5—2串序的“5”表示推完一孔炭化室，再推其后第五个炭化室，其中“2”表示推完一串后，再推时，从上次串号后第二个炭化室推起。

至于2—1串序，就是隔一个推一个，推完全部单号炭化室后，再推双号炭化室。

9—2串序之优点：推焦炉号相邻两炭化室都已处于接近结焦中期，集气管内煤气压力分布比较均匀；缺点是空行车距离较长。

5—2 串序之优点：空行车距离短，可以在平前一炉煤的同时，摘下一号炉门（现有机车尺寸是如此），较小炉组的集气管压力分布也比较均匀；缺点是相邻炉号结焦时间分布不好。

2—1 串序之优点：推焦炉号相邻号，正好是结焦中期，空行车距离短；缺点是集气管压力分布不好。

为了循环检修机械和清扫，在每一个周转时间内应安排循环检修时间，一般为 1.5 ~ 2.5h，在这个时间内不进行推焦。它的长短可以按下式计算：

$$总检修时间 = 周转时间 - 操作时间 \times 炉孔数$$

如果周转时间较长时，为了便于更好地利用检修时间，可以在一个周转时间内安排两个以上的检修时间。每一次检修时间开始和终了的炭化室应当是不变的。

炼焦车间应根据规定的周转时间，检修时间和操作时间排出每月的循环推焦检修计划和推出炉数，每班根据月计划排出班推焦计划和出炉数。当遇生产不正常时，应当尽量安排均匀出炉。

1.3.2.2 推焦均匀性的评定

均匀推焦是整个炼焦车间的工作良好的标志。推焦的均匀性用推焦系数来评定。推焦系数有三个，即计划系数、执行系数和总系数。

每班推焦计划和月循环推焦计划的偏差程度用计划系数 $K_{计划}$ 来表示，即：

$$K_{计划} = \frac{班计划推出炉数 - 与规定结焦时间相差 \pm 5\text{min} 以上的炉数}{班计划推出炉数}$$

每班执行本班推焦计划的情况用执行系数 $K_{执行}$ 来表示，即：

$$K_{执行} = \frac{班实际推出炉数 - 与计划推焦时间相差 \pm 5\text{min} 以上的炉数}{班计划推出炉数}$$

完成推焦计划的好坏，用总系数 $K_{总}$ 来表示，即：

$$K_{总} = K_{计划} \times K_{执行}$$

式中，$K_{总}$ 要求达到 0.90 以上。

为了得到良好的推焦系数，炼焦车间必须做好各方面的工作，如炉体维护、机械设备的正常运转、焦炉的良好加热、各项操作按制度进行和安全生产。同时，外部条件也要能够得到保证，如原料、燃料要按计划正常供应，炼焦产品要均衡地运出。推焦系数过低说明整个操作混乱，严重地损坏炉体和设备，降低焦炉的生产能力，所以必须做好各方面的工作，使 $K_{总}$ 有较好的水平。

1.3.3 熄焦

由于煤干馏成焦的最终温度为 950 ~ 1050℃，所以从炭化室推出的是炽热的焦炭，熄焦是将炽热的红焦熄灭至 300℃ 以下或常温的过程。目前的熄焦方式有湿法熄焦和干法熄焦，在国外还有压力熄焦。

湿法熄焦是直接向红焦洒水将其熄灭至常温状态。为使熄焦正常，既不产生红焦也不使焦炭水分过大，应做好熄焦车的接焦操作、熄焦塔的洒水操作和焦台晾焦及放焦操作。接焦时行车速度应与推焦速度相适应，使焦炭在车内分布均匀，防止红焦落地，便于均匀熄焦，禁止车内接两炉焦炭。熄焦洒水是熄焦过程关键环节。要控制好洒水时间，洒水过程中熄焦车还应适当前后移动，使焦块表面充分浸水，增加熄焦效果。洒水时间过长，会造成焦炭水分过大，洒水时间不够，会出现红焦，影响焦炭质量。最佳洒水时间应根据实际而定。熄焦后进行沥水，要控制沥水时间，并按顺序向焦台卸焦，使焦台上焦炭晾放时间大致相同。焦台上红焦出现时，应立即人工洒水熄灭。如连续出现红焦或水分过大，应查找原因，予以解决。目前多以低水分熄焦代替常规的湿法熄焦。

干法熄焦是用惰性气体作为热载体，将红焦温度冷却至200℃以下，再采用废热锅炉回收热载体的显热。焦炉推出的红焦装入焦罐，由台车载运至熄焦站，由提升机提升并移至竖式干熄槽顶部，经装焦装置放入干熄槽上部的预存室，并逐渐下移至下部的冷却室，被槽底进入的循环惰性气体冷却至200℃以下，通过排焦装置排出。槽底经气体分配帽进入冷却室的冷循环惰性气体，与焦炭换热后升温至约900℃，由冷却室上部的斜道和环形道，经重力沉降槽去除较大粒级的粉尘后，进入废热锅炉，将热量传给锅炉水，并使之蒸发产生水蒸气；循环惰性气体温度降至170℃左右，从锅炉下部排出，再经旋风分离器分出细粒粉尘后，由循环风机送回干熄槽循环使用。干熄焦可使M_{40}提高3%～8%，M_{10}降低0.3%～0.8%，降低高炉焦比，提高高炉生产能力；可扩大弱黏结性煤的用量，回收焦炭显热，并有益于环境保护。

1.4 配合煤及冶金焦炭的质量标准

1.4.1 配合煤的质量指标

配合煤质量指标是指配煤的灰分、硫分、挥发分、胶质层厚度、水分等。配合煤的质量取决于单种煤的质量及其配合比。对于炼制冶金焦的配合煤，基本的质量指标如下。

A 灰分

煤中灰分在炼焦后全部残留于焦炭中，灰分是焦炭中的有害杂质，焦炭的灰分愈高，炼铁时焦炭及石灰石消耗量就增多、高炉生产能力降低。一般焦炭灰分每增加1%，高炉焦比将增加2%～2.5%，石灰石耗量增加4%，生铁产量降低2%～2.5%。同时灰分中的大颗粒易在焦炭中形成裂纹中心，使焦炭的抗碎强度降低，也使焦炭的耐磨性变坏。因此配合煤的灰分应控制在一定范围之内，一般在10%～12%。

B 硫分

硫分也是有害杂质，焦炭中硫分约为配合煤的85%～90%，一般要求配煤的硫分不应大于1%～1.2%。

C 挥发分

配合煤的挥发分高，则炼焦煤气和化学产品的产率也高，但由于大多数高挥发分煤的结焦性较差，因此在多配用高挥发分煤时，焦炭的强度会下降，平均块度变小。一般大、中高炉用焦的配合煤的可燃基挥发分控制在28%～32%之间。

D 胶质层和收缩度

配合煤必须具有适当的胶质层厚度才能在焦炉中炼出机械强度高的冶金焦。但胶质层过厚时，会产生很大的膨胀压力，同时收缩度较小对炉墙的保护是不利的。因此，我国目前大、中型高炉用焦的配合煤胶质层厚度大致控制在14～20mm范围内。

E 水分

配合煤的水分一般要求在7%～10%之间，并应当稳定。配合煤水分每增加1%，要求立火道温度提高5～7℃，炼焦耗热量增加约30kJ/kg，结焦时间将延长10～15min，降低产量。

F 细度

细度指粉碎后煤料中0~3mm的煤粒占全部煤料的百分比。提高细度能提高焦炭的强度。但细度太高（超过90%）会使装煤操作困难，装入煤的堆密度降低，装煤量降低，焦炭质量下降。因此细度一般控制在75%~85%。

此外，在配煤操作中，应当按规定的配煤比，准确配煤，并且不得使用变质煤和过期煤炼焦，否则会影响焦炭质量，严重时还会造成推焦困难。

1.4.2 焦炭的用途及质量要求

焦炭主要用于炼铁生产，其次是用于铸造、造气、电石和有色金属冶炼等。它在冶金工业及整个国民经济中占有重要地位。

高炉炼铁所用的焦炭称作冶金焦。焦炭在高炉冶炼中起到热源、还原剂、支撑物的三大作用。高炉炼铁是将炉料，包括铁矿石、熔剂（石灰石）和焦炭交替地从炉顶装入高炉内，并靠自身的重力慢慢下降。经过预热的空气从高炉下部不断用鼓风机送入。空气和焦炭在炉缸中燃烧，产生高热和还原性气体，逐渐上升与铁矿石进行化学反应，使铁矿石逐步还原成生铁。焦炭在高炉中是唯一不熔化的固体，在炉缸中形成多孔疏松的焦炭层，它支持着全部炉料，使气体能够自由通过。

炼1t生铁需要的焦炭重量（t）称作焦比。要降低焦比，就必须使高炉有良好的操作条件，也就是必须有较好的加热和反应条件。为此，要求炉料有一定块度并布料均匀，有良好的透气性。从而使气体能够均匀地从高炉任何断面上通过，炉料能够顺利地下行。在这里，焦炭起着重要的作用，因此对冶金焦的质量有以下要求。

A 机械强度

冶金焦的机械强度是指耐磨强度和抗碎强度。

焦炭是形状不规则的多孔体。当其表面承受切向的摩擦力超过气孔壁强度时，产生表面薄层分离现象而形成焦炭细屑或粉末。焦炭抵抗摩擦力破坏的能力，称为耐磨性或耐磨强度。焦炭本身有裂纹，当受外力冲击时，由于应力集中，焦炭会沿裂纹碎开。焦炭在外力冲击下抵抗碎裂的能力，称为抗碎性或抗碎强度。

焦炭在高炉内受到重力挤压、摩擦和内应力的作用，因此要求有较高的抗碎强度和耐磨性才能够保证焦炭块度从高炉上部到高炉下部时不发生过大的变化。强度不好，焦炭就会被摔碎、挤碎或磨出较多的焦粉，使气体的通道变小甚至堵塞。这样就降低了炉料的透气性，使焦比增加，炉温波动，严重时会使高炉发生悬料、崩料、结窟及烧坏风口等事故，影响高炉正常生产。

焦炭在高炉冶炼过程中的受力破坏情况十分复杂，不能用一般材料力学方法测定其机械强度。目前，鉴定焦炭强度的方法是转鼓试验。转鼓试验是模仿焦炭在全过程中受力情况，并加以简化的试验方法。因此，焦炭强度指标是焦炭质量的主要指标。

B 块度

焦炭块度如果太小或者不均匀，都会降低高炉炉料的透气性。不同的高炉要求不同的块度。大型高炉要求块度大一些，用40~80mm的焦炭最好。一般大于40mm的焦炭应占全焦的76%~80%。中、小型高炉使用25~40mm的焦炭。

C 灰分

焦炭灰分是一种惰性物质，焦炭中固定碳和灰分的产率是互相对应的，互为消长。高炉冶炼要求固定碳产率应尽量的高，而灰分应尽量少，固定碳含量愈高，则发热量越大，产生的还原剂也愈多。生产实际表明，固定碳升高1%，则焦比降低2%。焦炭中灰分使焦炭的耐磨强度降低，因为炭素质点和灰分质点具有不同的线膨胀系数，在高温条件下，灰分使焦炭增加裂纹，粉末增加，尤其是灰分分布不均匀时，影响尤为突出。另外焦炭灰分的主要成分是SiO_2和Al_2O_3，它们约占灰分总量的80%以上，灰分的增加，势必导致熔剂耗量的增加，渣量增加，焦比升高。通常生产经验证明，灰分增加1%，焦比升高2%，高炉产量降低3%。我国要求冶金焦灰分为12%～15%。焦炭的灰分主要是从煤中转入的。炼焦操作也有一定的影响，如炭化室负压，抽入空气，或过早打开炉门、炉盖，都会使焦炭燃烧，灰分增加。

D　硫分

生铁中含硫量一般允许在0.05%以下，否则容易脆裂。因为焦炭带入的硫分占炉料硫分80%以上，如果焦炭含硫量增加，则渣量增加、流动性降低，增加了高炉的脱硫负荷，造成熔剂用量增加，渣量变大，焦比升高，对高炉操作危害很大。一般情况下，焦炭中硫含量升高1%（质量分数），焦比增加1.2%～2.0%，高炉产量下降2%。

E　水分

运到高炉的焦炭，是按湿焦来称量的。焦炭的水分在高炉上部即蒸发。如果水分波动过大，就会破坏高炉的热平衡，而且使实际的焦量波动，影响高炉操作的稳定性。因此一般要求水分为3%～5%。

F　挥发分

挥发分本身对高炉冶炼无影响，但其含量的高低反映了焦炭的成熟度。当挥发分过高表示焦炭不成熟，或夹生焦较多，耐磨性差，在高炉内易碎裂产生粉末，影响料柱透气性。挥发分过低则表明焦炭裂纹多，对高炉操作不利，因此一般要求挥发分稳定，并且不得超过1.9%。

上述焦炭的物理、化学性能稳定，才能使高炉的操作和炉料的性能稳定，最大限度地发挥高炉的生产能力。如果某一项波动过大，就会破坏高炉的平衡，甚至造成事故，因此不断提高焦炭质量及稳定性，对确保炼铁高产、稳产、低耗有着重要意义。

1.5　炼焦生产主要设备

1.5.1　备煤车间主要设备

（1）卸煤设备：翻车机或卸船机等。

（2）煤场设备：堆料机、取料机或堆取料机，或装卸桥。

（3）配煤设备：配料秤。

（4）粉碎设备：粉碎机。

（5）运输设备：带式运输机。

1.5.2　炼焦车间主要设备

（1）推焦车：推焦车主要是用来将炭化室焦炭推出的设备。

（2）拦焦车：拦焦车主要是用来将炭化室内的红焦导入到熄焦车内的设备。

（3）装煤车：装煤车主要是用来将配合煤装入到炭化室的设备。

（4）电机车：用于牵引熄焦车，并控制操作熄焦车各动作的设备。

（5）熄焦车：它是用来装载由焦炉出来的赤热的焦炭，并由电机车牵引送入湿熄焦塔进行湿熄焦，而后将冷却了的焦炭运往焦台卸出的设备。

（6）焦罐车：它是用来装载由焦炉出来的赤热的焦炭，并由电机车牵引送往干熄焦装置，将红焦装入干熄炉。

（7）熄焦设备：熄焦塔或干熄焦装置。

（8）其他焦炉设备：焦炉附属设备、自动控制设备等。

复习思考题

1-1　炼焦过程中煤的热解过程大体可分哪几个阶段？

1-2　炼焦生产的主要操作有哪些？

1-3　备煤车间有哪些主要设备？

1-4　炼焦车间有哪些主要设备？

2 备煤设备

2.1 卸煤设备

备煤车间的主要任务是为焦炉提供数量充足、质量合格的煤料。对备煤车间而言，受煤或者卸煤是第一道工序，负责将从煤矿来的煤卸下，然后通过带式输送机或其他方式运到指定的储煤地点。

卸煤作业是依靠一定的卸煤设备来完成的，卸煤设备的任务是有秩序地接收外地来煤，并保证卸煤时间，避免积压车辆。根据原料运输到达方式的不同，有的采用火车运输，有的则采用船舶运输，卸煤设备因此分别采用卸车机械和卸船机械。

2.1.1 卸车机械

翻车机是用于卸火车车厢里的煤的卸车机械之一，具有卸车效率高、生产能力大、运行可靠、操作人员少和劳动强度低等特点。目前，大多数焦化厂采用的翻车机主要是转子式翻车机。

转子式翻车机的优点是重量轻、回转角度大、卸车效率高、工作可靠，由于其绕车辆中心旋转，需要的电机功率小。缺点是建设初期存在地下工程量大、基础深（从铁路轨面到底层近 13m)、压车机构对车辆有不同程度的损坏等。

目前焦化厂常用的翻车机型号因结构不同分为以下几种类型：KFJ-2A 型转子式翻车机、KFJ-3A 型转子式翻车机以及 O 形回转式翻车机。其主要技术性能见表 2-1。

表 2-1 翻车机类型和技术性能

性能	类型		
	KFJ-2A	KFJ-3A	O 形双车
适用车辆	C60、C61、C62、C65	C60、C61、C62、C65	C61、C62、C65、C70
设备重量(自重)/t	134	109	208
最大翻车重量/t	100	100	2×85
翻转形式	转子式	转子式	转子式
传动方式	销齿传动	销齿传动	销齿传动
	齿轮传动	齿轮传动	齿轮传动
压车方式	机械压车	液压压车	液压压车
靠车方式	平台移动靠车	液压靠车	平台移动靠车
锁车形式	液压靠车、压车	液压靠车、压车	液压靠车、压车
电动机功率/kW	2×55	2×37	1×125
翻转周期/s	≤50	≤60	≤55
最大翻转角度/(°)	175	175	185

2.1.1.1 KFJ-2A 转子式翻车机的结构及卸车原理

KFJ-2A 转子式翻车机主要由转子、平台和压车机构、传动装置、托辊装置四大部分组成，如图 2-1 所示。

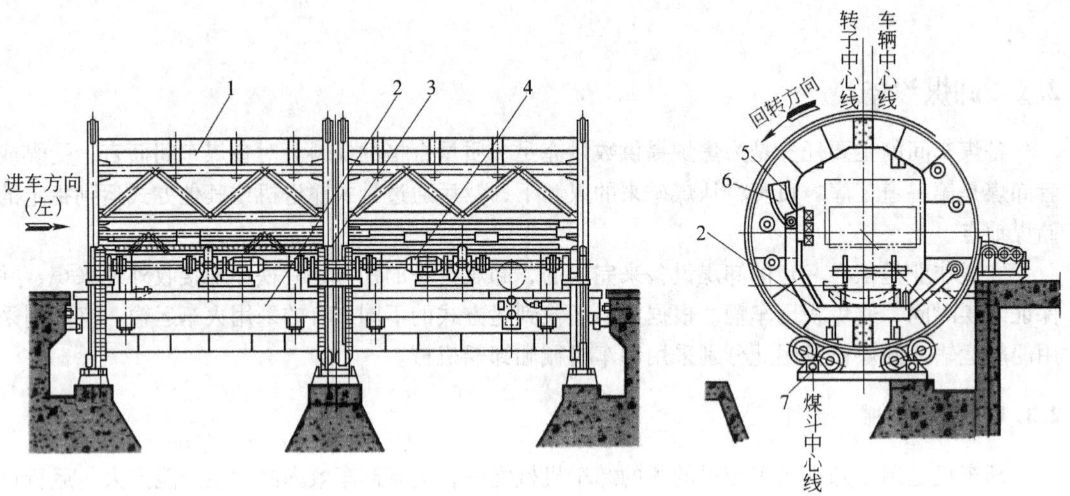

图 2-1 KFJ-2A 转子式翻车机

1—转子；2—平台及压车机构；3—转子齿条；4—传动装置；
5—平台滑动轴；6—平台移动导槽；7—托辊装置

A 转子

翻车机有两节转子，每段转子有焊接的金属结构圆盘，两圆盘之间用管梁连接，通过法兰盘与转子圆盘的立板铆接，在上部有压车梁、一侧为弹簧装置，另一侧为压爪，在翻车时用于支撑车辆；转子下部有底梁、连接圆盘和摇臂机构；圆盘的圆周表面安装有齿圈与滚圈，用来使翻车机旋转和导向；转子安装在托辊装置上，用小齿轮带动齿圈使翻车机转动。

B 平台及压车机构

平台是焊接结构件，沿纵向铺有铁路钢轨。在进车端有推车装置、用以推出翻卸完后的空车皮。在出车端有定位装置，能使各种车型按一定位置停放。在平台的两端有滚座，与基础上的挡铁接触，以使平台上的轨道与地面上的固定轨道对准。在翻车机上设有止挡滚轮，限制翻车机的纵向移动。

摇臂机构是由焊接的曲连杆与连杆组成，放在翻车机转子下部的底梁上，底梁下侧装有 8 个液压缓冲器，在摇臂机构恢复原位时，能平稳地与底梁接触。在曲杆上端装有托梁，在翻车时托住车梁连接两个摇臂机构，每段托梁上装有两个附着式振动器。在摇臂机构的一端，有滚动轴承与转子的连接梁相连，另一端装有悬臂滚轮，在翻转时可沿转子上的月牙槽内滚动。

C 传动装置

传动装置有两组，由电动机、制动器、减速机、齿形联轴器、同步轴、小齿轮组成。

D 托辊装置

托辊装置的作用是用来支撑转子，数量共有 4 组 8 对托辊，每段转子圆盘由 4 个滚轮支撑着，滚轮安装在横梁上，横梁中央铰接于中心轴上，其中间的两对托辊沿横向是可调的，以备安装和使用时调整。

KFJ-2A 转子式翻车机有 3 个基础支座，转子靠齿条传动。当车辆进入转子内的车台上后，打开制动器，转子因偏心力矩自行逆向旋转，转过 15°时，转子传动装置启动，带动转子正向旋转，此时平台滑动轴沿滑动轴导槽移动，带动车辆向左、向上运动，车辆先靠在固定托板上，以后又被固定的支撑架托住。转子旋转 165°后，靠惯性继续转至 175°停止，此时煤料自行卸出，然后转子返回原位。该车辆被下一个车辆顶出翻车机或送入牵车台，接着卸下一辆车。

2.1.1.2 KFJ-3A 转子式翻车机的结构及卸车原理

KFJ-3A 转子式翻车机结构与 KFJ-2A 转子式翻车机类似，主要是压车方式不同，端盘形式不同。KFJ-3A 转子式翻车机主要由转子、平台、压车机构、托辊及传动装置四大部分组成。该种类型的翻车机目前大型焦化厂广泛使用。它的特点是采用 C 形端环，结构轻巧，平台固定，液压靠板靠车，液压压车，消除了对车辆和设备的冲击，减小了压车力。根据液压系统特有的控制方式，使在卸车过程中，车辆弹簧能量有效释放，驱动功率小。

A 转子

翻车机的转子是由两个转子圆盘用箱形底梁以及管子联系梁将其联系起来成为一个整体。底梁、压车梁、联系梁与转子圆盘的连接，是将各梁端的法兰盘用高强螺栓与圆盘立板把合，为便于调节梁的长度，法兰盘可有少量的窜动，待转子组成后，再将法兰盘与其梁焊牢。

为了增加转子的整体性，在转子的中部有两个封闭的圆环，将底梁、压车梁和联系梁联系起来。

为简化制造工艺，转子圆盘采用板材焊接，为增加转子圆盘的刚性，在圆盘的 4 个拐角处，采用全翼板形式，为便于导轨更换，在圆盘上先加工一基准面，而后再用螺栓、压板将其固定；在圆盘上还有齿块，与传动装置小齿轮相啮合。

底梁位于转子下部，承托着摇臂机构和平台；压车梁位于转子上部，是由主梁、横梁和小横梁组成，以支持在翻卸过程中的车辆。

转子是翻车机的骨骼，它支承着平台及压车机构和满载煤料货物的车辆。而且，驱动装置是通过固定在圆盘上的齿块使转子转动，从而使车辆翻转 0°～175°，将煤料卸出，完成卸车任务。

B 平台及压车机构

平台为焊接金属结构件，其上有钢轨和推车器轨道，在出车端有以液压缓冲器为核心的定位装置，使各种车型都能按规定位置停于翻车机上。在平台两端有辊座，与基础上的平台挡铁接触，以使平台上的轨道与地面上的轨道对准。

摇臂机构是压车机构的核心，其曲连杆为一箱形，为避免应力集中，拐角特制成圆角，其形状力求等强度。它的连杆一端固定在联系梁的支承座上，它的辊子在转子圆盘上的月形槽内滚动，以达到固定车辆之目的。

托车梁是翻车机在翻转过程中支承车辆的主要部件，其上装有 4 组附着式混凝土振动器，以助煤料的完全卸出。

C 托辊装置

托辊装置有两组，分别安装在翻车机两端的基础上，每组有 4 个滚轮，支承着转子圆盘，每一对滚轮在能以轴芯回转的横梁上，以保证所有滚轮与圆盘上导轨接触，托辊装置支承着转子即翻车机（除传动装置外）所有负荷。

D　传动装置

传动装置由电动机、减速机、制动器、小齿轮等组成的两套驱动装置，并用低速同步轴连接起来，构成传动装置。

2.1.1.3　O 形双车翻车机

近几年来，我国又生产出一种更为高效的卸车机械——O 形双车翻车机，该翻车机具有在相同时间内翻车数量多、翻车速度快的优点。它采用的是串联三支点（也有两支点、四支点）结构，即由两台单车翻车机串联而成。双车翻车机与单车翻车机工作原理基本相同，将拨车机引至翻车机内的两节敞车定位后，通过传动装置驱动端环上的齿圈带动整个转子翻转，达到卸车的目的。因此，双车翻车机的结构也同单车翻车机类似，其结构如图 2-2 所示。

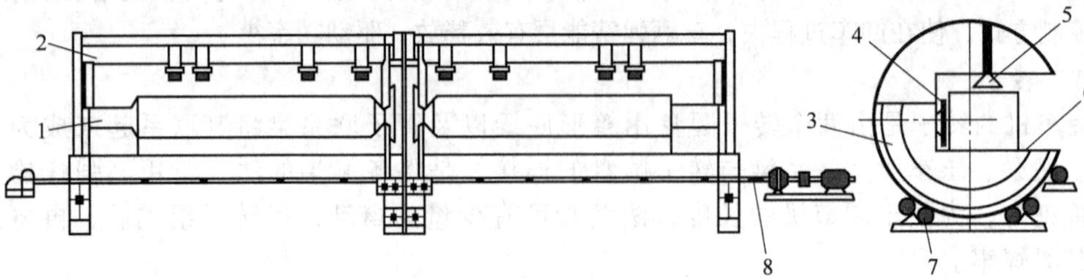

图 2-2　双车翻车机结构

1—侧梁；2—顶梁；3—端环；4—靠板装置；5—夹紧装置；6—平台；7—托辊装置；8—传动装置

O 形双车翻车机技术参数如下：

每次翻卸车辆数：	2 辆/次
每小时翻卸车辆数：	2×27 节/h
适用的翻卸车辆参数：	长 11938～14100mm
	宽 3140～3270mm
	高 2790～3446mm
额定翻卸量：	2×85t

2.1.2　卸船机械

国内外一些沿海和临江的焦化厂设有卸船码头和卸船机械。较为广泛采用的卸船机如图2-3所示。

抓斗在卸船机的架桥上做横向移动进行作业，用于大型海轮（10 万～30 万 t 级）的卸船机的卸船能力约为 1000～2500t/h。几种卸船机的主要技术性能见表 2-2。

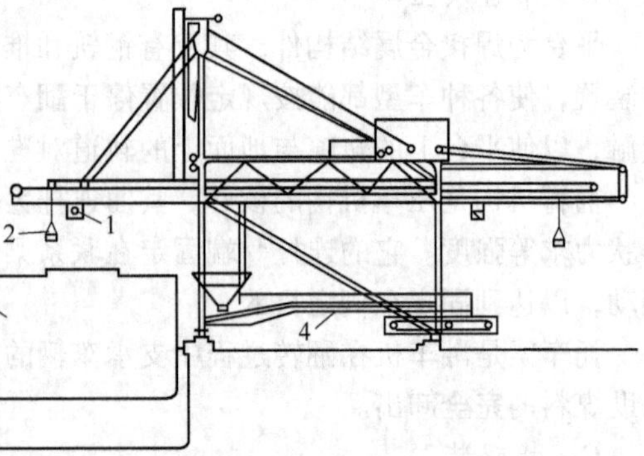

图 2-3　卸船机示意图

1—操纵室；2—抓手；3—船；4—带式运输机

表 2-2 几种卸船机的主要技术性能

设备类型＼技术性能	卸船能力 /t·h⁻¹	起重量 /t	主要尺寸/m			电机容量/kW				
			大车走行轨距	抓斗走行轨距	扬程	升降	开闭	小车横行	走行	俯仰
双悬臂电动小车式	煤 2000	81	38	海侧 44 路侧 38 中间 29	49	1000	1000	220×2	128×8	280
单悬臂钢绳曳引小车式	煤 1350	40	20	距岸壁 29	37	410	410	150	60×4	66

2.1.3 卸煤机日常点检与维护

对卸煤机进行日常点检与维护的目的在于延长其使用寿命，确保其在作业中的正常运转。为使卸车机在合理条件下使用，零部件的磨损降低到最低限度，及时消除隐患，减少故障，防止事故发生，操作人员及点检维护人员必须做到精心操作、认真点检维护好设备。下面以常用的 KFJ-3A 型转子式翻车机为例，介绍其设备点检与维护标准。

2.1.3.1 翻车机日常点检

翻车机点检与维护标准见表 2-3。

表 2-3 翻车机点检与维护标准

部 位	项 目	方 法	标 准	周 期
传动装置	减速机	耳听、眼看、手摸	无异常情况、温度≤60℃	1 次/班
	电机	耳听、眼看、手摸	无异常情况、温度≤65℃	1 次/班
	液压闸	耳听、试车	松紧适度、开启灵活、无泄漏	1 次/班
	传动轴	耳听、试车	润滑良好	1 次/班
	联轴器	耳听、试车	螺栓不松、不缺	1 次/班
转 子	导轨	耳听、试车	不断、不缺、不掉块、压板挡块不松、不缺	1 次/班
	四组托轮	耳听、试车	无杂物、润滑好	1 次/班
	零位轮	耳听、试车	不破损、润滑好、转动正常	1 次/班
	挡轮	耳听、试车	不破损、润滑好、转动正常	1 次/班
	摇臂	耳听、试车	转动灵活、润滑好、不变形	1 次/班
	各高强螺栓	耳听、试车	不松、不断、不缺	1 次/班
	摇臂挡轮	耳听、试车	不破损、润滑好、转动正常	1 次/班
	托车梁	耳听、试车	不变形、不断、转动灵活	1 次/班
	压车梁	耳听、试车	不变形、不断、弹簧不缺、不断	1 次/班
	底梁	耳听、试车	不变形、不断	1 次/班
	联系梁	耳听、试车	不变形、不断	1 次/班
台 车	钢轨及护轨	眼看	不断、不变形、固定好	1 次/班
	平台托轮	眼看、油枪打油	油嘴完好、打油	1 次/班
	推车器	眼看	灵活不卡	1 次/班

续表 2-3

部位	项目	方法	标准	周期
台车	止挡器	眼看、试车	摆动止挡完好、运转灵活	1次/班
	单向定位器	眼看	螺栓不松动、弹簧不松弛	1次/班
	弹簧缓冲器	眼看	在正常位置	1次/班
	液压缓冲器	眼看	螺栓不松动、弹簧不缺、不漏	1次/班
	平台固定钩	眼看	螺栓不松、不缺	1次/班
	推车器滑轮	眼看	钢绳不掉道、转动灵活	1次/班
	钢绳	眼看	不断股、毛刺少	1次/班
附属设备	拉车卷扬机	眼看、试车	运转无异常、钢绳同上	1次/班
	25t天车	眼看、试车	运转正常、开关完好、钢绳完好	1次/班
	重车推车器	眼看、试车	运转正常、开关完好、钢绳完好	1次/班

2.1.3.2 翻车机维护与检修

翻车机的维护工作包括清洁、润滑、紧固、调整，确保机械在每班中能正常运转和安全操作。

A 润滑

操作人员在操作翻车机时，要随时注意各机构运转情况，有无异声、异味；随时注意各安全装置工作情况；利用作业间隙时间检查各机构电动机、减速机、轴承有无发热或温升超限情况；检查调整制动器制动轮与制动块的间隙及紧固松动的螺帽。

润滑是翻车机维护工作的主要内容之一。润滑好坏直接影响到翻车机各机构的使用寿命，操作人员应认识到润滑的重要性，经常检查各运动部件的润滑情况及按期合理地向各润滑点加注润滑油脂。表 2-4 所列为常用的 KFJ-3A 型转子式翻车机润滑制度。

表 2-4 KFJ-3A 型转子式翻车机润滑制度

序号	润滑部位	润滑周期	润滑油牌号	润滑制度
1	减速机	6个月	30号机械油	检查油面，随时添油
2	轴承座	每班2次	轴承脂	加注
3	推车装置	每班2次	轴承脂	加注
4	平台辊子	6个月	轴承脂	加注
5	定位装置	每班2次	轴承脂	加注
6	液压缓冲器	6个月	缓冲器油	加注
7	托辊装置	6个月	轴承脂	加注
8	摇臂机构	每班1次	轴承脂	加注
9	滚动止挡	每班1次	轴承脂	加注

B 检修

翻车机的检修是一件经常性的工作，应把操作和检修密切结合起来。为了缩短翻车机的停机时间，必须及时检查和有计划地更换已损坏或有缺陷的零件。因此，需要制定出检修计划，以便按生产及检修计划储备足够的易损零件，达到定期及时地进行计划检修。

根据检修工作量一般可分为小修、中修和大修。

小修。周期一般定为3个月左右（遇到特殊情况随时进行），检修项目主要包括下述几点：

（1）对各结构部件检查加固；

（2）对油泵、润滑管路进行检查、清洗并更换润滑油；

（3）对机械各部位螺栓进行检查、填补和拧紧；

（4）对大、小齿轮进行检查，更换联轴器弹性胶圈和其他零件；

（5）对各部位轴承、轴瓦及制动器进行调整。

中修。周期为1年，检修内容包括以下各项：

（1）转子结构件不良时更换或加固；

（2）托辊装置损坏严重时更换；

（3）传动装置运转不良的，予以更换。

大修。周期一般定为8年，检修项目包括以下各项：

（1）转子更换；

（2）传动装置、托辊装置更换。

2.1.4 卸煤机常见故障及处理

翻车机是备煤车间主要卸煤设备，在生产过程中经常伴有故障（事故）发生，轻则影响生产，重则危及安全。故障（事故）发生前要有预防，故障（事故）发生后要有处置。转子式翻车机常见故障及处理方法见表2-5。

表2-5 转子式翻车机常见故障及处理方法

故障现象	原 因	处理方法
转子部件无动作或动作发卡	（1）传动轴断； （2）电动机烧坏； （3）轴承座缺油磨损； （4）减速机缺油磨损； （5）转子变形； （6）电器、保险丝烧断或热继电器跳闸	（1）更换； （2）更换； （3）加油或更换轴承； （4）加油或更换减速机； （5）检查并校正； （6）更换保险丝或待热继电器冷却后合闸，注意减少卸煤量
飞 车	翻车速度过快 翻车至150°，返回至30°不减速	检查测速发电机运行情况
负载大，造成烧坏电机	（1）2台电机未同时工作； （2）2台油闸电机未同时抱闸	（1）确保2台电机同时工作； （2）确保2台油闸电机同时抱闸
电动机发生故障	（1）电动机或启动装置内冒烟或有火花； （2）剧烈振动及发生异常响声； （3）各部位超过允许温升； （4）转速急剧减低，同时电机迅速发热； （5）发生两相电源运转	切断电源检查并综合处理
翻车机重车掉道	压车梁不紧，翻转时重车掉道或其他外力冲击原因	翻车机回零位，用20t行车和其他吊具使其复位。之后检查压车液压系统油压

2.2 倒运设备

倒运设备是把从翻车机卸下来的煤送入煤场，然后按既定作业计划进行堆放、混匀和取用，最后送入配煤系统的设备。倒运设备按用途主要分为起重机与装卸桥、斗轮式堆取料机两种。

2.2.1 起重机与装卸桥

图2-4所示为门式抓斗起重机和装卸桥的结构。

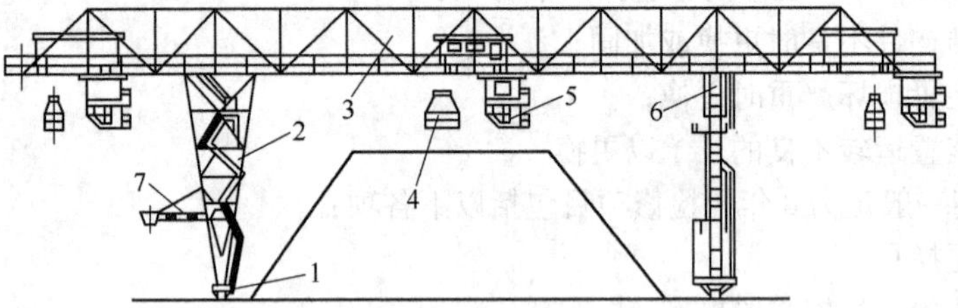

图2-4 5t40m装卸桥的结构

1—走行机构；2—刚性支腿；3—吊车桥架；4—抓斗；
5—操作室；6—挠性支腿；7—给料输送机

门式抓斗起重机和装卸桥的结构基本相同，由大车和小车两部分组成。大车包括吊车架桥，支持架桥及其底部的走行机构，大车沿轨道运行。为适应气温变化而引起的桥架变形，支架一侧为刚性支腿，另一侧为挠性支腿。小车可沿桥架上的轨道运行。

门式抓斗起重机和装卸桥的主要优点是运行灵活可靠，维修工作简单，可以兼做装卸和倒运的综合作业，雨季可从煤堆下部取煤，并适合易氧化自燃煤的倒运。其缺点是设备自重大、造价高、电耗大。装卸桥用作倒运时，与斗轮机相比，在设备质量、动力配置及基础工作量大体相似的情况下，生产能力小得多，且不利于实现自动化。装卸桥用于卸煤时，与翻车机相比，在设备自重与功率相似的情况下，卸车能力只相当于其1/3左右，且要人工清扫残煤。

2.2.2 堆取料机

2.2.2.1 堆取料机的形式、技术性能及特点

堆取料机的形式有很多种。

按其功能来分可分为：堆料机（堆料作业）、取料机（取料作业）、堆取料机（堆料、取料作业）、混匀堆料机（均化堆料）、混匀取料机（均化取料）。

堆取料机按形式来分可分为：门式斗轮堆取料机（大跨度双梁）；桥式取料机（大跨度单梁）；圆形料场堆取料机（桥式或摇臂式）；刮板式堆取料机（桥式或人字式）；普通摇臂式堆取料机（悬臂、俯仰、回转）。

按尾车功能又分为：固定单尾车（堆料、取料）；活动单尾车（堆料、取料、直通或折返取料、提高回转角度范围）；固定双尾车（堆料、取料、直通）；活动双尾车（堆料、取料、直通或折返取料）；伸缩升降双尾车（堆料、取料、直通、提高回转角度范围、降低落差）。

按理论生产能力来分：轻型（生产能力在630m^3/h以下）；中型（生产能力为630～2500m^3/h）；大型（生产能力为2500～5000m^3/h）；特大型（生产能力为5000～10000m^3/h）；

巨型（生产能力在 10000m³/h 以上）。

目前焦化厂使用的堆取料机主要有：DQ2020、DQL3025、DQ5030、DQL600/800、DQL800/1200·40、KL-4 等几种型号。主要技术性能见表 2-6。

表 2-6　堆取料机主要技术性能

技术性能		型号					
		DQ2020	DQL3025	DQ5030	DQL600/800	DQL800/1200·40	KL-4
生产能力/t·h⁻¹	堆煤	450	600	1000	1200	1200	1200
	取煤	200	300	500	800	800	800
斗轮悬臂长度/m		20	25	30	25	40	30
堆取高度/m	轨面以上	8	10	12	10.5	10.5	12
	轨面以下	2	2	1.8	2	2	2
悬臂回转角度/(°)		±110	堆 ±110 取 ±165	±90	±110	±110	±110
斗轮形式		无格式	无格式	有格式	无格式	有格式	有格式
斗轮直径/mm		2800	3750	5000	4500	5600	5600
斗轮转速/r·min⁻¹		13.2	6~10	4~8	7.8	8.2	0~8
走行速度/m·min⁻¹		29.85/5.23	30/5	30/5	30/7	30/7	30/7.5
变幅范围/(°)		±16	±16	±13	±16~-15	16~-16	+15~-16.5
悬臂输送机宽度/mm		800	1000	1200	1200	1200	1200
悬臂皮带速度/m·s⁻¹		2.5	2.5	2.5	2.5	2.5	2.5
悬臂皮带形式		可逆	可逆	可逆	可逆	可逆	可逆
装机总容量/kW		78.1	147	235.7	200	200	302.2
设备总重/t		94.82	160	259.18	195	278	348.6

斗轮堆取料机与其他周期动作的机械相比，优点如下：

（1）生产效率高：因为它有专门的工作机构，堆料（或取料）与输送是同时进行的，而且又是连续作业，所以生产效率很高，而周期动作机械如单斗装载机则不同，它的铲斗既要完成取料任务，又要完成堆料任务，形成一个取料—旋转—卸料—空转的工作循环。在这个循环中，取料只占整个循环时间的 1/3 左右，其余时间均用在输送及空转工序上，所以生产率低。在功率相同的情况下，斗轮堆取料机的生产率约为单斗装载机的 1.5~2.5 倍。

（2）能耗低：因为煤料输送是采用阻力较小的带式输送机，所以功率消耗小。DQ3025 型斗轮堆取料机的总功率为 147kW，而同样能力的装卸桥总功率为 310.8kW。

（3）自重轻：在生产率相同的情况下，斗轮堆取料机的自重比单斗装载机的重量轻 1/3~1/2。

（4）操作简便：由于斗轮堆取料机工作比较有规律，所以可以实现自动化，使工人的劳动条件得到改善，劳动强度降低。

当然，斗轮堆取料机也存在一些局限性，例如：煤料的块度不能太大，对于中型堆取料机（630~2500m³/h），斗轮通常只能通过 300mm 以下的煤料。一些采用液压传动部位的泄漏也给维修带来很多不便。

2.2.2.2 斗轮堆取料机的主要机构

斗轮堆取料机主要包括：斗轮机构、行走机构、悬臂带式输送机、转载装置、金属结构、电器设备等。斗轮机构包括斗轮和斗轮驱动装置，作为挖取煤料之用。斗轮安装在悬臂带式输送机的前端。斗轮的驱动装置一般布置在斗轮的两侧。下面以 DQL800/1200·40 型斗轮堆取料机为例介绍其结构。

图 2-5 所示为 DQL800/1200·40 型斗轮堆取料机的结构。

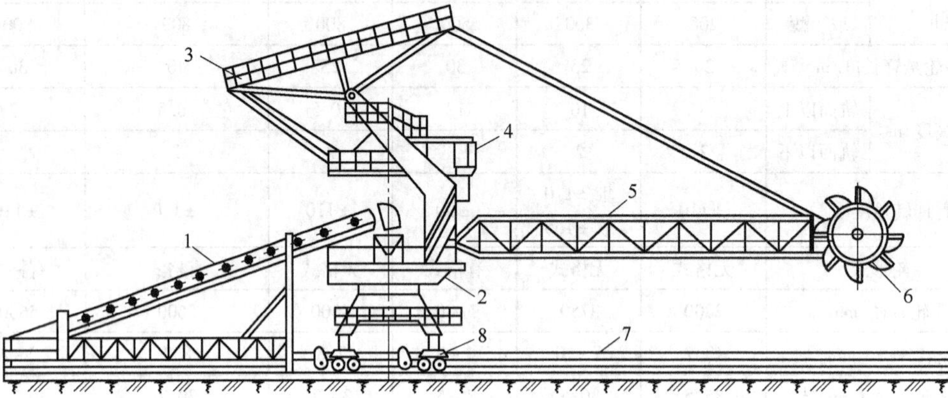

图 2-5 DQL800/1200·40 型斗轮堆取料机

1—进料输送机；2—回转机构；3—配重；4—操作室；5—悬臂输送机；6—斗轮；7—出料输送机；8—走行机构

DQL800/1200·40 型斗轮堆取料机的机械部分由以下几个部分组成：即斗轮装置、俯仰钢结构、悬臂输送机、回转装置、门座架装置、变幅机构、尾车、走行机构、回转钢结构、司机室、配电室、变压器室和润滑系统等。

A 斗轮装置

斗轮装置安装于悬臂梁的前端，随悬臂梁一起俯仰和回转，以此来挖取不同高度和角度的煤料。该斗轮装置采用无格式斗轮体，它具有自重轻，允许圆周速度大等优点。料斗的两侧及尾部设有调整板，以调整料斗与圆弧挡板之间的间隙（2~7mm），以保证既不漏料，又不致卡阻。

B 悬臂梁装置

悬臂梁是支持斗轮和悬臂输送机的部件，它是由两片工字断面的主梁和水平桁架组成，悬臂梁尾部铰点处采用滑动轴承支撑，并配有润滑油嘴。

悬臂梁的下部设有悬臂防碰装置。防碰装置由钢丝绳、调节螺栓、限位开关等组成。当悬臂梁在俯仰和回转的过程中，触及料堆或其他地面设施时，将首先使钢丝绳带动拉线开关动作，及时断电，以防意外事故发生。

C 悬臂输送机

悬臂输送机为双向可逆式，以满足堆料和取料两种工况的需要。堆料时，煤料经地面输送机，尾车输送机通过中间漏斗转载到悬臂皮带上，悬臂输送机将煤料输送到储料场。取料时，通过卸料槽转载到悬臂皮带上，悬臂输送机将煤料运送到中心漏斗，通过尾车使煤料转运到地面输送机上。

悬臂输送机两侧设置了紧急拉线开关，中心漏斗处设置了煤料堵塞报警器。

D 俯仰装置

俯仰装置又称变幅装置，它是调整斗轮及悬臂梁工作位置的机构。它的目的是为了适应料堆底层和料堆顶部取料的高度变化需要。

E 回转装置

回转装置由回转支承和回转传动装置两大部分组成，此机的回转支承采用回转台车。

回转驱动装置采用交流变频电机带动立式行星减速机。立式行星减速机输出轴的小齿轮与固定于门座架上的销齿啮合，从而完成堆取料过程中的回转运动。

F 走行机构

走行机构是保证堆取料机在全料场范围内按要求行走的机构，由驱动台车、从动台车、平衡梁、锚定梁、夹轨器等部件组成。堆取料机主机的走行轮为20个，其中主动轮12个，从动轮8个，为满足堆取料机在堆取料过程中和整机调车过程中的不同需要，走行机构采用两种速度，一种为工作速度，即7m/min；另一种为调车速度，即30m/min。

为防止事故的发生，整机以高速调车速度行走时，悬臂必须沿轨道方向且斗轮高于地面输送机的安全高度。

G 尾车装置

尾车装置是堆取料机实现堆料作业的机构，尾车装置主要由钢结构输送机附件及平台等部分组成。尾车由牵引杆与主机相连并与主机随动。

H 润滑

堆取料机的润滑点过于分散，所有的润滑部位都由两套双线式集中润滑系统给油。

堆取料机全部减速机采用油池与润滑泵相结合的方式进行润滑。

I 安全装置

回转装置、俯仰装置、走行机构等部件分别设有极限位置开关。

锚定器处设有限位开关，锚定器处于脱开位置时，整机才能动作。

回转装置和走行装置都设有位置检测装置。

悬臂输送机还设有拉线紧急事故开关，以备在紧急意外事故时使用。悬臂输送机中心漏斗及尾车头部漏斗处设有堵料检测开关。

悬臂梁防碰装置是为了防止在取料或回转时，悬臂梁触碰料堆或其他障碍而设置的，当整机在走行或回转时，若防碰限位开关动作，则应使走行或回转向反方向运动。

2.2.3 斗轮式堆取料机日常点检与维护

为了确保在每班次工作中的正常运转，斗轮堆取料机必须进行相应的维护与保养。见表2-7、表2-8。

表2-7 堆取料机的主要日常维护

序号	保养项目及位置	要求与说明
1	走行机构	检查轨道有无影响运行的障碍物，开始走行机构，观察轨道是否有超规定的下沉现象，车轮是否有卡轨、啃轨现象等，发现问题要及时处理
2	输送机	检查皮带是否跑偏、打滑、托辊和滚筒是否有卡阻发滞现象，皮带张紧是否合适，皮带有无磨损和撕裂，发现问题要及时处理
3	润 滑	检查集中润滑点供油状况是否良好，单点润滑部位是否按要求加足润滑油或润滑脂

续表 2-7

序号	保养项目及位置	要求与说明
4	安全保护	检查各安全、联动、联锁的限位（行程）开关是否工作可靠，触点接触和行程是否正常，发现问题及时解决
5	制动器	检查制动器各铰点和润滑装配状况是否良好，闸皮的磨损及闸瓦间隙、液压推杆的油位是否符合要求，发现问题要及时处理
6	转载点积料	清理斗轮、中心料锅等部位的积料

表 2-8　堆取料机的月检查与维修项目

序号	保养项目及位置	要求与说明
1	各减速机、液压系统油位	停机检查各减速机和液压系统的油质和油位，及时换油和补油
2	制动器	检查闸瓦及制动轮的磨损情况，磨损严重时，应及时更换制动轮，有油污时要及时清除
3	皮带清扫器	检查皮带清扫器的使用情况，起不到清扫效果或与皮带之间连接太紧时，要及时调整和更换
4	斗轮和溜槽	检查斗轮和溜槽，发现磨损严重时，要及时处理或更换
5	电器元件	开动机器检查各电器元件的工作情况，对各启动接触的触点应仔细检查，如有接触不良或烧焦现象，必须校正或更换
6	限位开关	开动机器检查各限位开关工作是否正常，如有问题，应及时更换
7	照明及警报	发现灯具损坏及作业警灯失灵时，应及时修复
8	钢结构	检查各钢结构连接螺栓是否松动，各铰接处磨坏及异常时，要及时更换

2.3.4　斗轮式堆取料机常见故障及处理

斗轮式堆取料机一般均采用液压传动装置，故液压系统维护工作量比较大，且发现问题和处理问题的难度较大，下面以 DQL800/1200 · 40 堆取料机为例，介绍堆取料机液压系统常见故障及处理方法见表 2-9。

表 2-9　斗轮式堆取料机液压系统常见故障及处理方法

故障现象	产生原因	处理方法
液压系统压力不足	（1）油箱缺油，吸入空气； （2）油箱出口油量小； （3）回油量大； （4）齿轮泵、柱塞泵及液压电机泄漏严重； （5）溢流阀、节流阀调节压力偏低； （6）背压偏低； （7）系统油温过热皂化或过冷凝固	（1）补足油料； （2）开足油箱出口阀； （3）调整关小回油阀； （4）检查油质情况，并进行过滤，检查泵及电机； （5）调整溢流阀、节流阀； （6）调整补油压力 $p = 0.75 \sim 1.5\text{MPa}$； （7）冷却或加热油料，或更换油品
液压系统为零压	（1）油箱断油或油箱出口堵塞； （2）齿轮泵、柱塞泵断轴； （3）柱塞泵伺服机构调节阀复零； （4）732 伺服机构调节螺栓断裂，配油盘复零；	（1）补充油料或更换阀； （2）更换泵； （3）调整伺服机构； （4）检修更换螺栓；

续表 2-9

故障现象	产 生 原 因	处 理 方 法
液压系统为零压	（5）溢流阀、节流阀、电液换向阀失控； （6）电机不转动，热继电器跳闸或保险丝烧断	（5）更换阀及相应电器检修； （6）自然冷却复位、更换油质、电器检修
单向回转	（1）电磁阀单向电磁线圈烧坏； （2）电磁阀单向阀芯位移； （3）单向阀损坏	（1）更换线圈； （2）更换阀芯与电磁线圈箍距离； （3）更换单向阀
回转与斗轮速度不匹配	（1）柱塞泵油量太小，回转速度慢或斗轮转速低； （2）柱塞泵油量太大，回转速度快引起大车振动或斗轮快速返料； （3）背压不足； （4）柱塞泵及液压电机泄漏； （5）液压电机配油轴位置不佳	（1）调节伺服机构，加大油量； （2）调节伺服机构，减小油量； （3）调整补油压力； （4）更换检修泵及液压电机； （5）调节配油偏心轴螺栓
噪声、振动	（1）液压系统压力不足或零压； （2）补油、回转斗轮系统压力过高； （3）液压系统回油阀闭塞（进油箱）； （4）管道内有气体； （5）油质变化； （6）紧固件松动； （7）液压电机配油箱位置不佳； （8）泵或液压电机故障	（1）处理同液压系统为零压； （2）调整补油、溢流阀压力； （3）开足进油箱阀； （4）排出气体； （5）更换新鲜油料； （6）加固紧固件； （7）调节配油偏心轴螺栓； （8）更换检修泵及液压电机

2.3 输送设备

2.3.1 带式输送机

带式输送机是焦化厂用于输送煤料、焦炭的主要设备之一，在输送过程中一般采取联锁控制，部分输送机设有电磁分离器，用来排除杂铁，保证设备安全运转。

带式输送机在输送散状煤料或成件煤料时被广泛使用，它具有输送连续、均匀、生产率高、运行平稳、可靠、动力消耗少、维护和保养方便，易于实现自动化控制等优点；但是用做倾斜输送时倾角较小（普通带式输送机的倾角最大值为18°~21°）。带式输送机主要由输送带、驱动装置、滚筒、托辊和拉紧装置构成。带式输送机的主要机构如图2-6所示。

2.3.1.1 输送带

输送带是输送机中的牵引构件和承载构件。常用的输送带有帆布带、尼龙带、聚酯带和钢丝绳带等。普通橡胶输送带的结构是，中间有几层棉织布（或采用维尼纶与棉纤维制品）做衬垫，相互之间用天然橡胶或人造橡胶硫化的方法加以联结，在带的表面或两侧都用橡胶层加以覆盖，称为覆盖胶。胶布层在橡胶带中起骨架作用，承受输送带的纵向拉力（张力），覆盖胶的作用是保护胶布层不受潮腐蚀、机械损伤工作面和非工作面。输送带的

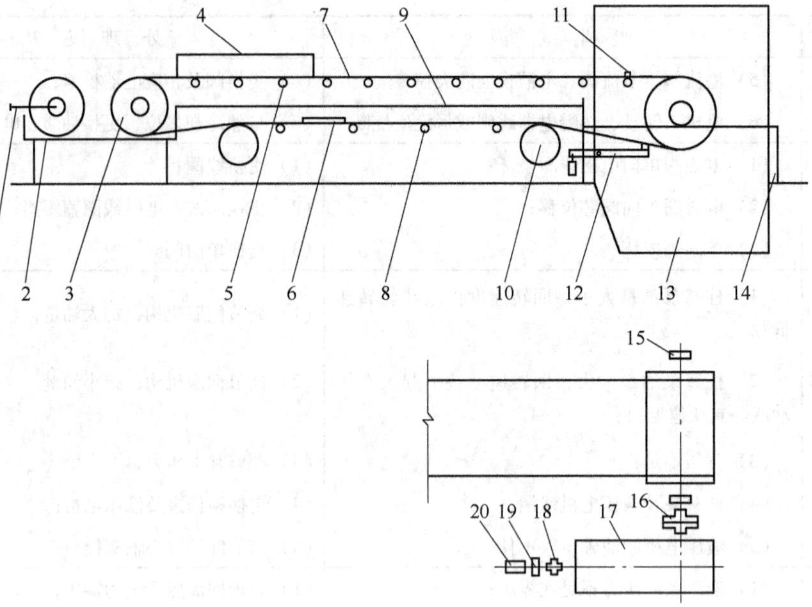

图2-6　带式输送机结构

1—拉紧装置；2—尾架；3—改向辊；4—导料槽；5—承载托辊；6—空段清扫器；7—输送带；8—回程托辊；9—中间架；10—增面辊；11—安全保护装置；12—头部清扫器；13—头部漏斗；14—头架；15—传动滚筒；16—联轴器；17—减速机；18—液力耦合器；19—制动器；20—电动机

一般表示方法为：

$$8(6+3)\times 132$$

其中　8——织布层数为8层；

6——工作面覆盖胶厚度为6mm；

3——非工作面覆盖胶厚度为3mm；

132——运输带长度为132m。

2.3.1.2　驱动装置

带式输送机的动力部分由电动机、液力耦合器（或弹性联轴器）、减速机及联轴器组成。有些带式输送机将电动机、弹性联轴器和减速机集成在一起，但功率受一定限制，一般用于较短带式输送机的场合。

电动滚筒是将电动机、减速齿轮装入滚筒内部的传动滚筒。因其结构紧凑，外形尺寸小，适用于短距离及小功率的单机驱动带式输送机。由于电动滚筒故障率较高，近年来，一些厂家纷纷开发外置式电动滚筒，只将减速齿轮装入滚筒内部，电动机和联轴器都在滚筒外面，这样更换电动机要简单方便。

2.3.1.3　滚筒

滚筒分传动滚筒（传动轮）和改向滚筒（改向轮）两种。传动滚筒是传递动力的主要部件，传动滚筒表面有裸露光钢面、人字形或菱形花纹橡胶覆面。不同表面的传动滚筒使用环境也不一样，小功率、小带宽及环境干燥时采用裸露光钢面。人字形花纹花纹橡胶覆面摩擦系数大，防滑性能好，但有方向性。菱形花纹橡胶覆面用于双向运行的输送机。用于重要场合的滚筒，最好采用硫化橡胶覆面。

改向滚筒是用来改变输送带运行方向或增加输送带与滚筒之间的包角。改向滚筒按承载能力分轻型、中型和重型三种；按用途来分可分为尾大辊、增面辊、吊辊、抬辊。用于180°改向时一般放在尾部或垂直拉紧装置；90°改向滚筒放在垂直拉紧装置的上方，作抬辊用；增面辊一般用于小于或等于45°的场合。增面辊的作用是使皮带和传动轮的接触面积增加。改向滚筒覆面有裸露光钢面和平滑胶面两种，一般对于黏附性较强的煤，需采用裸露光钢面。

2.3.1.4 托辊

托辊用于支撑输送带和带上煤料，使其运行稳定。根据托辊形状与作用的不同可分为：槽型托辊、平型托辊、调心托辊和缓冲托辊等。

2.3.1.5 拉紧装置

为保证输送机具有足够的张力使输送带和滚筒间产生必要的摩擦力，并限制输送带在各支撑间的垂度，使输送机正常运转而设置拉紧装置。其形式通常有螺旋式、车式和垂直式三种。

螺旋式拉紧装置用于带式输送机长度小于50m，拉紧行程有500mm和800mm两种。车式拉紧装置适用于功率大，带式输送机较长的情况，它可靠配重自动拉紧，拉紧行程大，安全可靠，但需要在带式输送机尾部占有较大的面积和空间。当带式输送机尾空间太小而又需较大拉紧距离时可用垂直式拉紧装置，但也可用输送机走廊空间的位置。

除以上五个主要构件外，一般的带式输送机还设有制动装置、卸料装置、清扫装置和必要的除尘密闭装置。

2.3.2 管状皮带输送机

管状皮带输送机（简称管带机）适用于各种复杂地形条件下输送量为0～250kg/m的各种散状煤料，采用普通管状胶带的工作环境温度范围为－25～40℃，对具有耐热、耐寒、防水、防腐、防爆、阻燃等条件要求者，工作环境温度范围可达－35～200℃。

该机是由呈六边形布置的辊子强制胶带裹成边缘互相搭接成圆管状来输送煤料的一种新型带式输送机。具有密封环保性好、输送线可沿空间曲线灵活布置、输送倾角大，复杂地形条件下单机运输距离长等特点，同时与普通带式输送机比较还具有建设成本低、运输过程中不撒料，安全维护方便、使用可靠等优点。

2.3.2.1 管带机的基本结构

A 管带机结构

管带机的头部、尾部、受料点、卸料点、拉紧装置等位置在结构上与普通带式输送机基本相同。输送带在尾部过渡段受料后，逐渐将其卷成圆管状进行煤料密闭输送，到头部过渡段逐渐展开直至卸料，如图2-7、图2-8所示。

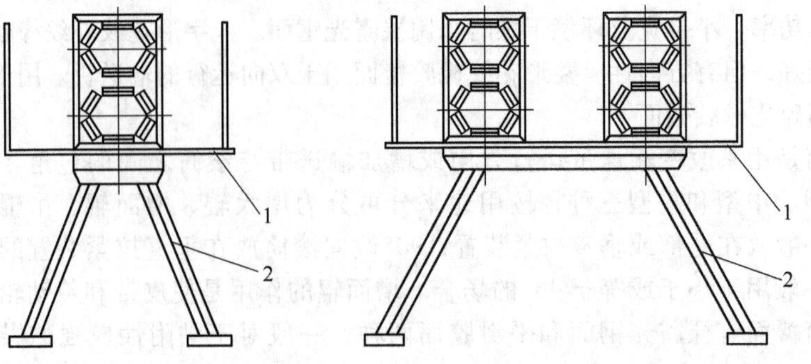

图 2-7　GD 型系列管状带式输送机结构

a—单皮带布置方式；*b*—双皮带布置方式

1—走道；2—支柱

B　输送带

管带机采用专用输送带。根据不同张力等条件的要求，输送带可采用尼龙织物芯层和钢绳芯带等形式，输送带规格的选择，要考虑输送带的最大张力值、输送距离、使用条件及安全系数。

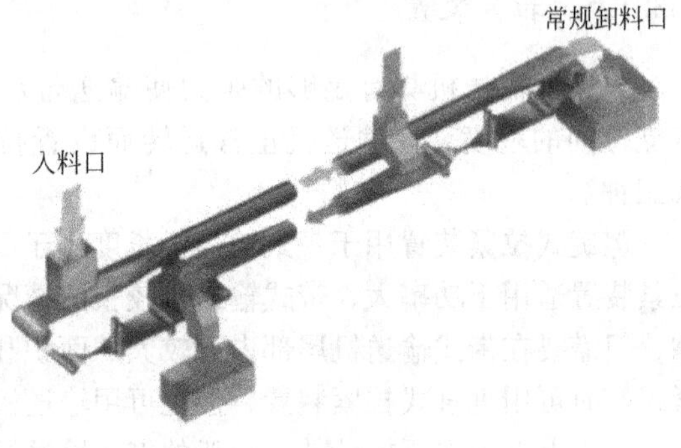

图 2-8　管带机整体结构示意图

2.3.2.2　管带机的性能特点

（1）可广泛应用于各种煤料的连续运输。

（2）输送煤料被包围在圆状胶带内输送，因此，煤料不会散落和飞扬；煤料也不会因刮风、下雨而受外部环境的影响。这样既避免了因煤料的散落而污染环境，也避免了外部环境对煤料的污染。

（3）胶带被 6 只托辊强制卷成圆管状，无输送带跑偏的情况发生，管状机可实现立体螺旋状弯曲布置，一条管状带式输送机可取代一个由多条普通带式输送机组成的输送系统。这样可节省土建（转运站）、设备投资（减少驱动装置的数量），并减少了故障点及设备维护的运行费用。

（4）管状带式输送机自带走廊和防止了雨水对煤料的影响，故选用管状带式输送机后，可不再建栈桥，节省了栈桥费用。

（5）输送带形成圆管状而增大了煤料与胶带之间的摩擦系数，故管状带式输送机的输送倾角可达 30°，可减少带式输送机的输送长度，节省了空间位置和降低了设备成本，可实现大倾角（提升）输送。

（6）管带机的上、下分支包裹形成圆管状，故可用下分支反向输送与上分支不同的煤料（但要设置特殊的加料装置）。

（7）由于输送带形成管状，桁架宽度较相同输送量的普通带式输送机栈桥窄，减少占地和费用。

2.3.3 带式输送机的日常点检与维护

在备煤车间，输送带使用量较大，输送带的价格也较昂贵，而且更换输送带不但工作量较大，在一定程度上会影响生产，因此要加强对输送带的维护。输送带一般应在空载的情况下启动。开、停车均应按顺序，停车后在输送带上不允许留有被输送的煤料。输送机的边缘最易磨损，唯一预防办法是防止输送带跑偏，槽型托辊安装不正、传动滚筒与尾部滚筒不平行，滚筒表面有黏着物、接头不正、给料不正等都会导致输送带跑偏，发现跑偏应及时处理，以减少磨损，延长输送带的使用寿命。在运行过程中，应使输送带保持适中的松紧程度。输送机所有的传动滚筒、托辊都应能很好旋动，对各滚筒及托辊应经常清洗和注油。

近年来，有的工厂为了保证带式输送机的正常工作，装有带式输送机跑偏自动调整、断流打滑自动指示，溜槽堵塞自动报警等装置，效果佳，对改进操作、维护设备起了重要的作用。

带式输送机日常点检标准见表2-10。

表2-10 带式输送机日常点检标准

部 位	项 目	方 法	标 准	周 期
岗位通用部分	电机	目视、耳听、手摸、鼻闻	运转平稳、无杂音、无糊味、轴承不发热	1次/班
	行程开关	目视	完整齐全、灵活好用	1次/班
	减速机	目视、耳听、手摸	运转平稳、无杂音、油脂干净、轴承不发热	1次/班
	接手、耦合器	目视、耳听	完整无缺、无松动、无破裂	1次/班
	头辊、尾辊	目视、耳听、手摸	运转平稳、无杂音、无破裂、轴承不发热	1次/班
	增面辊	目视、耳听、手摸	运转平稳、无杂音、无破裂、轴承不发热	1次/班
	机架、支架	目视	立柱牢固、螺栓紧固、架子不变形	1次/班
	溜槽	目视	完整齐全、不变形、不积煤	1次/班
	皮带	目视	完整无损、不跑偏	1次/班
	托辊	目视、耳听	运转平稳、无杂音、无破裂、无缺辊、无死辊	1次/班
	皮带挡、皮带闸	目视	完整齐全、定位准确牢固	1次/班
	其他部件	目视	清扫器、逼煤板、接煤板、冲击板等安装牢固、好用	1次/班
岗位特殊部分	吊辊、台辊	目视、耳听、手摸	运转平稳、无杂音、无破裂、轴承不发热	1次/班
	小车	目视、耳听、手摸	运转平稳、无杂音、无破裂、轴承不发热	1次/班
	拉紧装置	目视	配重合适、润滑良好、灵活好用	1次/班
	水泵	目视、耳听	完整齐全、无缺损、池中无积煤	1次/班
	吸铁器	目视、耳听	完整齐全、运转平稳、无缺损	1次/班
	皮带秤	目视	完整齐全、不碰撞、不变形	1次/班

2.3.4 带式输送机常见故障及处理

带式输送机在使用过程中经常会出现一些故障，影响正常生产，造成一定的经济损失，它们主要表现有如下几种。

2.3.4.1 输送带打滑

输送带打滑主要原因为主动带轮摩擦系数变小所致，多半是输送带的张力不够引起输送带松动或胶带磨损严重造成的。这就要求增加摩擦系数，如调整拉紧装置或加一些木屑，必要时换头轮；对拉紧装置进行改造，改尾部坠砣拉紧为带中部坠砣拉紧装置。

带打滑的解决方法：对于超载的情况，直接减少输送带上的重量（调节进料口的大小）就可以解决。对于带轮与带的摩擦系数变小，可以对主动带轮表面进行处理以增大摩擦系数。

对于带松弛要分以下几种情况进行相应的处理。

（1）使用重锤拉紧装置的带式输送机可添加配重来解决，但不应添加过多，以免使输送带承受不必要的过大张力而降低使用寿命。

（2）使用螺旋拉紧或液压拉紧的带式输送机可调整拉紧行程，增大拉紧力。如果拉紧行程不够，输送带出现永久性变形，可将输送带截去一段后重新进行接头处理。

2.3.4.2 撒料

撒料原因有超载、加料偏心、输送带跑偏、凹段输送带悬空等。

（1）转载点处的撒料：转载点处撒料主要是在落料斗、导料槽等处。如带式输送机严重超载，煤料没有落在输送带的中央位置，带式输送机的导料槽挡料橡胶裙板损坏，导料槽处钢板设计时距输送带较远，橡胶裙板比较长，使煤料冲出导料槽。上述情况可以在控制运送能力、加强维护保养上得到解决。

（2）凹段输送带悬空时的撒料：凹段输送带区间当凹段曲率半径较小时会出现输送带产生悬空的现象，输送带因为离开槽形托辊组，槽角变小，从而使部分煤料撒出来。这种现象一般在设计阶段就应该注意在此处尽可能地采用较大的凹段曲率半径，并将凹段设计成无圆弧过渡区间。输送带宽度选用余度较小时也容易撒料。

（3）跑偏时的撒料：输送带跑偏时的撒料是因为输送带在运行时的两个边缘高度发生变化。煤料从低的一边撒出，因此应调整输送带，避免跑偏。

2.3.4.3 输送带跑偏及调整

输送带跑偏有以下四种情况：

（1）进料斗位置不对或者落料点位置不合适，容易造成料流偏析，从而出现输送带往一边跑的现象。

（2）上下托辊故障。当一边上托辊缺少较多的情况下，会造成输送带向一边跑的情况；当下托辊的中心位置出现偏差或者不转动时也会造成输送带跑偏。解决的办法是加强检查，及时维护，一旦发现有损坏的托辊时要立即更换。为防止下托辊偏斜，可将上下托辊的安装孔做成几个矩形槽进行调整，如果上托辊座架不正，输送带也会跑偏，必须找正托辊座架，从而彻底消除跑偏现象。

（3）输送带本身质量问题也会造成跑偏。一种情况是胶带胶接存在质量问题，胶接时出现一边长、一边短的情况，运转起来就会造成一边跑偏的现象，只有重新胶接才是彻底的解决办法。另一种情况是使用了再生胶带，内部线层承受张力不均。

（4）头尾轮倾斜也会造成输送带跑偏。其处理措施是必须对头尾轮进行调整，重新找正，否则其距离偏差造成的跑偏也很难根本消除。

2.4 粉碎设备

2.4.1 粉碎机

在炼焦过程中，煤料的细度和粒度对焦炭质量及焦炉操作有很大影响，为此装炉煤必须粉碎。常用的粉碎机有反击式、可逆锤式和笼型等几种形式。常用粉碎机设备的性能比较见表2-11。

表 2-11 常用粉碎机设备的性能比较

项 目	粉碎机类型		
	反击式	可逆锤式	笼 型
最大入料粒度/mm	<150	<80	<80
粉碎细度(<3mm)/%	75~85	75~85	85~90
粉碎后煤中(<0.5mm)/%	51.3	54	49.9
对水分适应范围	较 大	<12	较 大
耗电量/kW·h·t^{-1}	0.8~1.4	1.8~2.6	2.6~3.1
设备重量比较	轻	较 重	重
破碎比	40	25	2.5
转子外缘线速度/m·s^{-1}	46~70	50~73.6	约70
投资比较	少	较 多	多

上述粉碎机各有特点，适用于不同的煤源条件和炼焦工艺。

2.4.1.1 反击式粉碎机

反击式粉碎机是粉碎炼焦煤的新型高效破碎设备，被焦化厂广泛使用。其结构如图2-9所示。

反击式粉碎机主要由转子、锤头（板锤）、前反击板、后反击板和外壳组成。其工作机理是：当煤料进入粉碎机后，首先靠转子外缘上锤头的打击使煤粉碎；高速回转的锤头又把颗粒大的煤沿切线方向抛向反击板，煤撞在反击板后，有的被粉碎，有的被弹回再次受锤头打击，如此反复撞击，使煤粉碎到一定程度。由上可知，反击式粉碎机是充分利用冲击作用来进行粉碎的。由于大块煤比小块煤从锤头所获得的能量大，反击和粉碎的程度就要强，而小块煤获得的能量则小些，反击和粉碎的程度也就差些，从而使粉碎的产品粒度均匀。在此过程中，煤的相互撞击也加强了粉碎作用。

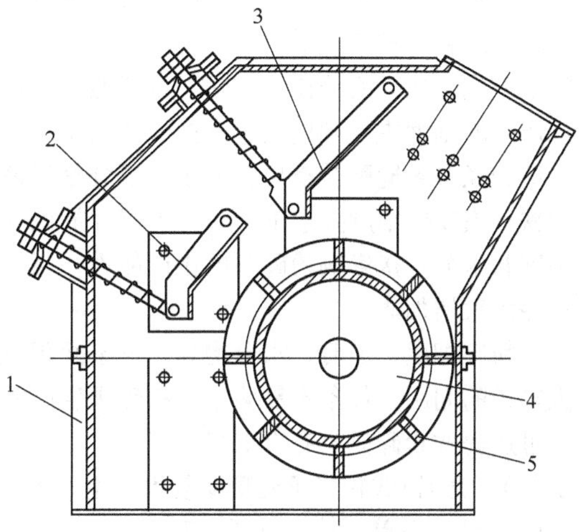

图 2-9 反击式粉碎机
1—外壳；2—后反击板；3—前反击板；
4—转子；5—锤头

煤的粉碎细度主要取决于转子的线速度和锤子与反击板之间的间隙。

煤的水分对设备的生产能力及粉碎细度均有一定影响。煤的水分高时，由于煤黏附在反击板上，粉碎机的生产能力和粉碎细度明显下降，严重时会发生堵塞现象。

综上所述，为保证产量和细度，操作时，加料应均匀、连续，要经常检查及控制锤头与反击板合适的间隙，注意锤头的磨损情况，并及时更换。

反击式粉碎机具有以下特点：

（1）煤料在机内受高速和多次冲击而破碎，破碎效率高，破碎比大。

（2）结构简单，使用、调整和维修方便，运行中的振动较小。

（3）因反击拉杆可以向后移动，当煤料混入铁块等，反击板受压，拉杆退后增大转子与反击板的间隙，使铁物排出，故不易损坏机体。

（4）因设备排风量大，运行中粉尘较多，需增设除尘和集尘设施。

（5）煤料的水分对设备生产能力、粉碎细度以及正常操作影响较大。

2.4.1.2　可逆锤式粉碎机

可逆锤式粉碎机是大、中型焦化厂广泛使用的粉碎机，其结构如图 2-10 所示。

可逆锤式粉碎机主要由转子、锤子、箅条、调节机构和外壳组成。其工作机理是：转子由电动机带动，转子外缘上等距离地排列着 10 排轴，每个轴上等距离交错地安装有 7 个质量相同的锤子。当锤子高速旋转时，锤子便沿半径方向向外伸展，产生很大的动能，并撞击煤块实现粉碎。箅条安装在转子下部，煤料细度主要靠箅条与锤子间的距离来调节。箅条的间距也可以调节，箅条间距增大，则煤料细度降低，箅条不易堵塞，粉碎机生产能力提高。

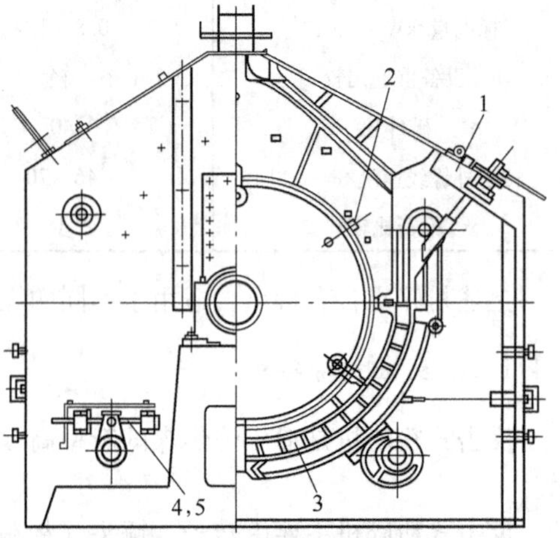

图 2-10　可逆锤式粉碎机

1—架体部；2—转子部；3—条筛部；4—左调整部；5—右调整部

煤料的粉碎主要依靠高速回转的锤头所产生的动能（冲击作用）来完成。焦化厂一般采用的是轻型锤头，其圆周速度通常为 25 ~ 60 m/s。

可逆锤式粉碎机的生产能力与所处理煤料的物理性质、所需粉碎比的大小、转子的转速、锤头的重量和个数及煤料的均匀程度等因素有关。

转子的直径和转速对生产能力的影响很大，当其他条件不变时，生产能力与转子直径及转速的平方成正比。粉碎比增加时，生产能力则降低，这是因为细碎消耗的能量较多。

产品的细度主要利用箅子和锤子的间距大小及更换锤子的办法来控制。粉碎过程中粉碎的煤一部分经箅条缝隙被挤出，但主要部分是经窗孔排出，粉碎机的回转闸门可以放出混入煤中的杂铁；当粉碎细度要求不高时，可以开放该闸门，减少粉碎机负荷，提高生产能力。煤的粉碎细度和水分直接影响粉碎机的生产能力，当细度提高和水分增加时，生产能力急速下降，电力消耗大大增加。

当粉碎细度一定时，水分增高，箅条间距就要增加，以防箅条堵塞。据许多厂操作经验，增大箅条的间距，箅条不易堵塞，粉碎机生产能力提高，但粉碎细度有所降低。

可逆锤式粉碎机具有以下特点：

（1）可逆锤式粉碎机处理煤量大、生产效率高、有较高的破碎比；

（2）结构简单，单位电耗相对要少；

（3）缺点：当煤料中含水量较大时，排料困难，此外因锤头与箅条的间距较小，因此产生 0 ~ 0.5mm 的粉煤较多，故其全机生产效率相对于反击式粉碎机较低。同时锤头磨损大，对铁物比较敏感，容易造成设备损坏。

2.4.1.3 笼型粉碎机

笼型粉碎机是一种老式粉碎机，由两个外缘带钢棒的笼轮组成，笼轮由电动机带动逆向旋转。煤料从中部进料口加到笼轮内，被离心力甩到高速旋转的钢棒上，在半径方向的惯性离心力和切线方向钢棒冲击力的反复作用下，被粉碎到要求的程度。煤的粉碎细度因钢棒转动速度及钢棒的数目而异，笼轮转数加大可提高粉碎细度和生产能力。

笼型粉碎机粉碎细度均匀，细度可达95%，而且煤的水分对细度和生产能力影响不是很显著。但与其他形式的粉碎机相比，笼型粉碎机耗电量大，结构笨重、机体庞大，传动装置复杂，钢棒易磨损或打断等，近年来主要在捣固焦炉用煤粉碎中采用。

2.4.2 粉碎机日常点检与维护

相对其他机械而言，粉碎机所处的工作条件恶劣了许多，不正确的点检、维护或失误的操作势必会造成事故。实践表明，严格按照设备的操作规程、设备的点检标准办事，对于设备正常运转、提高设备的生产能力是十分重要的。粉碎机点检标准见表2-12。

表2-12 粉碎机点检标准

部 位	项 目	方 法	标 准	周 期
传动装置	转子部件	耳听、眼看、手摸	部件完好、无振动、无异响	1次/班
	电机	耳听、眼看、手摸、鼻闻	无异常杂音、运转平稳、温度≤65℃、无糊味	1次/班
	液压闸	耳听、试车	松紧适度、开启灵活、无泄漏	1次/班
	传动轴	耳听、试车	润滑良好	1次/班
	联轴器	耳听、试车	螺栓不松、不缺	1次/班
	轴承	眼看、手摸	温度≤60℃	1次/班
	各润滑点	眼看、手摸	润滑良好	1次/班
辅助设备	皮带系统	眼看、耳听	运行平稳、无振动	1次/班
	电器设备	眼看、手摸	无发热	1次/班
	信号设备	眼看	信号设备完好	1次/班
其 他	箱体	眼看、耳听	无杂物或大金属块、无振动	1次/班

2.4.3 粉碎机常见故障及处理

粉碎机常见故障及处理方法见表2-13。

表2-13 粉碎机常见故障及处理方法

故障现象	产 生 原 因	排 除 方 法
粉碎机振动加剧	转子不平衡	重新找静平衡
	锤头折断失去平衡	更换锤头
	轴承损坏	更换轴承
	地脚螺栓松动	紧固螺丝
	机体内进入杂物	排除杂物
	主轴弯曲	矫直或更换新轴

续表 2-13

故障现象	产生原因	排除方法
生产效率降低	给料不均匀	调整给料机构
	条筛堵塞	清洗条筛，控制给料的含水量
机体内有摩擦声或撞击声	有异物掉入机体内	停车清理
	挡板松动或锤头相碰	旋紧挡板，调整转子与条筛之间的间隙
	联轴器外壳窜动	停车校正
	转子与机体相撞击	停车校正
轴承温度异常（超过60℃）	安装不合理	调整安装结构间隙
	润滑不足	注入润滑油
	润滑油变质	清洗和换油
	轴承间隙过小或损坏	调整间隙或更换
细度达不到规定要求	锤头磨损过大	更换锤头
	条筛折断	更换条筛
	衬板与锤子距离过大	调整距离

2.5 配煤设备

备煤系统常见的配煤设备有配煤盘、电磁振动结料机和摇动给料机。

2.5.1 配煤盘

2.5.1.1 配煤盘的结构

配煤盘是备煤车间主要配煤设备之一，又称圆盘给料机。设在配煤斗槽下部，通过调节圆盘转速和料流截面积来实现定量连续给煤。

配煤盘由圆盘、调节套筒、刮煤板和驱动装置等组成。配煤盘安装在配煤斗槽下面。煤从配煤斗槽放料口，经装在斗槽下部可升降的调节套筒落到旋转着的配煤圆盘上，被可调节角度、逆圆盘转动方向的刮煤板，刮到配煤带式输送机上。配煤盘靠以下三种方式调节配煤量。配煤盘的结构如图2-11所示。

(1) 调节套筒的高度；

(2) 改变刮煤板切料深度；

(3) 调整圆盘转速。

升降调节套筒及改变刮煤板插入深度，可以调节配煤量。配煤盘调节简单，运行可靠，维护方便，对黏性大的煤适应性强；但设备笨重，传动部件多，耗电量大，刮煤板易挂杂物，影响配煤准确度，需要经常清理。

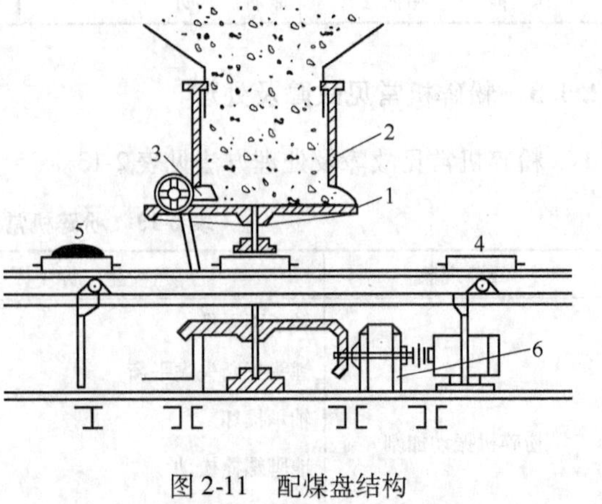

图 2-11　配煤盘结构

1—圆盘；2—调节套筒；3—刮煤板；4，5—铁盘；6—减速机传动装置

2.5.1.2 配煤盘日常点检

配煤盘日常点检是一项十分重要的工作，工作的好坏直接影响配煤盘运行质量，配煤盘日常点检内容及标准见表2-14。

表2-14 配煤盘日常点检内容及标准

部 位	项 目	方 法	标 准	周 期
减速器	润滑油脂	目 测	油品：80～140号重负荷车辆齿轮油；油量在油尺上下刻度范围内，初次换油为300h，以后为3000h	按规定初次换油为300h，以后为3000h
齿轮联轴器	润滑油脂	目 测	极压锂基润滑脂（GB7323）按标准周期换油脂	每隔60d
机器本体	各螺栓紧固件	目测、手摸	无松动、无漏油	每隔40min
	减速器透气塞、电动机、联轴器	目测、手摸	减速器透气塞无堵塞、电动机、联轴器表面清洁以利于散热	每隔40min
	轴承温度、电动机温度、电流	目测、手摸、仪器测量	轴承、电动机无发热，温度不高于65℃，电流稳定且不大于15A	每隔40min
其 他	配煤槽下料口与圆盘进料口、皮带秤	目 测	无杂物	每隔40min
	上下托辊，其他运转机械	目 测	上下托辊齐全好使，其他机械运转正常	每隔40min
	皮带及接头	目 测	皮带及接头无起毛及开裂情况	每隔40min

2.5.1.3 配煤盘常见故障及处理方法

配煤盘在生产过程中由于各种原因，不可避免地会出现一些故障，表2-15所列为配煤盘常见故障及相应处理方法。

表2-15 配煤盘常见故障及处理方法

故障现象	原 因	处理方法
配煤槽下料口与圆盘进料口被杂物卡住，有异常声音	配煤槽有破布、麻绳等异物进入	用专用工具取出
电机温度异常、各轴承温度异常	润滑油缺、润滑状态差 由振动引起	换油或补油至规定油位 检查振源并处理
调节套筒与刮煤板之间撒煤	刮煤板变形 调节套筒升降不灵活，且不到位	更换刮煤板 调整调节套筒
输送机皮带跑偏故障	缺上下托辊或托辊卡死，不起作用 皮带及其接头起毛或开裂	更换托辊 按规定胶接皮带或更换皮带
减速机装置振动、发热等	紧固件有松动现象 减速机润滑不良 装备有问题	紧固各连接件 按规定润滑 重新找正调整

2.5.2　电磁振动给料机

电磁振动给料机是一种利用电磁铁与弹性元件配合作为振动源，使给料系统做高频的往复运动，溜槽上的煤料从一定角度抛落，并使之朝一定方向给料的机械。

电磁振动给料机具有以下特点：

（1）机构简单、体积小、质量轻、效率高；

（2）无相对运动部件、无机械摩擦、无润滑点、维护简单、安装方便；

（3）煤料距电器部分较远，易隔热；

（4）给料均匀，可无极调整给料量；

（5）设备运行费用低。

但电磁振动给料机不适用于输送黏性大的潮湿的煤料，所以目前新建的备煤系统很少使用。

2.5.3　摇动给料机

常用的摇动给料机有移动式和双联固定式两种。一般安装在受煤槽下部，由于其排料口较多，采用摇动式给料机可减少给料机的台数。翻车机下部受煤槽的排料口也可选用双联固定式给料机。目前，这种双联固定式摇动给料机已经很少使用，大部分被其他形式给料机所取代。

摇动给料机的结构主要由摇动机构和走行机构组成。其工作原理是：摇动机构的电动机通过减速机，带动一偏心盘转动，偏心盘拖动给料槽在托轮上做往复运动。给煤槽往前运动时，由于摩擦力的作用，槽内的煤层也相应向前，同时煤斗中的煤下落，补充给煤槽向前的煤空出的位置，给煤往后运动时，新补充的煤挡住已向前运动的煤，使之不能后退，煤槽往后运动时，此部分煤落到受煤设备上。

复习思考题

2-1　卸煤机械有哪几种，卸煤机有哪些常见故障，分别该如何处理？

2-2　斗轮式堆取料机有何特点，如何在日常操作时加强点检与维护？

2-3　带式输送机输送带跑偏存在哪些原因，怎样防止跑偏？

2-4　粉碎设备的种类及特性有哪些，常见故障有哪些，如何处理？

2-5　圆盘给料机操作时注意事项有哪些？

3 配煤自动化

3.1 普通电子皮带秤

3.1.1 电子皮带秤简介

电子皮带秤主要由传感器、秤架、二次仪表三大部分组成，秤架是将皮带上物料的重量传递给称重传感器的荷重承受和传递装置，也是物料称量过程中第一个转换环节，所以它是电子皮带秤最重要的组成部分。这个环节的精确度和稳定性对电子皮带秤的性能优劣起着决定性的作用。

秤架的结构形式有单杠杆式、双杠杆式、悬臂式、悬浮式等多种结构形式。从秤架的发展趋势上看，悬臂式结构越来越少，单杠杆式还保留了一些，双杠杆式有较多的应用，而发展趋势是悬浮式皮带秤。

3.1.1.1 单杠杆式秤架

单杠杆式秤架只有一组称量杠杆，其上支承了一组或几组称量托辊（即单托辊秤架或单杠杆多托辊秤架），秤架通常由称量杠杆、支点、平衡重物等组成，结构较为简单，但称量精确度不高（特别是单托辊秤架）。

以往常见的带平衡重的单杠杆式秤架已经很少了，代替它们的是如图 3-1 所示的不带平衡重的单杠杆式秤架。CS-1000 型秤架只有一组称量托辊，照片中部为称量托辊，称量托辊支承在扁钢组成的框架上，框架一端与支点相连，另一端吊挂在 S 形称重传感器的下方。图中左斜下方有一个外罩，罩下即为秤的耳轴型（Truning）无摩擦密封支点，右斜上方外罩内为称重传感器，秤架部分有一个相当于三点式悬挂系统支承。耳轴型无摩擦密封支点采用橡胶材料，它可吸收振动，又不受灰尘、湿气的影响，因而其传力特性明显优于其他类轴承支承、刀口支承或簧片支承。由图 3-1 还可以看到，组成杠杆式框架的材料外形为扁钢，因而可减少秤架的积灰面积，相应减少维护量和秤架零点的漂移量。这种秤架最大的特点是无平衡重，也就是说，称重传感器测量到的力既包括物料重，也包括称量托辊框架及杠杆重量所带来的皮重，其优点是大大减轻了秤架的重量，也使秤架动作更灵敏。

图 3-1 单杠杆式秤架

10-17 型秤架中有两托辊选型，采用的是单杠杆式秤架，其结构是图 3-2 所示的一半。

3.1.1.2　双杠杆式秤架

双杠杆式秤架由互为对称的两组称量杠杆组成，每组称量杠杆上支承了一组或几组称量托辊，秤架结构复杂，秤体庞大，但它的互为对称的两组称量杠杆在称量过程中可以抵消一些水平分力（如皮带张力、皮带跑偏引起的侧向力）对称量精确度的影响，所以秤架性能稳定，称量精确度较高。

图 3-2　10-17 型双杠杆式秤架

图 3-2 所示为 10-17 型双杠杆式秤架，图中左下方和右上方有 4 个耳轴型无摩擦密封支点，支点座固定在皮带机纵梁上，上部的支点轴则以吊挂方式分别与上下两组杠杆相连，在秤架的中部有一个支撑梁，两个 S 形称重传感器上端固定在支撑梁上、下部与两根杠杆相连。秤架刚性很好，秤架的变形垂度小于 0.127mm。10-17 型双杠杆式秤架中，如图 3-2 所示有 4 个称量托辊的为标准型，称量精确度是 0.25%，另有 2 个称量托辊的秤架可供选用，称量精确度是 0.5%。

LB-JP-C 侧箱式计量秤为双杠杆式多托辊秤，它具有以下特点：有 2、4、6 组称量托辊方案可供选用；称重桥架采用三点悬挂方式，消除了秤架上的扭力；称重传感器放在侧箱内，方便在线维护。它们的特点都是无平衡重，无平衡重杠杆式秤架结构代表了杠杆式秤架发展的方向。

3.1.1.3　直接承重式单托辊秤架

直接承重式单托辊秤架是一种悬浮式秤架，近年来得到较广泛的应用，其特点是称重托辊组直接与称重传感器相连，秤架部分是“三无”，即无杠杆、无支点、无平衡重。秤架结构简单，安装方便。图 3-3 为 475 型直接承重式秤架，称重托辊组的三节槽形托辊固定夹固定在专用的托辊支座上，支座两侧倾角可变（10° ~ 45°），因个人可适应 20°，30°，45°等多种倾角的托辊组。托辊支座与悬臂梁式称重传感器的受力端相连，称重传感器的固定座则焊接在底座上，称重传感器只有一个。三节槽型托辊 BEMP 直接承重式单托辊秤架如图 3-4 所示。

图 3-3　475 型直接承重式单托辊秤架

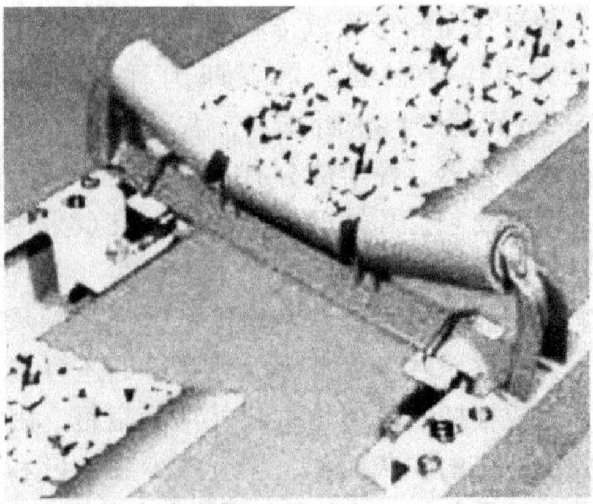

图 3-4　三节槽型托辊 BEMP 直接承重式单托辊秤架

图 3-5 所示 BMGZ 型皮带秤与传统的皮带秤有很多不同，用于平托辊的秤架与普通皮带秤较为近似，但如图 3-5 所示的槽形托辊秤架则大相径庭，皮带输送机槽形托辊中间的平托辊与图 3-5 秤架上的平托辊相对应，而皮带输送机槽形托辊两侧的斜托辊与图 3-5 秤架上的锥形滑

动盘相对应。锥形滑动盘可根据要求适配 20° ~ 45°槽形角，锥形滑动盘可以在中心轴上滑动，从而更好地适配输送机。皮带的侧向力通过锥形滑动盘精确地传递到中心轴上，而中心轴上安装有称重传感器，这个称重传感器实际上是一个力测量轴承，它安装在轴端上，因而可不受任何皮带方向上的水平力干扰。力测量轴承有一个内环和外环组成，内环与轴相连，外环与秤架相连，内外环则是依靠网膜（web）塑性连接。网膜就是一个力传递元件，当轴承受力时，网膜承受轴承的张力，这个张力由与轴承根部相连的电阻应变式传感器检测。

图 3-5 单槽形托辊 BMGZ 型皮带秤直接承重式秤架

3.1.1.4 悬浮式秤架

悬浮式秤架类似静态称重的称重平台，称重平台上支撑了一组或几组称量托辊，制成一组称量托辊的秤架称为直接承重式单托辊秤架，本节主要介绍多组称量托辊的悬浮式秤架。

图 3-6 所示为 10-14 型悬浮型（双杠杆式）秤架，在一个类似静态称重平台的长方形框架上有 4 组（或 3 组）称量托辊，在长方形框架上 1、2 组和 3、4 组称量托辊之间，各有一根横跨在长方形框架上方的固定梁，梁的两端固定在皮带机的纵梁上，每根固定梁内安装有 2 个 S 形称重传感器，4 个称重传感器又构成一个比长方形框架稍小一点的另一个长方形 4 个角，长方形框架就吊挂在这 4 个称重传感器上，这种秤架较为简单，只有一个框架，无杠杆，无平衡重。

ICS-SXF 系列双悬浮式秤架由两台独立的 4 托辊悬浮式秤架组成（见图 3-7），本身的每一个秤架与图 3-6 基本一致，但是它在某些应用里为同一台皮带机安装了两台秤架，随时比对两台秤架的检测数据可以判断称量结果是否正常，一旦两台秤架的检测数据差值超过允许误差，即提醒操作人员去现场检查误差原因。这种结构形式适用于高精确度、高可靠性称重生产现场。

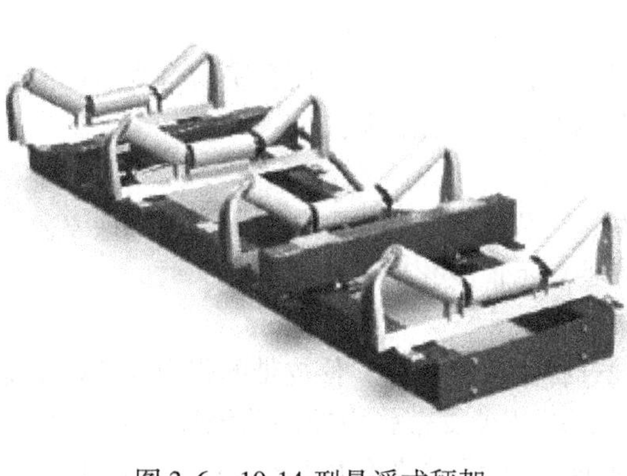

图 3-6 10-14 型悬浮式秤架

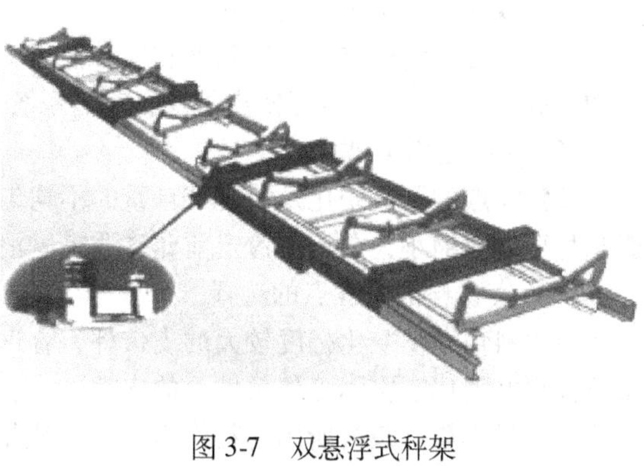

图 3-7 双悬浮式秤架

前面介绍过直接承重式单托辊秤架，其特点是秤架结构简单、安装方便，但缺点是称量精确度不够高，为了发挥其特点，克服缺点，国外越来越多的厂家不约而同地采用了用直接承重式单托辊秤架构成组合悬浮式多托辊秤架，如图 3-8 所示。

综上所述，电子皮带秤秤架的发展趋势可以归纳为以下几点：杠杆式秤架因抗干扰能力差，精确度低，使用越来越少；悬臂式秤架仅局限于部分称重给料机使用；双杠杆式秤架虽然使用还比较多，直接承重式单托辊秤架已经大量应用在计量精确度要求不高的场合；悬浮式秤架结构简单、安装方便、精确度最高、稳定性最好，成为电子皮带秤秤架发展的热点，而由直接承重式单托辊秤架构成的多托辊组合。

图 3-8　三组托辊组成的组合悬浮式多托辊秤架

3.1.2　影响电子皮带秤计量准确度的主要因素

皮带秤计量误差产生的原因由以下 5 项组成。

（1）机械强度：即秤架的强度或刚度引起的误差。

（2）皮带运行速度：一般测速传感器都装在输送机的回程皮带上，而皮带在回程时的张力与输送重物时的张力有所不同，皮带表面的黏结程度也不同。

（3）信号处理：即模拟量的处理环节造成的非线性等综合误差。

（4）校准：这主要是校准方法与日常计量时的状况接近的程度，尤其是模拟实物的校准方法（如挂码和链码法），不能充分地模拟皮带秤工作状况，产生不了像实物运行时所产生的皮带张力等。而实物校准又不可能在任意多的量程点上进行校准试验，一般只能在最大流量的 40% ~80% 之间进行，甚至只能在一个实际量程点上进行，而且物料量往往也不能始终满足最小累计负荷。

（5）环境影响：主要有温度、湿度、风、振动等一些干扰。

3.1.3　检定工作中的误差分析

按照检定规程对皮带秤进行检定时，还要考虑由于检定标准器、检定人员、检定环境和检定方法所造成的误差。

（1）实际检定时的注意事项

检定前必须使称重显示控制器和皮带输送机同时运行 30min 以上。而在实物检测前还需运送物料载荷 30min。这样可使皮带及其输送系统尽量接近日常工作状态。

（2）零点检定与调整

检定零点的示值变化是使皮带自重的不均匀性、空载皮带的张力及托辊不直度等误差源的影响尽可能地缩小，在实物检定前允许调零，消除零点示值变化的系统影响。

（3）实物检测量程点的选择

对物料输送量变化幅度较大的皮带秤，合理地选择两个量程点，使皮带的张力在这两个流量下能更好地代表实际工作条件下的皮带张力状况，以减少皮带张力差的系统性影响。其次，实物检定最小累计载荷所用物料作为一种“质量标准”，其误差值不大于皮带秤误差的 1/3。

3.1.4　提高电子皮带秤计量准确度的途径

为了提高皮带秤的计量准确度，减少计量误差，在实际工作中，我们首先要保证系统的安装技术指标及运行稳定性，同时对皮带秤进行正确的维护。另外要选择切实可行的校准方法，制定合理的检定周期。

（1）提高系统的安装准确度。在安装皮带秤架时，首先要根据输送机现场的情况严格按照皮带秤的技术指标，合理地选址并精确地安装，特别是对一些输送带过长、容易跑偏的输送机还应采取相应的补救措施。

（2）正确使用和维护。

1）要经常清除承重框架上的积尘、卡料等杂物，保证称重传感器的正常工作环境。

2）定期检查测速传感器的测速轮与皮带的接触情况，保证测速轮与物料运行方向垂直，并与皮带接触良好、无打滑现象。

3）开机时应对皮带秤零点进行校准。

4）定期对现场的放大器和显示仪表内的积尘进行清理。

（3）校准。皮带秤是在动态下对物料进行连续累计量称量。因此除应严格按照国家检定规程由计量检定部门定期检定外，使用中还应根据生产工艺的实际需要对其进行校准，以保证皮带秤的准确度，有条件的单位最好用称量斗进行实物放料校准。

3.2 电子皮带秤的常见故障及处理

3.2.1 皮带秤故障及诊断

3.2.1.1 皮带跑偏的原因及检修

皮带两边松紧程度不一致时，皮带就往松的一侧跑，调整跑偏一侧的滚筒或压辊，使皮带正常。若秤体或滚筒倾斜而造成皮带跑偏，应检查刀刃是否断裂、滚筒安装是否到位、轴承和轴座是否磨损或损坏，从而进行相应处理。灰尘大的环境，滚筒易黏结灰尘形成料垫，若厚薄不均，皮带就会向料垫薄的那端偏，故应经常清除滚筒积灰，并改善秤体安装使用环境。

3.2.1.2 皮带空转不偏，上料后跑偏的诊断

原因是下料机与皮带机未对正，皮带上物料一边多一边少，料多那边皮带变长变松，皮带就往料多的那边跑，调整计量秤或上料电振机，使二者对正即可。

3.2.1.3 计量秤运转不平稳造成秤体摆动

该故障可引起计量不准，其原因是链轮或链条磨损严重，或链节不灵活或滚筒链轮松动，应重新紧固链轮，或更换链轮、链条。

3.2.1.4 荷重传感器故障

无信号输出时，首先检查秤体，看传感器是否不受压力；若受压力，应测量电缆线或传感器内部电阻，判断接线是否断开。传感器输出信号很大的原因：传感器过载损坏；也可能是四芯电缆线绝缘变差，电源线与信号线相连、短路造成，检查出连接点，重新包好绝缘；对MF型传感器，可能是悬臂式受力架松动下落，应重新固定好悬臂。

3.2.2 显示流量与实际流量不相符

（1）传感器线性变差，只能换新。

（2）秤体弹簧钢板疲劳产生永久变形，或刀刃、刀口损坏，应更换钢板或刀刃、刀口。

（3）秤体上落灰增多，或秤体下部积料太多，影响秤的灵活性，应清除积灰积料。

（4）振动给料机吊挂装置自松落在秤体上，应重新吊起并固定好。

（5）信号传输故障，如放大箱后边的传感器插头、插座接触不良，信号传输中损耗增大，造成显示流量小于实际流量；应更换新的插头。

（6）使用FM型荷重传感器的秤体，受力架为悬臂式，只用两个M4螺栓固定，受振动压力变松所致，应重新固定拧紧。

（7）配料时，计量秤受振动，传感器的压板和螺栓受振动而变松，重新固定拧紧即可。

（8）传感器信号线因自重及振动造成焊接处断线，使接触阻值变大，把该信号线固定在工作台上即可。

（9）调满电位器受热胀冷缩和振动的影响，示值改变或被人误动，需重新标定。

3.2.3 配料量不稳定，不均匀，波动量较大

（1）晶闸管性能变坏，热态失控，更换并加风扇强冷。

（2）预设值设定不合理，重新设定。

（3）料仓底出料口不畅，使仓压过大；改变料仓底出料溜子倾斜角度，减少仓压。

（4）保证仓内料位适当，料不过满。

（5）物料水分过大，黏滞性增大，清理黏附的物料。

（6）仓底出料口有大块或棒状物料堵塞，清除杂物。

3.3 配煤常用计控设备

3.3.1 核子秤

核子秤是一种新型的物料传输计量装置，它是核技术与微机技术相结合的产物，广泛应用于多种行业，除用于皮带输送机外，还可以用于履带式、链斗式、刮板式、螺旋式等输送机，以及斗式提升机等多种运输机械。

核子秤是利用γ射线穿透输送机上的物料时一部分被吸收的原理而进行工作的，放射源及γ射线探测器均不接触输送机和物料。主要优点有以下几个方面：

（1）不受物料的物理化学性质的影响，不受输送机的振动、厚度、惯性、磨损等因素的影响。

（2）动态测量精度高，性能稳定，工作可靠。

（3）结构简单、安装维修方便，不影响输送机的正常工作，也不需要对原有输送装置做较大的改动。

（4）可在恶劣的环境下工作。

（5）适用范围广，除皮带输送机外，还可以用于其他结构的物料输送机。

（6）微机的功能强，可显示多种监测参数，进行打印与报警，并可给出多种模拟量或开关量信号供用户使用。

同任何一种计量仪器一样，核子秤也有一定的局限性与适用范围。核子秤是利用物料对γ射线的吸收进行计量的，如果物料厚度、粒度、成分、堆积形状变化过大，对γ射线的吸收就不完全相同，从而可能影响核子秤的精度。但根据大量的实验表明，如果实物定标时的流量与正常流量相似，那么，即使物料的物理形状有较大的变化，流量在正常流量附近相当宽的范围内变化时，核子秤仍能保证秤的精度。

3.3.1.1 工作原理

核子秤是利用物质吸收 γ 射线的原理研制的，包括源部件（放射源和防护铅罐），A 形支架，γ 射线探测器，前置放大器，速度传感器及微机和电源系统等六个部分组成。被测物料由 A 形支架中间穿过（如图 3-9 所示）。

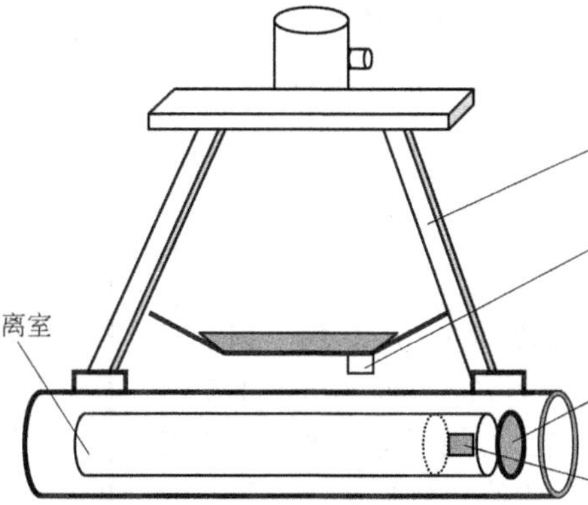

图 3-9 核子秤秤体的组成

放射源放出的 γ 射线照射到物料上，其中一部分被物料吸收，一部分穿过物料射到 γ 射线探测器上，物料越多，被吸收的 γ 射线越多，由于放射源发出的 γ 射线数量是个常数，所以 γ 射线探测器接收到的 γ 射线也就越少。因此 γ 射线探测器接收的射线量是唯一反映物料多少的标准。

由 γ 射线与物质相互作用原理可知，γ 射线穿透物料后其强度按指数律变化：

$$N = N_0 e^{-\mu \frac{F}{S}} \tag{3-1}$$

式中 μ——物料对 γ 射线的质量吸收系数；

F——输送机负载，即单位长度上的物料；

S——输送机宽度；

N_0——没有物料时，探测器处的 γ 射线强度；

N——有物料时，探测器处的 γ 射线强度。

γ 射线的探测器输出的电流与接收到的 γ 射线强度 N 成正比，而前置放大器输出的电压 U_0 正比于 γ 射线探测器的输出信号 I，因此式（3-1）可表示为

$$F = -\frac{S}{\mu} L_n \frac{U}{U_0} \tag{3-2}$$

式（3-2）中 S/μ 为常数，故令 $A_2 = -S/\mu$，则式（3-2）写成：

$$F = A_2 L_n \frac{U}{U_0} \tag{3-3}$$

式（3-3）中，只要测出无物料时的 U_0 和有物料的 U 值，并通过定标，确定出 A_2 值，就可计算出输送机物料负荷 F（kg/m）。

核子秤是在线动态计量仪器，测量的主要参数是物料的流量和累计量。物料是以速度 v 通过 γ 射线作用区的，v 可以用测速装置测得。关系如下：

$$v = K_1 v_C + K_2$$

式中　v_C——速度信号；

K_1、K_2——速度常数（当速度为恒速时，$K_1 = 1$，$K_2 = 0$）。

据 F，v 不难计算出物料的流量 P：

$$P = F \times S$$

物料的累积量 W 就是流量 P 对时间的积分：

$$W = \oint P\mathrm{d}t$$

系统组成

3.3.1.2　源部件

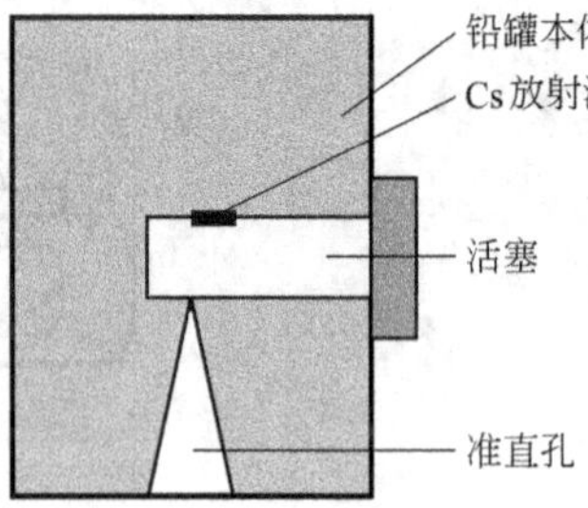

图 3-10　铅罐结构

核子秤所用的 γ 源为 Cs^{137}，活度为 3.7×10^9 Be，射线能量 0.66MeV，半衰期为 30 年，γ 源封在 ϕ8mm × 9mm 不锈钢铅罐内，保证放射性物质不会泄漏，污染环境，确保使用安全，放射源用螺线固定在铅罐上，当旋转活塞处于“开”的位置时，γ 射线通过标准孔射出，当旋转活塞旋转到“关”的位置时，γ 射线几乎全部被铅罐吸收。铅罐结构如图 3-10 所示。

3.3.1.3　射线探测器

核子秤的 γ 射线探测器采用的是专门的长电离室。与其他类型探测器（如计数管、闪烁计数器）相比具有精度高、性能稳定、寿命长、结构简单等优点，这些都有利于提高核子秤的精度和长期稳定性。电离室长度有多种规格，适用于不同宽度的输送机。

3.3.1.4　前置放大器

前置放大器置于电离室上部小室内，前置放大器是用高增益，高输入阻抗，低噪声组件构成，它将电离室输出的弱电流信号转换成与此成正比的电压信号。它是核子秤的关键部件。它的稳定性直接影响核子秤精度，前置放大器原理如图 3-11 所示。

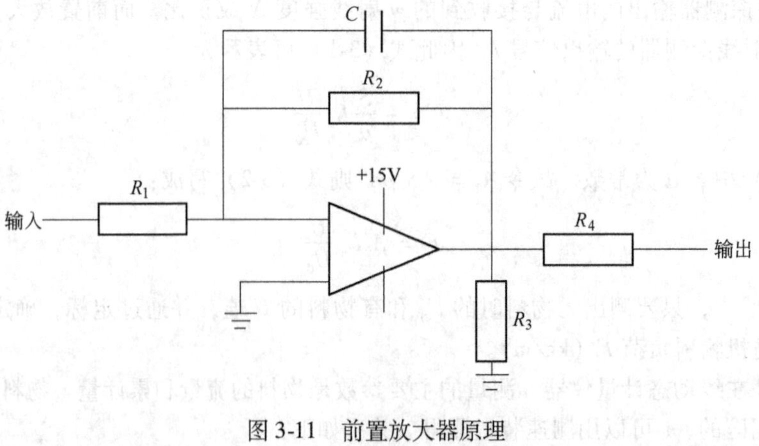

图 3-11　前置放大器原理

3.3.1.5　电源板及恒温系统

前置放大器电源安装在电离室一端，为电离室及前放提供 -350V，+15V 和 -15V 电压。为消除环境温度影响，确保核子秤具有良好的稳定性，系统对电离及前放进行恒温，温度控制在 55℃左右。温控电路由热电偶、双比较器及固态继电器等部件组成。

对于新型的放大器，以及在非寒冷地区应用核子秤时，可以不用恒温系统。

3.3.1.6　测速装置

测速装置由测速发电机、从动轮、支架和铰链组成，铰链与输送机支架活动连接，从动轮压在皮带上，皮带带动从动轮转动，测速发电机产生与皮带速度成正比的电压信号。

有些用户的输送机速度稳定，也可以不用测速装置，这时，可将输送机继电器的常闭触点接入微机，当输送机停止运转时，常闭触点吸合，速度信号为零。当输送机运转时，常闭触点打开，此时，速度信号为一恒定电压。

3.3.2　核子秤的定标与检定

核子秤的检定方法就是实物标定。目前国内尚无对核子秤进行实物标定和定期检定的标准方法，所谓实物标定，就是让部分物料通过核子秤，比较核子秤的计量值与实际计量值之间的误差，校正负载常数 A_2，当核子秤的累积值 W'实际重量 W 之间的相对误差就可以确定负载常数 A_2 的值，并可认为核子秤的精度已满足要求。

$$\frac{|\Delta W|}{W}=\frac{|W'-W|}{W}<1\%$$

核子秤的实物标定步骤如下。

3.3.2.1　空载电压 U_0 的测定

使运输机空载运行，测量几个运行周期的探测器输出电压值，将它们的平均值定为空载电压 U_0，即核子秤的零点。一般长时间 U_0 的绝对值变化应小于 5mV，瞬时变化应小于 20mV；测 U_0 时，空带运行至少一个完整周期（最好是 2～3 个周期），根据周期大小，确定测 U_0 的时间，即取一段时间的平均值。把标定时间设为 120s，则标定结束后，自动计算出 120s 的平均信号电压值，即 U_0。

3.3.2.2　速度定标

对于皮带机，一般使用测速发电机，测速电机组件上有一摩擦轮，将它压在下行皮带上，皮带运行时，带动测速电机的摩擦轮转动，测速电机产生直流电压信号。此电压一般高于 +5V，经电阻分压后，送入计算机进行 A/D 采集。

3.3.2.3　实物标定

实物标定一般有两种方法，一种是先称好一定数量的物料，然后通过核子秤。另一种是从核子秤上流一定数量的物料，由出料口进入运输工具，然后用标准秤称重，目前多采用第二种方法，在条件不允许的情况下，采用第一种方法。

标定的条件和要求：

（1）空载电压 U_0 必须稳定，瞬时值变化小于 20mV，平均值变化小于 5mV，U_0 不稳定，不能进行实物标定。

（2）标准秤精度小于0.3%，而且是经过检定的工作正常的计量器具。

（3）在物料的称重和输送过程中，应尽量减少物料的损失。

（4）标定时尾料不能超过总量的0.2%。

（5）标定最小物料量应多于正常情况下10min输送的累积量。物料流量应尽量接近使用情况，即在标准负载下进行定标。

（6）标定的方法和步骤：

1）校正空载电压 U_0，测量时间应是输送机运行一周的整数倍。

2）预置好核子秤各参数，标定的负载常数 K_1 可置于经验值。如600mm电离室 K_1 预置为 -100，900mm电离室 K_1 预置为 -120，而1200mm电离室 K_1 预置为 -160。

3）清除累积量，输送机投料，输送机运行时，累积量往上累加，标定物料完全通过核子秤后，累积量不再变化，显示的值为 W_H，物料标准称量为 W_B。

4）修改负载参数 K_1

$$K_1 = \frac{W_B}{W_H}K_1（旧值）$$

5）将 K_1 新值置入计算机，重复步骤3）、4），一般进行2～3次就可以使 W_B 与 W_H 相接近，达到误差 δ 小于1%。

$$|\delta| = \left|\frac{W_H - W_B}{W_B}\right| \times 100\% < 1\%$$

6）重复步骤3），验证2次，满足 $|\delta| < 1\%$ 即可。

7）空载运行，插入校验板，记录3个10min的累积量，取平均值作为使用中的校验参考。

8）填写技术档案，记录实际参数。

9）输送机进行大修或重大改造如换皮带、换电机等，应重新标定。

3.3.3 核子秤的使用与维护

3.3.3.1 日常使用与维护注意事项

（1）保持核子秤秤体有电。

（2）保持打印机有纸。

（3）经常检查核子秤信号电压是否稳定。若空载电压 U_0 变化超过20mV，须重新标定 U_0（或皮带上无料时，主机显示的负载应小于5kg/m；若大于5kg/m，则须重新标定 U_0；若大于10kg/m，则须检查其他原因）。

3.3.3.2 标定

（1）首次安装之后，要进行实物标定。

（2）重大维修后，要进行实物标定。

（3）物料水分变化超过标定时的±5%时，要进行实物标定。

（4）物料成分有较大变化时，要进行实物标定。

（5）正常情况下，使用一年后，要进行实物标定。

3.3.3.3 校验

（1）为克服放射源衰变和环境变化的影响，至少两周校正一次空载电压值。

（2）正常使用一段时间后（如3个月），用校验板校验，测量10min累积量的平均值与首次标定时测得的 W 比较，若误差大于1%，则应查找原因或重新标定。

3.3.3.4 维护

（1）核子秤由专人负责，熟知原理，接线和操作，无关人员不许使用。

（2）工作室防尘、通风，保持主机清洁。

（3）停电关机，电网电压稳定后才能开机。

（4）出现故障，由专业人员修理。

（5）放射源由专人保管，专人操作，防止丢失。

（6）电离室套筒表面不得积垢太厚。

（7）维修、校验和重新标定后，应及时填写技术档案。

3.3.3.5 误差分析

核子秤经现场实物标定投运后，测量精度可达到±1%。但在实际应用中，受各种因素的影响，测量精度往往达不到期望值。下面就影响其精度的常见因素进行分析并探讨其解决方法。

A 放射源强度衰减引起的误差

放射源的强度不是固定不变的，它随着指数规律自然衰减，由此将引起空带电压的变化。空带电压确定了核子秤的零点，零点发生漂移必然引起误差。在主机中必须设置零点漂移补偿和放射源衰减自动补偿，如果生产条件允许，应采用定期校准空带电压的方法来消除源强衰减所造成的误差。

B 物料的堆积形状和含水率引起的误差

核子秤投运后，物料的含水率、堆积形状由于无法永远保持与实物标定时相同，难免产生误差，另外物料过于潮湿会发生输送机沾料的情况，使测量值大于实际值。当物料的含水率变化超过3.5%时，需对秤进行重新标定，但这在实际中由于生产的连续性难以实现，为了尽可能地减小误差，可在输送机的出料口设计安装一个简易的整形装置，将出料口出来的物料进行刮扫、夯压等简单地整形，以使输送机上的物料形状近似保持一个相同的截面，以减小因堆积形状变化引起的测量误差。

C 现场环境破坏引起的误差

在生产现场，环境非常恶劣，如潮湿、粉尘、振动等以及某些人为因素都可能对核子秤的测量精度产生影响，甚至对探测器造成损伤。

（1）射线入射角度发生变化。这种情况往往由于强烈振动或是生产设备检修人员的操作不当致使支架焊接松动，或是底座螺栓松动致使支架倾斜，或是由于电离室在套筒内固定不牢，在振动下灵敏区位置偏移，另外现场粉尘大、探头易积灰，这些因素都会使放射源与探头的相对位置改变或者 γ 射线的穿透厚度变化，产生测量误差。

（2）外力击打使探测器损坏。电离室是一个充满高压氩气的密封体，如果它受强大的外力撞击可能发生慢漏气，电极的陶瓷绝缘子也有可能破碎。在这种情况下，如果排除了前放板的问题，将会观察到探测器的输出信号同正常情况下相比有明显变小的趋势。除了电离室有可能受损，前放板上的焊点也可能因为击打而脱落。对上述情况，可采用合理选定电离室的安装位置并在电离室套筒上加保护装置的办法以防止外力冲击，在平时维护时要注意观察探测器的输出信号，发现问题及时检修。

(3) 电离室及前放板受潮。现场有时湿度太大而套筒橡胶垫又密封不严，会使电离室高压极、收集极的陶瓷绝缘子受潮产生漏电流，前放板受潮使负高压不足同样会使电离室电流比平时变小。可对电离室电极陶瓷绝缘子的绝缘性能进行检查，使用1000V或2500V兆欧表分别测试高压极和收集极对外壳的绝缘电阻，应该指示无穷大，否则使用干净的丙酮或酒精棉球多遍擦洗，最后用电吹风吹干，以保证绝缘子干燥洁净。

D　标定因素造成的误差

实物标定是将已知总量的物料通过核子秤，根据实际值和主机的测量值推算出负载常数。实物标定的准确与否直接影响到投运后核子秤的测量精度，一些以下常见的疏忽或不规范的操作程序都会对标定的测量精度产生很大的影响。

(1) 开始计量的时间不正确。在前置放大器中有与反馈高阻并联的反馈电容，它的意义在于利用积分作用平滑放大器的输出电压，降低放大器的噪声，在硬件上起到数字滤波的作用。也正是由于此积分电容的存在，给核子秤的标定工作带来一定的影响。当核子秤上的负载变化时，信号电压的变化要滞后一段时间。当物料进入核子秤时，约需0.5min信号才能正常，当物料流出核子秤时，也需要0.5min信号才能恢复至空带电压值，因此如果实物标定时掌握不好主机开始计量的时间，会对核子秤的精度造成不小的影响。

(2) 标定物料总量不足。实物标定是核子秤计量参数达到所要求精度的必要程序，经实物标定后核子秤才可投入运行。为确保核子秤的测量精度，进行实物标定时标定物料总量的最小值，应大于正常流量10min的累计值，流量也应近似于正常生产的状况。因此在设计安装核子秤之前，首先要确认现场具备实物标定的条件。

E　电气方面的因素

(1) 探测器信号受干扰。前置放大板接收电离室产生的微弱电流信号，放大后通过屏蔽电缆传送给主机。如果电磁干扰过大或主机端屏蔽接地不良，信号受到干扰会产生较大的波动。处理这种问题，屏蔽线探测器端应悬空，主机端要保证良好接地，还应注意电离室与套筒隔离。

(2) 电子元器件特性不稳。前置放大板中的高阻阻值达到5GΩ，温度系数较大，因此核子秤在套筒内使用加热带等装置对电离室及前放板进行整体加热恒温，以使其免受环境温度变化的影响。由于长期处于较高的温度下，某些元器件的质量下降，特性不稳，造成信号波动。如高压系统电容漏电会使电离室电极上出现交变电容致使输出信号大幅波动，滤波电容损坏将使信号噪声电压大幅提高。

3.3.4　申克型电子秤

申克型电子秤是在普通电子皮带秤的基础上，分析各种影响计量检测、控制精度的因素，采取技术手段和措施，降低或避免各种因素的影响，可靠性较高且维护量小的一种电子皮带秤，其简单结构如图3-12，图3-13所示。

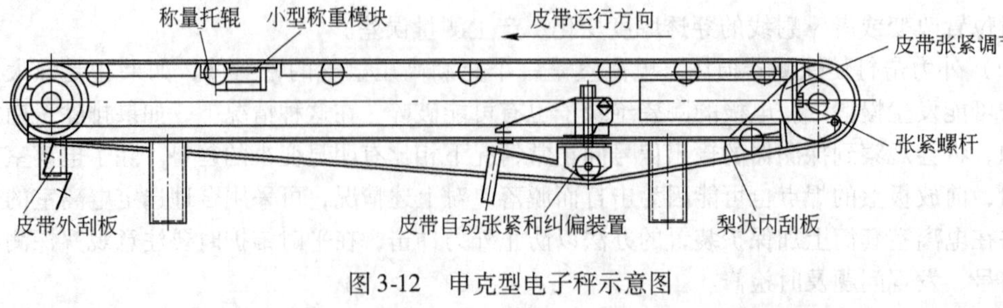

图3-12　申克型电子秤示意图

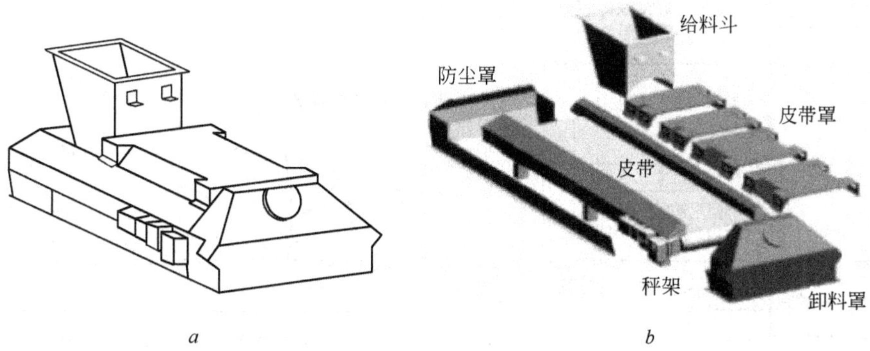

图 3-13 申克型电子秤的皮带罩、卸料罩及防尘罩

a—基本电子秤；*b*—选项设备：皮带罩，卸料罩及防尘罩

该电子秤具有如下特点：

（1）两个称重模块托辊直压受力，保证 100% 承载；

（2）皮带运行自动监控，避免计算误差；

（3）皮带自动张紧和跟踪装置保证恒定的皮带张紧度；

（4）特殊硬化处理的环形无接缝皮带保证精确；

（5）高可靠性使停机时间减少；

（6）通过皮带内或外刮板、经济的防尘外罩达到洁净环境；

（7）通过皮带运行跟踪报警，实现配料秤不停机，如图 3-14 所示。

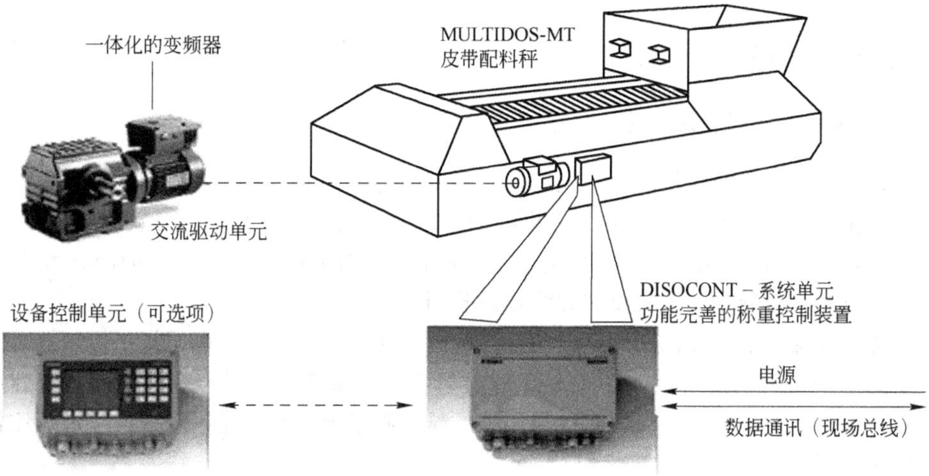

图 3-14 皮带配料秤——机电一体化

皮带跑偏或打滑的自动监测与控制如图 3-15 所示。

皮带防撒、漏煤装置如图 3-16 所示。

A *皮带本身影响的自动补偿*

皮带影响的大小取决于其运行的时间长短，对于生产最初去皮重时所设定的皮带的特性曲线（往往设定为理想的一条直线），不能真实反映皮带在实际运行中本身重量发生的变化，若

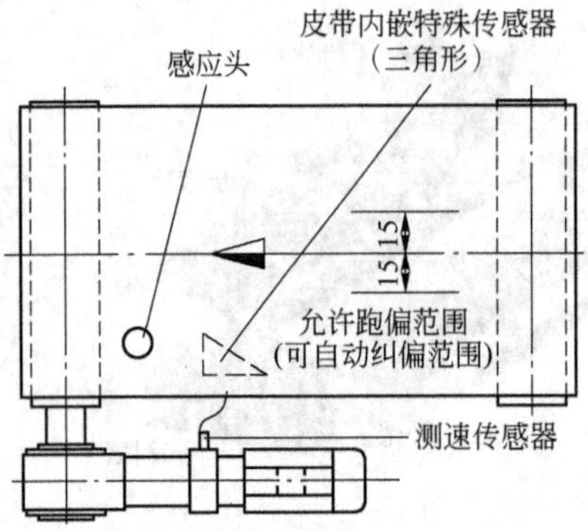

图 3-15　皮带跑偏/打滑的自动监测与控制

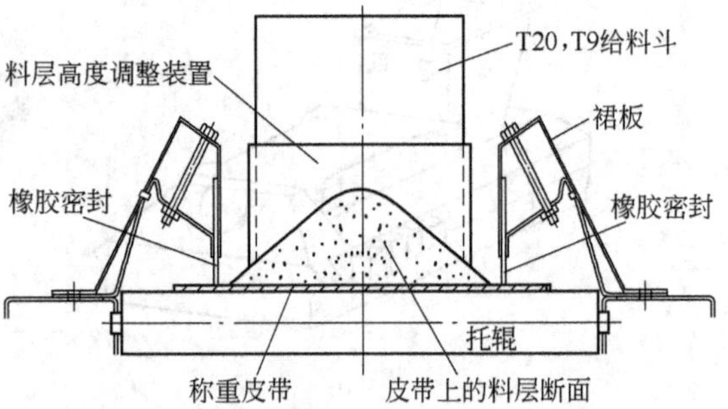

图 3-16　皮带防撒、漏煤装置

不进行连续补偿，将影响配料的精确性。

B　皮带对配料秤的影响

（1）皮带低负荷运行时，皮带本身重量的变化对给料的稳定准确性将产生影响；

（2）皮带本身重量的变化由其硬度的变化引起；

（3）皮带本身重量在生产当中还会因其他原因发生变化（如：环境温度的变化，物料的黏结等）；

（4）皮带影响的在线自动补偿；

（5）皮带重量的变化可通过去皮功能进行适当补偿，但仅能限定在非常短的皮带区间；

（6）在线自动补偿在正常生产运行过程中，系统连续不断地测量皮带本身实际重量的变化并随时补偿。

3.3.5　料位检测设备

3.3.5.1　重锤式库容测量设备的工作原理

当系统接到指令进行测量时，电机启动，不锈钢缆绳上的重锤快速从容器顶部下落到物料表面。在重锤下落过程中，料位计可以测量出钢缆释放的长度，同时计算微控制器内部编码器产生的脉冲数（内部编码器每英尺产生近百个脉冲），当重锤碰到物料表面时，发出传感信息，并即刻终止产生脉冲，电机反转并将重锤收回容器顶部。

当重锤完全缩回后，顶帽回归到专门设计的固定法兰中去。一个电子扭矩控制器可以在钢缆回缩最后 0.3m 的过程中减小电机扭矩。这样既保证了整个测量过程中电机的最大转矩，又能软停机以保护电机。传感器可以将缆绳回缩的长度测量出来与缆绳下降的长度进行比较以确保重锤完全收回。

3.3.5.2　电容式料位控制器的工作原理

控制器通过测量物料和空气的介电常数的变化而导致电容的变化来探测物料的有或无，为探测这些微小的变化，传感器使用一种能够在相对较低的频率（6kHz）下工作的探测回路。

电容式料位控制器有“故障自动保护”的功能，能够消除由于断电造成的故障显示。高低可选开关允许传感器设定为故障自动保护，在无物料时，设定低料位为故障自动保护，或者在有物料时，设定高料位故障自动保护。发生断电时，控制器将指示用户所设定的安全状态。

控制器另一个重要的特性是可调的时间延迟控制，延迟 10s 可减少物料突然波动和液体飞溅引起的误动作。

料位控制器具有屏蔽结构，能消除由于设备感应表面物料堆积所能造成的误动作，用该屏蔽传感器自动补偿，由于物料堆积且造成的影响仅指示目标材料的有或无，屏蔽结构使得控制器成为测量飞灰较多或黏性物料的最佳选择。

3.3.5.3 超声波料位测量系统

超声波料位测量是通过料位计发射超声波，超声波在空气中传播，经物料表面反射后传回料位计。用料位计来测量反射波，通过计算从发射到接受到反射波的间隔时间来测量料位计到物料的距离，换算成物料的高度。超声波料位系统的核心是变送器，变送器通过使用适应的增益控制来自动补偿回声的振幅，同时自动进行温度补偿调节来优化精度。

根据每个应用的不同变送器的尺寸不同，都使用 Modbus RTU 通讯连接在 RS-485 网络上，RS-485 网络能够使 32 个变送器连接在一个串口上，而同时每个变送器均能够连续与 PC 进行通讯，所有的设置和诊断都在 PC 机上进行，因此无需现场安装控制器，这也就意味着不需耗时从仪表中获取数据或派技术人员去现场调节远程安装的控制器。

PC 与变送器通过 SonaComm 软件进行通讯，能够很容易的使用单独的地址对每个变送器进行编地址、编程、显示和执行诊断。

复习思考题

3-1 电子皮带秤秤架的作用和结构形式有哪些？

3-2 影响电子皮带秤计量准确度的主要因素是什么？

3-3 提高电子皮带秤计量准确度有哪些途径？

3-4 电子皮带秤有哪些常见故障，如何处理？

3-5 核子秤的工作原理和优点是什么？

3-6 核子秤是如何定标和检定的？

3-7 核子秤日常使用和维护应注意哪些事项？

3-8 试述电容式料位控制器的工作原理。

4 焦炉设备

4.1 焦炉本体及护炉设备

4.1.1 焦炉炉体结构

现代焦炉炉体最上部是炉顶，炉顶之下为相间配置的燃烧室和炭化室，炉体下部有蓄热室和连接蓄热室与燃烧室的斜道区，每个蓄热室下部的小烟道通过交换开闭器与烟道相连。烟道设在焦炉基础内或基础侧面，烟道末端通向烟囱。

燃烧室是煤气燃烧的地方，通过两侧炭化室的隔墙向炭化室提供热量。装炉煤在炭化室内经高温干馏变成焦炭。

为了回收利用焦炉燃烧废气的热量预热贫煤气和空气，在焦炉炉体下部设置蓄热室。现代焦炉蓄热室均为横蓄热室（其中心线与燃烧室中心线平行），以便于单独调节。在蓄热室中放置格子砖，以充分回收废气中的热量。蓄热室下部有小烟道，其作用是向蓄热室交替导入冷煤气和空气，或排出废气。

斜道区是位于燃烧室和蓄热室之间的通道。不同类型焦炉的斜道区结构有很大差异。

炉顶位于焦炉炉体的最上部。设有看火孔、装煤孔和从炭化室导出荒煤气用的上升管孔等。炉顶表面一般铺缸砖，以增加炉顶面的耐磨性。在多雨地区，炉顶面设有坡度，以便排水。

我国焦炉炉型繁多，绝大多数是鞍山焦耐院设计的JN型焦炉，此外还有为数很少的前苏联ПВР型焦炉、日本新日铁M型焦炉和德国伍德7.63m焦炉。

现代焦炉分类方法很多，可以按照装煤方式、加热用煤气种类、空气和加热用煤气的供入方式、燃烧室火道形式以及拉长火焰方式等进行分类。

（1）按装煤方式有顶装焦炉和侧装焦炉。侧装焦炉又称捣固焦炉。捣固焦炉是先将装炉煤用捣固机捣成煤饼，然后从焦炉机侧将煤饼送入炭化室内。顶装焦炉是将装炉煤从炉顶经装煤孔装入炭化室，它又可以分为装煤车装煤焦炉、管道化装煤焦炉和埋刮板装煤焦炉。各国主要采用装煤车装煤焦炉炼焦。后两种焦炉用于预热煤炼焦。

（2）按加热用煤气种类有复热式焦炉和单热式焦炉。复热式焦炉既可以用贫煤气（热值较低）加热，又可以用富煤气（热值较高）加热，这种焦炉多用于钢铁厂和城市煤气工厂。单热式焦炉又可分为单用富煤气加热的焦炉和单用贫煤气加热的焦炉。

（3）按空气和加热用煤气的供入方式分类有侧入式焦炉和下喷式焦炉。侧入式焦炉加热用的富煤气由焦炉机、焦两侧的水平砖煤气道引入炉内，空气和贫煤气则从交换开闭器和小烟道、经蓄热室和斜道进入炉内。下喷式焦炉加热用的煤气（或空气）由炉体下部垂直进入炉内。

（4）按气流调节方式分类有上部调节式焦炉和下部调节式焦炉。上部调节式焦炉从炉顶更换调节砖（牛舌砖）来调节空气和贫煤气量。下部调节式焦炉是更换小烟道顶部的调节砖来调节煤气量和空气量。20世纪50年代以前，焦炉炭化室高度只有4m左右，焦炉多为上部调节式。随炭化室高度的增加，从炉顶调节愈来愈难，所以逐步发展了下部调节式焦炉。日本新日铁 M 式焦炉、前苏联 7m 大容积 ПВР 式焦炉和中国的 JNX 型焦炉，都是下部调节式焦炉。

（5）按拉长火焰方式进行分类可分为多段加热式焦炉、高低灯头式焦炉、废气循环式焦炉。多段加热式焦炉在立火道内沿高度方向分几次供应空气，进行多段燃烧以拉长火焰长度。高低灯头式焦炉采用不同高度的煤气灯头（烧嘴），以改变立火道内燃烧点的高度，从而使高度方向加热均匀。炉内废气循环式焦炉其废气在立火道内循环，稀释可燃物组成，提高气流速度，达到拉长火焰，改善高向加热。

4.1.2 护炉设备

4.1.2.1 护炉设备介绍

护炉设备包括：炉柱、小炉柱、保护板、纵横拉条、弹簧、机焦侧操作台等。

护炉设备的作用是对砌体施加保护性压力，使砌体在烘炉及生产过程中保持整体性，避免在温度及机械力冲击下产生破损。

纵拉条的中间部分是扁钢，两端是带螺纹的圆钢。它的作用是，通过弹簧组对焦炉纵向两端混凝土抵抗墙施加一定的压力，使焦炉纵向不致因自由膨胀或收缩而产生砌体裂缝或变形。

横拉条、弹簧和炉柱及小炉柱的作用是对焦炉横向施加保护性压力。横拉条由端部带螺纹的圆钢制成，有上部横拉条和下部横拉条两种，上部横拉条安装在炉顶拉条沟内，下部横拉条安装在基础平台的机焦两侧，如图 4-1 所示。上部横拉条从装煤口和上升管附近通过，易受高温及腐蚀性气体侵蚀，所以在装煤口及上升管部位设保护套。横拉条的拉力，通过弹簧、炉柱、保护板传递给砌体。炉柱也是一个弹性体，在力的作用下发生弯曲。上下部大弹簧的作用是向砌体施加保护性负荷，小弹簧的作用是将保护性负荷合理地分布在全高方向。

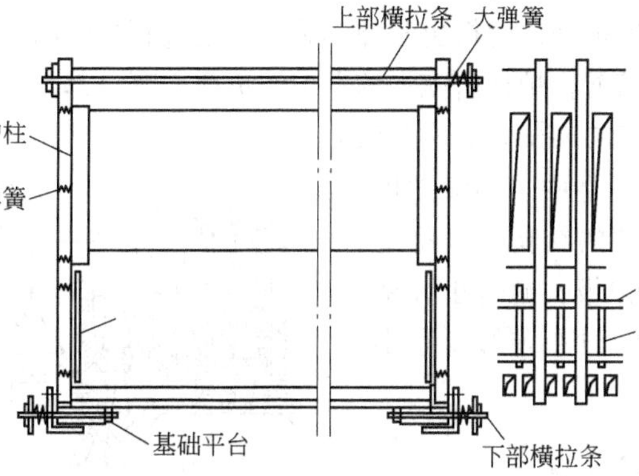

图 4-1 炉柱、横拉条和弹簧装配示意图

燃烧室部位的保护性负荷是通过保护板或炉门框分配到砌体上。蓄热室部位通过主墙部分的保护板、单墙部分的小炉柱将保护性负荷传递给砌体。

焦炉护炉铁件的结构分为三种不同的形式，即大保护板结构、小保护板结构及中保护板结构。

大保护板结构形式如图 4-2 所示。大保护板是铸铁件，镶护在燃烧室正面。保护板间的接缝在炭化室中心线上。炉门框通过连接螺栓与保护板相连成一体。保护板与炉体在炉肩部接触，其间填塞编织石棉绳保持严密性及力量传递的均匀性。

小保护板结构形式如图 4-3 所示。小保护板是钢板材质，它并不起力量传递作用，仅贴靠于燃烧室正面。小保护板结构的炉门框与大保护板结构的炉门框完全不同，炉门框延伸到炉肩部，其间也同样填塞编织石棉绳保护严密性及力量传递的均匀性。炉门框通过顶丝与炉柱作用，即通过炉柱上的顶丝将炉门框压靠在炉肩上，燃烧室的保护性负荷就是通过顶丝传递的。JN43-58 型焦炉即为小保护板结构，炉门框的左右两侧各有 4 个压紧顶丝。

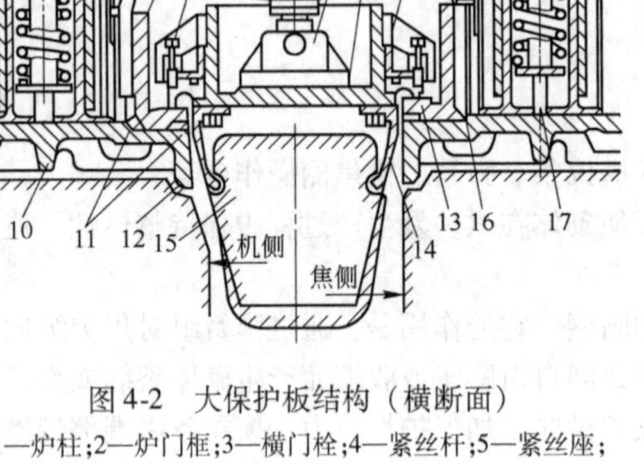

图 4-2　大保护板结构（横断面）

1—炉柱;2—炉门框;3—横门栓;4—紧丝杆;5—紧丝座;6—炉门铁槽；7—顶丝压架；8—顶丝；9—卡钩；10—保护板；11—外石棉绳；12—内石棉绳；13—炉门刀边；14—炉门衬砖槽；15—炉门衬砖；16—炉门框固定螺栓；17—顶压架

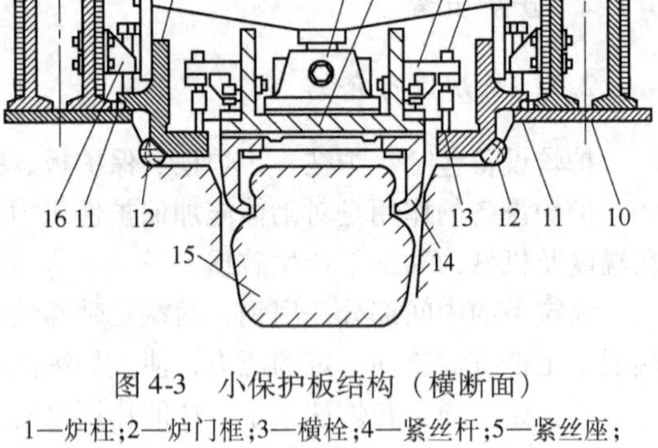

图 4-3　小保护板结构（横断面）

1—炉柱;2—炉门框;3—横栓;4—紧丝杆;5—紧丝座;6—炉门铁槽；7—顶丝压架；8—顶丝；9—卡钩；10—保护板；11—外石棉绳；12—内石棉绳；13—炉门刀边；14—砖槽；15—炉门衬砖；16—炉门框固定螺栓

中保护板结构形式如图 4-4 所示。中保护板为铸铁件，不同于小保护板的钢板材质，最大的不同是中保护板与炉门框的连接方式，它类似大保护板结构，也是通过螺栓将中保护板与炉门框连接起来，使用中保护板的炉门框也延伸到炉肩，通过石棉绳与炉门框压紧。中保护板虽然也是铸铁件，但其厚度较薄，炉柱所施加的保护性负荷就有一部分传给燃烧室正面，另一部分才传递给炉肩。这样，炉肩的受力有所削弱。

无论是大保护板结构还是中、小保护板结构的护炉铁件，蓄热室部位的结构形式都是一样的。主墙部分设有小保护板，通过小弹簧向主墙传递力量，单墙部分通过小弹簧压紧小炉柱传递力量。

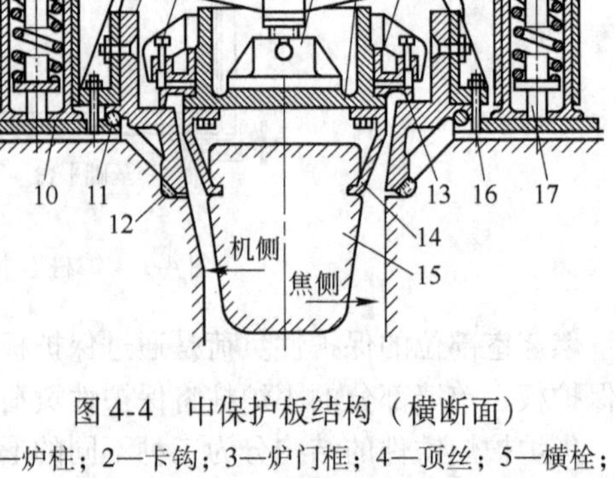

图 4-4　中保护板结构（横断面）

1—炉柱；2—卡钩；3—炉门框；4—顶丝；5—横栓；6—紧丝杆；7—紧丝座；8—炉门铁槽；9—顶丝压架；10—保护板；11—外石棉绳；12—内石棉绳；13—刀边；14—砖槽；15—衬砖；16—炉框固定架及固定螺栓；17—顶压架

4.1.2.2　护炉设备的维护管理

（1）炉柱

1）炉柱曲度测量，每 3 个月一次。

2）炉柱曲度变化不能过大，每年应控制在 1mm 之内，对曲度变化大的炉柱，要查找原因、分析处理。

（2）弹簧

1）上部大弹簧负荷测调，每月一次。

2）下部大弹簧负荷测调，每 3 个月一次。

3）小弹簧负荷测调，每半年一次。

4）必须使用合格弹簧，每个弹簧必须编号、试压、编制换算表。

5）炉柱与保护板间隙测量，每3个月一次；一旦超过小弹簧顶丝的调节极限值必须更换顶丝。

6）每根炉柱上部左右两侧大弹簧的负荷要保持基本一致，相差不能大于0.5×10kN。

7）弹簧垫板不得变形，否则必须更换弹簧垫板。

8）调节弹簧负荷时，每次弹簧放量不能过大，发现始终偏大或偏小，应及时对拉条和弹簧检查和处理。

9）定期检查弹簧有无失效，一旦失效必须及时更换。

（3）纵横拉条

1）横拉条温度和直径的抽查，每半年抽查一次；横拉条直径为原设计直径的3/4时应补强；为原设计直径的2/3时必须更换，更换时必须有技术措施。

2）拉条沟保持严密，防止着火烧拉条以及荒煤气、水腐蚀拉条。

3）上升管根部、装煤孔附近、炉体边界处的拉条状况要每半年抽查一次，抽查量不得少于一个笺号，并做好记录。

4）纵拉条大弹簧负荷测量，每半年一次；炉顶表面纵拉条应保持平整，不得撤除纵拉条。

（4）保护板

1）经常检查保护板是否有损坏，如发现保护板断裂，要采取防止断裂处出现错台的有效措施。

2）炭化室区域设三线小弹簧的焦炉，要经常检查炉柱与保护板上下端是否贴靠。保护板上下端与炉柱贴靠情况检查每3个月一次；发现保护板上、下端未与炉柱贴靠，应分析原因、及时调节上、下大弹簧和小弹簧的负荷，确保炉柱与保护板上、下端紧靠。

3）保护板倾斜量测量每3个月一次；当保护板倾斜量发生明显变化时，要及时分析原因，采取措施以保证保护板贴紧焦炉砌体。

（5）炉门框

1）经常检查炉门框上的勾型螺栓是否松动、弹簧是否失效，发现问题要及时处理。

2）炉门框断裂或变形引起推焦困难以及刀封面扭曲造成炉门冒烟时要更换炉门框。

（6）操作台

1）操作台滑动情况检查每半年一次，出现异常，及时调节。

2）操作台支座垂直偏斜量测量每年一次；操作台支柱偏斜量发生明显变化时，要查找原因，采取措施。

（7）炉体膨胀

炉体伸长量的测定至少半年一次；焦炉膨胀量只能是正值，若出现负值或相邻两次测量增长值在2mm以上应查明原因，重新测量。

（8）焦炉炉体沉降

焦炉炉体沉降状况，应请专业测量队每3年测量一次，并做好记录，后期焦炉可适当延长测量周期。

（9）抵抗墙

抵抗墙垂直偏斜量的测量，每年一次；抵抗墙垂直偏斜量发生明显变化时，要查找原因，采取措施。

（10）五炉距（仅对5—2串序）

测量焦炉五炉距每年一次；对测量结果要进行对照比较，相差较大时要分析原因。

（11）焦炉测量基准点

1）应保持抵抗墙顶面焦炉中心标识完好。

2）抵抗墙机、焦侧面的测线架底座要牢固，支杆无变形。

3）测线架挂线处应有明确标识，挂线位置距焦炉中心线距离应有记录。

4）每3年要由专业测量队对焦炉的测量基准点、测线架进行测量校正。

（12）在下列情况下要测量弹簧负荷、检查炉柱曲度是否变化，检查保护板，炉门框是否断裂。

1）焖炉时。

2）下暴雨时。

3）结焦时间变化大时。

4）更换加热煤气种类时。

（13）铁件测调人员应保持相对稳定并定期进行培训，持证上岗。护炉设备或测量结果发生异常时应及时报告车间。

（14）车间生产主任或技术主管人员每季度应对铁件的管理和测量进行一次综合分析检查。

（15）严禁事项

1）严禁炉门、炉框、焦炉各处煤气窜漏以及操作不当等原因造成着火，烧坏护炉铁件。

2）严禁往护炉铁件上泼水。

3）严禁集气系统的焦油、氨水及水滴漏在护炉铁件上。

4）未经允许，严禁割焊护炉铁件。

5）严禁随意变更测量点。

（16）炉门的修理和更换应按计划进行，炉门修理站应经常存有备用炉门。

（17）炉门框上的磨板应低于炉底，炉门框侧面不应超过炉砖边缘，否则需及时调整或更换。

（18）所有炉门框检查每年两次。

4.2 推焦设备

4.2.1 推焦车的结构与原理

4.2.1.1 4.3m焦炉推焦车

A 走行机构

JT-1型推焦车走行轮的传动采用的是集中驱动，如图4-5所示。它的优点是可以保证两侧车轮的同步。

B 推焦机构

JT-1型推焦车推焦机构如图4-6所示。电动机经过人字齿轮减速机驱动推焦杆主动齿轮，带动推焦杆下的齿条，使推焦杆完成推焦操作。为了避免推焦杆齿条行驶到极限位置时与主动齿轮脱离啮合，在齿条两端各安装一个控制齿。为了防止突然停电事故，推焦减速机中设有手动传动机构。

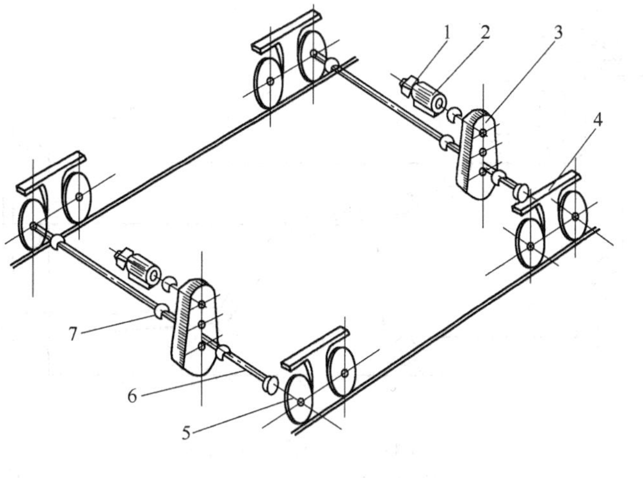

图 4-5 走行机构示意图

1—制动器；2—电动机；3—减速机；4—平衡车；5—主动车轮；6—传动轴；7—联轴器

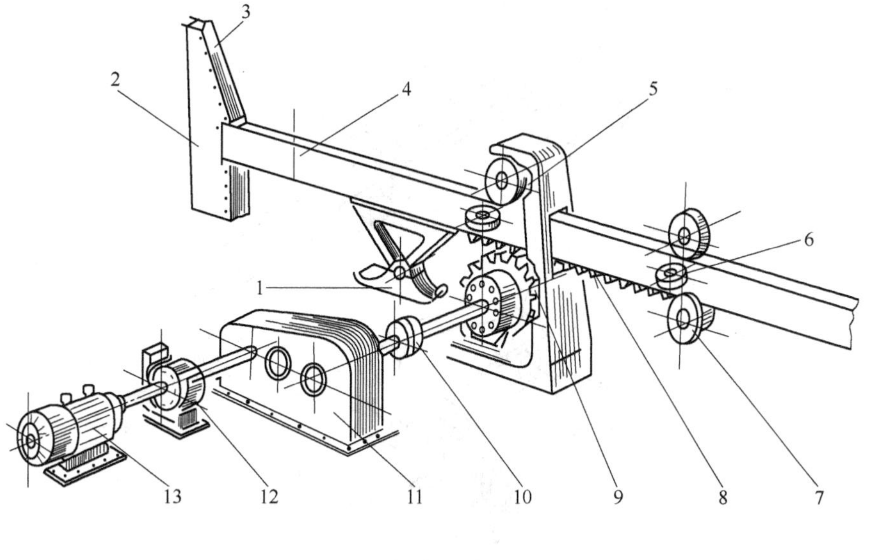

图 4-6 推焦机构示意图

1—支承滑板（滑靴）；2—推焦杆头；3—除石墨刀；4—推焦杆；5—上压辊；6—侧向导轮；7—下托辊；8—齿条；9—主动齿轮；10—齿接手；11—减速机；12—电磁制动器；13—电动机

C 开门机构

开门机构的任务是将焦炉机侧炉门打开以便推焦，推焦之后立即关上炉门。开门机构主要包括以下三部分：移门机构、拧螺丝机构、提门机构，如图 4-7 所示。

D 平煤机构

平煤机构传动如图 4-8 所示。电动机通过联轴节和减速机使钢绳转鼓转动，再经过钢丝绳传动使平煤杆做往复直线运动，完成平煤任务。为了防止突然停电时平煤杆停留在炭化室内被烧坏，平煤减速机也在高速轴的一端伸出一方头，停电时往方头上装一手动扳手就可将平煤杆

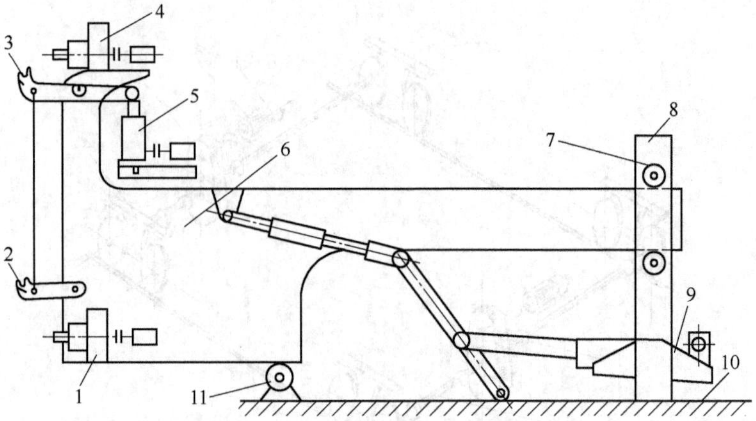

图 4-7　开门机构示意图

1—下部拧螺丝机构；2—下挂钩；3—上挂钩；4—上部拧螺丝机构；5—提门机构；6—移门架；7—支承辊；8—立柱；9—移门机构；10—推焦平台；11—下支辊

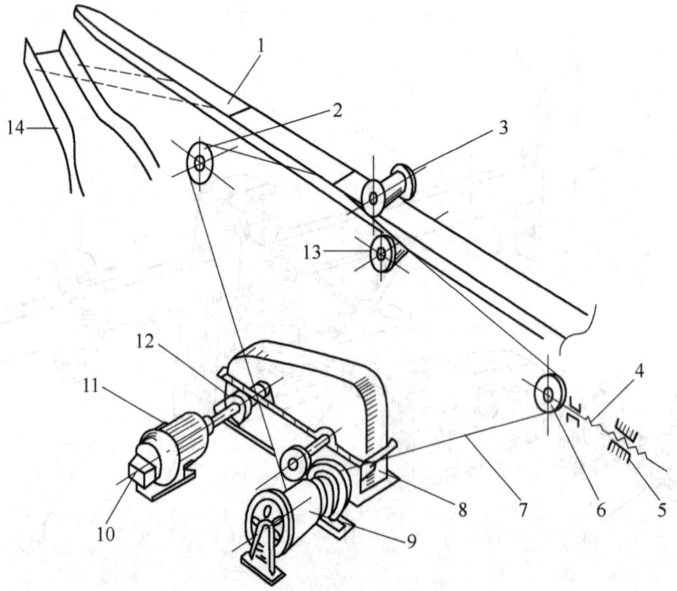

图 4-8　平煤机构示意图

1—平煤杆；2—定滑轮；3—上托辊；4—调整螺丝；5—转动螺母；6—活动滑轮；7—钢绳；8—减速机；9—绳轮；10—电磁制动器；11—电动机；12—联轴器；13—下托辊；14—溜槽

从炭化室内退出。

E　平煤小炉门机构

平煤小炉门机构大多是采用气动式的；由气缸推动开门杠杆完成开关的动作，有的推焦车上采用机械传动开关小炉门。

F　推焦车的钢结构

JT-1 型推焦车具有 3 层钢结构，均由大型的型钢焊接而成。第一层配置着推焦车的走行机构、空压机、配电室等。第二层配置着推焦机构、开门机构、平煤机构的传动装置等。第 3 层有司机室、平煤杆装置等。

4.2.1.2 6m焦炉推焦车

A 走行装置

走行装置由电机、减速机、开式齿轮、主动平衡车、从动平衡车、车架、传动装置等组成。采用两组主动平衡车、两组从动平衡车。走行装置采用变频电机进行变频调速，走行速度可在调整范围内任意选定几个档位。

B 推焦装置

推焦装置由推焦杆、推焦支座及传动装置组成。其传动形式为电机驱动减速机及开式齿轮和推焦杆上的齿条，驱动推焦杆前后移动。推焦装置具有手动操作和自动操作两种功能。推焦杆包括推焦杆头和滑靴。推焦杆的制动是由涡流制动器和液压推杆制动器完成的。推焦装置还安装有停电状态下的柴油发电紧急收回装置，以及手摇收回装置。

C 取门装置

取门装置主要由取门机、吊挂架、台车、支承辊、旋转装置、杆销、钢架等组成。可自动控制操作和手动控制操作。取门机是由吊挂架支承在台车的上下轴承上，台车的前面有4个支承轮，后面有两个支承轮，台车在油缸的驱动下前后运行。取门机旋转是通过台车中部的旋转导辊走S道带动台车中的长拉杆，拉动吊挂架带着取门机在上下轴承上进行的，旋转角为90°。

D 平煤装置

平煤装置主要由平煤杆、平煤支座、驱动装置、余煤刮板机、平煤溜槽、开闭小炉门机构等组成。平煤杆的前进和后退由电机、减速机、平煤卷筒、钢丝绳牵引而完成的。平煤装置具有手动控制和自动控制两种功能。平煤杆的制动是由涡流制动器和液压推杆制动器完成的。为防止停电时平煤杆在炭化室内烧坏，平煤装置设有手摇装置。

E 炉门清扫装置

高压水力喷射型炉门清扫装置由炉门顶部清扫装置、炉门两侧清扫装置、炉门底部清扫装置、高压水系统、液压系统、电控系统等组成。炉门两侧清扫装置左右各配有1个螺旋铣刀和自动摆动高压喷嘴，门底部清扫装置设有1个螺旋铣刀和1个高压喷嘴，高压水压力达60~70MPa。

F 炉框清扫装置

炉框清扫装置由清框机、吊挂装置、台车、上下轴承、支承辊轮、插销、旋转机构及钢结构架等组成。清框机主要清扫炉框正面和侧面。

G 头尾焦处理装置

头尾焦处理装置主要由3条刮板机与料斗组成。刮板机的传动形式为电机通过行星减速机带动链条链轮，通过传动主轴传动链条与刮板将余焦刮走。

H 压缩空气装置

压缩空气装置由空压机、风包、气阀站及管路等组成。设有两台空压机及一台风包，设置在走行平台上。空压机的启动、停止由风包上的压力继电器控制，以保证正常工作的系统压力。

I 润滑装置

推焦车的润滑方式有：减速机采用油池润滑，走行开式齿轮采用滴油润滑，平煤钢绳采用涂油润滑，其他部位采用电动集中给脂润滑。

4.2.1.3 7.63m焦炉推焦车

A 推焦装置

推焦装置由电机、减速机、齿轮齿条装置、支承导向机构、推焦杆、推焦杆吹扫装置组成，如图4-9所示。推焦杆驱动采用变频调速，以达到均衡推焦功率，适应推焦力波动的目的。在电源出现故障或在停电状况下用备用柴油发电机供电，以约20%的速度将剩余焦炭推出，并收回推焦杆。如果变频器、推焦电机、推焦减速机发生了故障，用油缸将齿式离合联轴器松开，使用电动卷扬将推焦杆从炭化室内拉出。

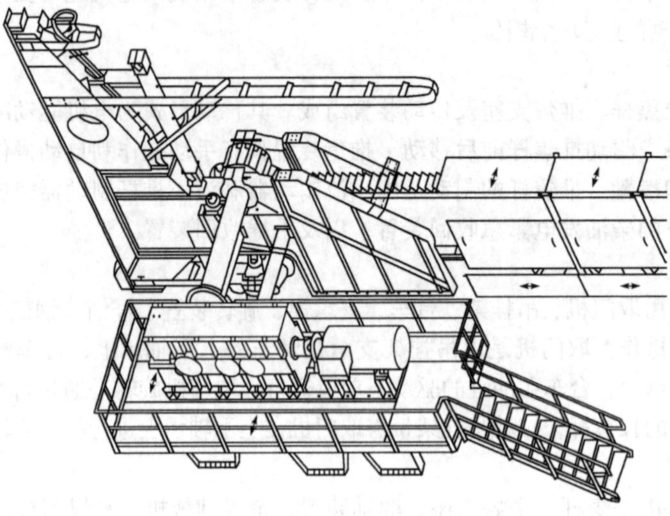

图4-9　推焦装置示意图

B　平煤装置

平煤装置由平煤杆传动装置、平煤杆、支承辊、导辊、钢绳滑轮、小炉门开闭装置、密封罩和余煤收集系统组成。平煤杆的传动装置由电动机、带制动盘的挠性联轴器、减速机、离合器联轴器、传动轴、钢丝绳卷筒、滑轮、张力设备和减震弹簧组成。

电动机、联轴器和螺旋伞齿轮减速机驱动平煤装置的钢绳卷筒，钢绳用来驱动平煤杆。平煤杆驱动采用变频调速，以达到均衡平煤功率，减少机械冲击的目的。在电源出现故障或在停电状况下，用备用柴油发电机供电，完成平煤动作。为了避免火焰和烟气通过打开的小炉门跑出，平煤装置带有位于平煤杆前端的密封罩。

在精确定量装煤的工艺中，平煤杆带出的余煤还要经过计量后才送入煤塔，计量值对装煤计量值进行单炉修正或累加修正。

C　精确的焦炉号识别和车辆定位系统

推焦机的定位系统由一个粗定位系统和一个精确定位系统组成。精确定位系统装备有优良的传动曲线计算软件，它被存档在PLC中。焦炉的自动炉号识别和车辆定位技术采用的是格雷栅板红外识别定位技术。它的基本配置是：变频走行控制、测量轮+旋转编码器的粗定位系统、红外和固定栅板的炉号识别精确定位系统、PLC、激光手动定位装置。

D　取门装置

取门装置由一个带有导辊的台车、旋转臂和取门机头部组成，如图4-10所示。取门装置所有走行和升降移动均是采用了带有行程检测功能的液压缸控制。这类液压缸是通过超声波位置编码器或电磁感应位移检测系统结合PLC来实现定量动作的。

E　清门装置

清门装置是由一个清门机头和一个平行四边形移动装置组成，如图4-11所示。机头系统是通过稳定的导架与移动装置相连接。导架上也安装有液压缸以及导架的弹簧悬挂式导轮和上、下水平清理刀具。垂直清理油缸是可调节的，并装在减振元件上。门的上下部是用固定在导架上的上、下水平清理刀具清理，弹簧悬挂式清理机构是由滚轮引导，且每个由一台液压缸驱动。炉门上下部的清理与两侧的清理通常是错开的。沿着它的总高度方向，清门机具有3层护罩。

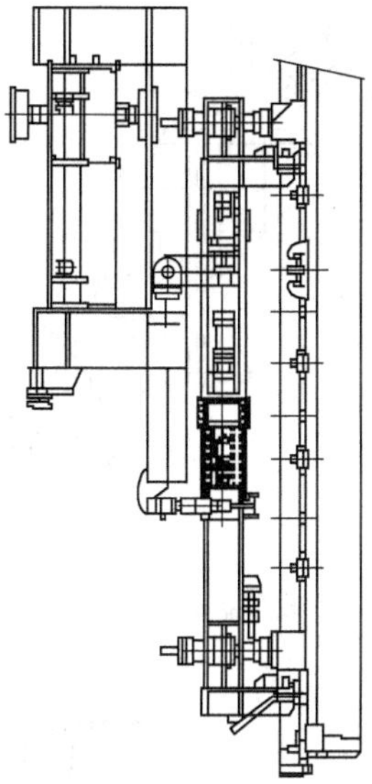

图4-10 取门机示意图

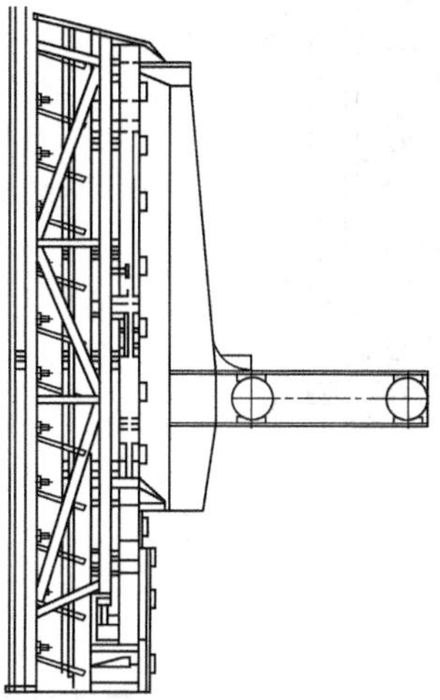

图4-11 清门机示意图

F 清框机装置

清框机由移动台车、旋转臂和炉框清扫装置头部组成，如图4-12所示。清框机的机头采用水平弹簧浮动定位。清框机清扫刮刀是通过一个液压缸驱动在框架上上下移动，压缩空气被用来清洁炉底。为了能够机械式地清扫炉底，在清洁机头部的底部安装了一个更具弹性装置的刮刀。

清框机检测行程的液压缸可以补偿由于炉体膨胀产生的垂直对位误差。机头上的刀具靠弹簧力自紧，压在炉框正面和内侧，以确保清理的效果。清框机缩回期间，将向炭化室底部吹入压缩空气，以便清除炭化室底前部的残余焦炭。

G 头尾焦收集系统

头尾焦收集系统由活动式可倾斜的带集中式熄焦系统的散落焦收集盘、输送溜槽和带排放门的储焦槽组成，如图4-13所示。为了向头尾焦盘上灌注熄焦用水，在机器平台上装置了一个熄焦用水的储水箱。它装备有液位传感器，并由人工将其注满。

储焦槽装备有一个料位传感器，一个用于温度测量和控制熄焦用水喷嘴的元件，头尾焦内的隐蔽火点能够被探测到并被喷洒冷却水熄灭。由此而产生的水被收集到污水箱中，并通过一个由电机操作的电动球阀排出。

H 走行机构

推焦车走行机构装有16个车轮，这16个车轮分装在4个走行轮台车上，如图4-14所示。每个走行台车又分别由两个双轮小台车组成，总共有8个双轮小台车，其中6个双轮小台车上

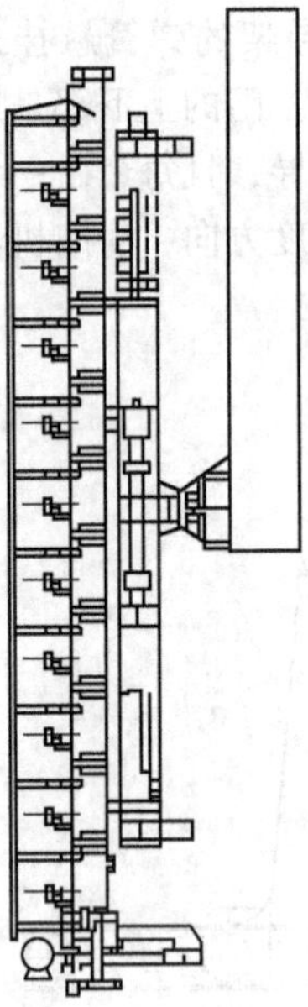

图 4-12　清框机示意图

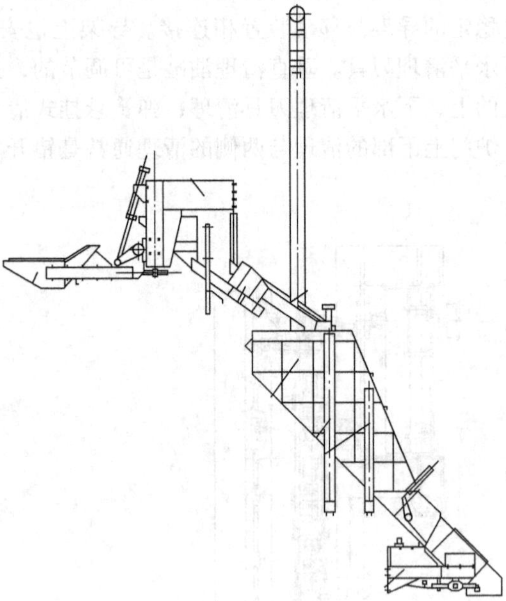

图 4-13　头尾焦收集装置示意图

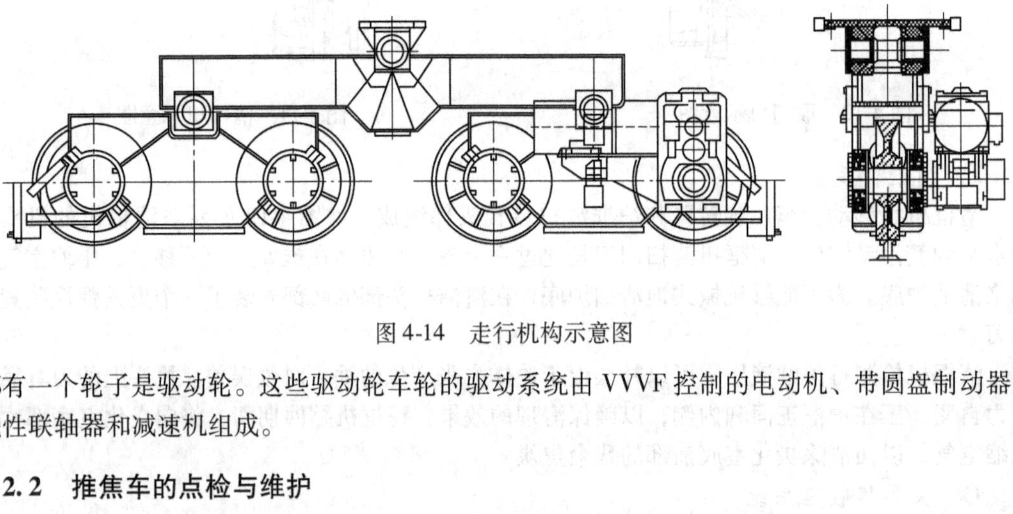

图 4-14　走行机构示意图

都有一个轮子是驱动轮。这些驱动轮车轮的驱动系统由 VVVF 控制的电动机、带圆盘制动器的挠性联轴器和减速机组成。

4.2.2 推焦车的点检与维护

推焦车的点检与维护见表 4-1。

表 4-1　推焦车的点检与维护

点检项目	点 检 内 容	点 检 标 准
走行机构	走行减速机	油位达到油标标准、润滑油不变质、磨损情况良好
	车轮	运转无异常噪声、磨损情况良好
	轴承	轴承端不烫手
	制动器、闸瓦	密封性好、磨损情况良好
	电动机	运转平稳、无杂音、温度不超过 60℃

续表 4-1

点检项目	点 检 内 容	点 检 标 准
推焦装置	推焦减速机 主动轮及齿条 各部辊轮及轴承 石墨刮刀 犁形底板、滑靴底板 事故绞车及缆绳 电动机	油位达到油标标准、润滑油不变质、磨损情况良好 磨损情况良好 磨损情况良好、运转无异常噪声、润滑良好 磨损情况良好、无变形 磨损情况良好 运转无异常噪声、磨损情况良好、无断股 运转平稳、无杂音、温度不超过60℃
空压机	空压机及附件	无异常噪声、无泄漏、上风正常
取门机	减速机 各部辊轮、导向轮及轴承 枢轴臂锁紧装置及弹簧 曲线轨道 油缸 电动机	油位达到油标标准、润滑油不变质、磨损情况良好 运转无异常噪声、磨损情况良好、润滑良好 功能良好、润滑良好 磨损情况良好 无卡阻、无泄漏 运转平稳、无杂音、温度不超过60℃
清框机	各部辊轮、导向轮及轴承 枢轴臂锁紧装置 曲线轨道、悬臂轨道 刮刀及弹簧 油缸	运转无异常噪声、磨损情况良好、润滑良好 功能良好、润滑良好 磨损情况良好 磨损情况良好、功能良好 无卡阻、无泄漏
清门机	悬臂轨道、辊轮及轴承 刮刀及弹簧 提升立柱导向轮 十字清扫器导向辊 防热罩 油缸	运转无异常噪声、磨损情况良好、润滑良好 磨损情况良好、功能良好 磨损情况良好 磨损情况良好 无破损、无变形 无卡阻、无泄漏
平煤装置	平煤杆减速机 缆绳卷筒及轴承 平煤钢丝绳及张紧装置 各部辊轮及轴承 小炉门开启装置 油缸 电动机	油位达到油标标准、润滑油不变质、磨损情况良好 运转无异常噪声、磨损情况良好、润滑良好 无异常磨损、连接良好 磨损情况良好、运转无异常噪声、润滑良好 功能良好 无卡阻、无泄漏 运转平稳、无杂音、温度不超过60℃

4.2.3 推焦车的故障与处理

4.2.3.1 推焦故障处理

（1）当推焦杆在炉内停止，手动、自动都不能快速退回时，按强制后退按钮，推焦杆则快速返回。由于此时推焦联锁全部解除，动作时应派人在旁边观察，以免使推焦杆跟其他机构发生碰撞。

（2）正在推焦时突然全部停电，如有备用电源，应尽快接上，将推焦杆尽快退回，经确认可以继续推焦时再行操作。如没有备用电源，切断推焦主回路电源，用手摇装置或手动葫芦把推焦杆拉回，需用的各种工具要事先准备好，操作方法要充分研究和训练。

（3）当减速机齿轮、齿接手等驱动系统出现故障时，采用手动葫芦拉回推焦杆，推焦杆齿条上如有异物应及时清扫。

（4）当推焦杆前进过头，推焦主动齿轮啮合不上时，采用手动葫芦拉回超过的长度，然后再用手动或电动的方式将推焦杆退回，并重新调整行程控制器。

4.2.3.2　平煤故障处理

（1）当平煤杆在炉内停止，手动、自动都不能将平煤杆退回时，按平煤强制后退按钮，则平煤杆快速返回，此时平煤联锁全部解除，动作时应注意安全。

（2）正在平煤时突然全面停电，如有备用电源，应尽快接通，将平煤杆尽快退回，然后关闭小炉门。如没有备用电源，切断动力主回路电源，用手摇装置或手动葫芦把平煤杆拉回，再人工关闭小炉门，需用的各种工具要事先准备好，操作方法要充分研究和训练。

（3）当减速机齿轮、齿接手等驱动系统发生故障或平煤杆钢绳断裂时，可采用手动葫芦拉回平煤杆，消除故障后继续平煤。

4.2.3.3　走行装置故障处理

（1）走行联锁条件不成立时，把各装置退回原始位置。将走行联锁解除按钮按下，把车开到安全位置修理。

（2）走行电机出现故障或减速机齿轮、齿接手等驱动系统出现故障时，将走行主令控制器归零位，松开抱闸，用手动葫芦把推焦车拉到安全位置进行修理。

4.2.3.4　液压装置故障处理

（1）油泵不能运转时，可通过设在液压站上的手动油泵及电磁阀进行操作。

（2）当油泵、手动油泵与电磁阀都出现故障时，根据情况用手动葫芦把正在操作的部件拉回到原始位置。

4.3　装煤设备

4.3.1　装煤车的结构与原理

4.3.1.1　4.3m 焦炉装煤车

A　煤斗

煤斗是装煤用的，按焦炉装煤孔的数量分为三斗、四斗，4.3m 焦炉常用的是三斗，煤斗一般为焊接结构。

B　走行机构

装煤车的走行机构由两组主动轮和两组从动轮组成。用两台电动机分别驱动两组主动轮，两台电动机之间有电气联系以保证同步。装煤车的走行机构减速机形式是渐开线蜗轮减速机，制动器形式是交流闸瓦制动器。

C 煤塔闸门机构

装煤车的煤塔闸门机构采用活塞式气缸驱动。

D 称量机构

装煤车上没有称量机构，一般采用在焦炉煤塔下固定的轨道式地秤。

E 导套和煤斗闸门机构

装煤车导套和煤斗闸门机构采用的是蜗杆蜗轮减速机传动方式，闸板采用的是分别驱动，即一套传动机构负责一个闸门，优点是操作准确性好。闸套采用的是联动式，即一套传动机构负责 3 个闸套的提起或放下。

F 钢结构

钢结构是装煤车的主体结构。一般为钢架门式结构，基本上是焊接而成。

G 电磁铁开闭装煤炉盖机构

采用电磁铁开闭装煤炉盖，可大大降低炉顶的劳动强度。

4.3.1.2 6m 焦炉装煤车

A 钢结构

钢结构主体为门形平台式。装煤车的司机室、电气室、机械室由走廊连为一体，形成工字形，顶棚和侧壁镶有隔热材料，具有隔热防寒作用。

B 走行装置

装煤车走行装置由两组主动平衡车、两组从动平衡车、两组辅助轮组构成，主动平衡车由变频电动机、联轴器、减速机、制动器、开式齿轮、车轮、碟簧、平衡架等构成。走行装置由两台变频电机分别驱动两套传动机构，制动器采用液压推杆式制动器；车轮为双轮缘车轮，采用碟簧减振机构，能以小的变形承受大的负荷。

C 揭盖及导套装置

（1）揭盖装置。揭盖装置是利用电磁铁吸住炉盖，使其成悬挂状态，通过液压缸操作使炉盖闭合和揭开。该装置可实行单元自动控制，也可手动按钮操作。揭盖机是通过框架组、导轨吊架与车轮组连接，在导轨上运动。揭盖机分为外台车、内台车，内台车装在外台车上随之运动。揭盖机由油缸通过杠杆、松紧螺栓沿导轨上下、前后移动。

（2）导套装置。导套装置由固定导套、内外活动导套以及连杆等构成。固定导套与闸板的框架连成一体。内外活动导套可上下运动，装煤前将其放下，装煤后将其提起，内外活动导套的运动是通过液压缸驱动杠杆来完成的。

D 螺旋给料装置

螺旋给料装置中的煤斗壁采用不锈钢焊接，给料装置通过变频电机带动摆线针轮减速机来驱动，煤斗上方都有连续料位仪，监控煤位的高低。螺旋给料器的螺旋叶片材质为不锈钢，螺旋壳体及螺旋叶片前端的下煤口为不锈钢，下煤口处设有闸板，由油缸驱动。

E 集尘装置

集尘装置由内外套、烟气调节阀、空气调节阀、安全阀、固定主管及伸缩连接管组成。

伸缩连接管由集尘盖开闭装置、固定导套、移动导套、活动接口及滚轮等组成。地面固定除尘管道多管阀由油缸驱动来打开，靠自重闭合，移动导套及活动接口由油缸驱动，通过滚轮在轨道内走行与地面固定除尘管道多管阀接口对接，在移动导套与活动接口之间装有弹簧，用以缓冲活动接口与地面管道接口的撞击力。

F　压缩空气装置

压缩空气装置主要作用是对装煤车各平台及轨道根部等部位的吹扫，对炉顶清扫装置的气缸供气，以及对炉顶清扫装置的除尘器进行反吹供气。

4.3.1.3　7.63m 焦炉装煤车

A　煤斗

煤斗在其顶部装配有锥面罩形结构，其倾角大于煤堆的安息角，这样煤能够充满整个内部空间，以便确保恒定的装煤容量。罩形结构的顶部应调节到尽可能的靠近于煤塔的出口，这样可以确保煤塔闸门关闭时，不至于带出太多的余煤。每个煤斗由三个重量传感器支撑，使每个煤斗的重量可以随时的监控。不锈钢煤斗闸门包括滑动闸门和操纵杆，用法兰固定到各个螺旋给料器的出口位置，如图 4-15 所示。

B　螺旋给料器

每个装煤斗都配备有一个水平式螺旋给料器。螺旋给料器由螺旋和壳体组成。螺旋是由一台变频器控制的电动机驱动。整个壳与煤斗相连，并且密封，设有检修和清理用的掀盖式密封口。螺旋给料器设有过流保护，以防止因堵塞而损坏设备。在螺旋给料器出口设有旋转闸板，防止剩余的煤落下，堆积在炭化室顶部。

C　导套

导套主要由一个活动式上导套和一个活动式下导套组成，如图 4-16 所示。活动式下导套是外导套，在它的底部有一个密封嘴，在它的顶部有一个密封沿。下导套采用万向式支撑在一个液压操作的滑架中。在整个装煤过程中，下导套受到来自液压缸和弹性部件的压力，从而保持密封。活动式上导套是内导套，在它的底部的外侧有一个球面密封沿，在中部有一个柔性补

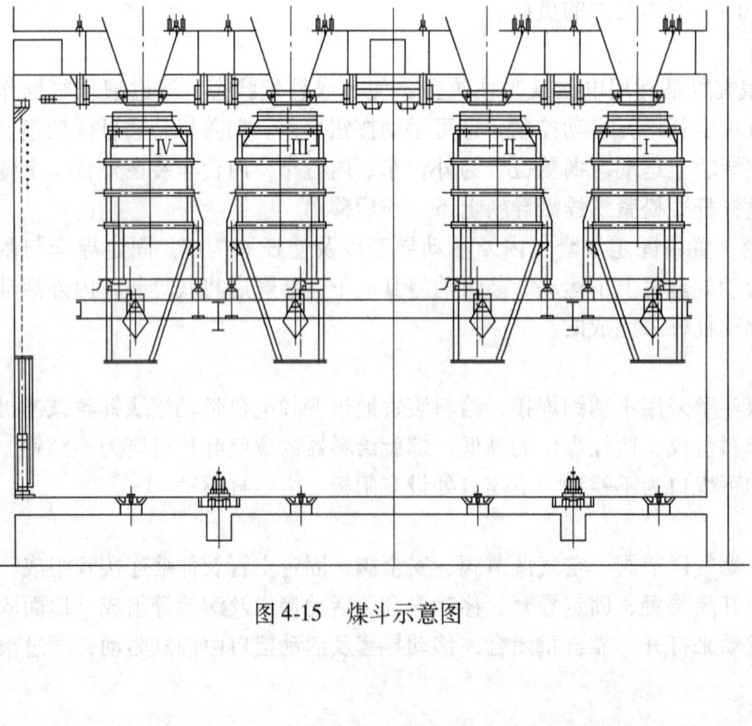

图 4-15　煤斗示意图

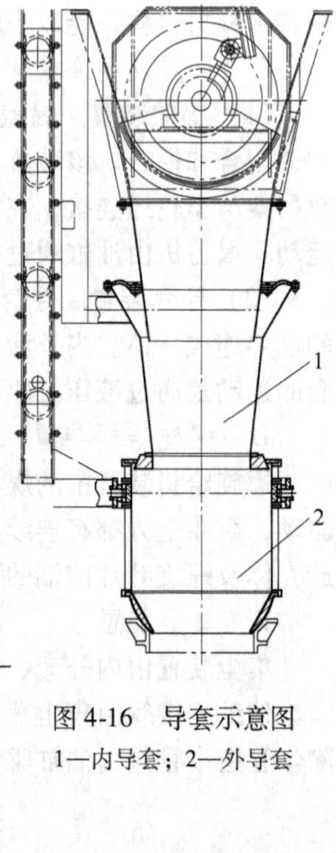

图 4-16　导套示意图

1—内导套；2—外导套

偿器。在外导套被压到炉圈中之后，内导套将被抬起，直到球面密封沿件与外导套上部的锥面密封沿接触为止。

D 揭盖机

揭盖机的作用是打开和关闭装煤孔。揭盖机布置在装煤车平台下面，在一个万向式悬挂的横梁上，安装有专用电磁铁。通过万向连接的悬挂装置，使炉盖即使偏心揭开，也能同心地复原。经由链式驱动的一台齿轮电机使支撑在球面轴承中的磁铁旋转。由于是在复原炉盖时使用旋转运动（搓盖），所以炉盖被严格的密封。炉盖的抬起和降下由液压缸控制按曲线轨道进行。

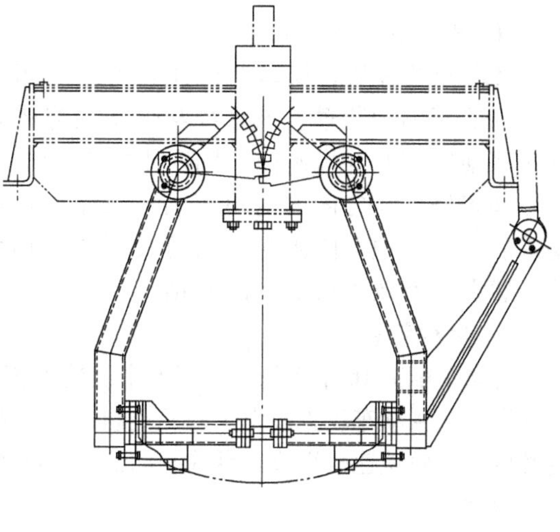

图 4-17 炉盖清理装置示意图

E 炉盖清理装置

炉盖清理装置装在导套的引导轨道上，如图 4-17 所示。在炉盖抬起之后，旋摆到清理位置，以便于能在机器处于装煤位置的同时进行炉圈的清理。炉盖的旋转由电磁铁控制。固定式清理刷和刮刀接触炉盖，以便清理炉盖上的杂物。清理掉的残渣被输送到要装煤的炭化室中。

F 炉圈清理机

炉圈清理机是布置在相对于揭盖机的平台下方，如图 4-18 所示。在炉盖已被抬起之后，下降到清理位置。清理机头配备有用抗磨损材料制造的焊接式刮刀，其形状与炉圈的密封表面相吻合。齿轮电机控制清理机头的旋转动作。由一台装在装煤车平台顶上的液压缸在曲线轨道中控制升降。

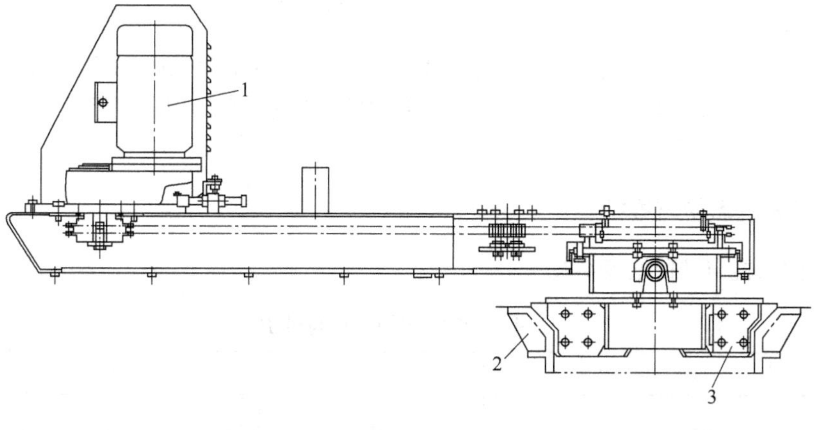

图 4-18 炉圈清理装置示意图

1—电机；2—装煤孔座；3—刮刀

G 炉盖泥封装置

炉盖泥封装置由两个位于平台顶上的泥封料搅拌槽、阀门，用于把泥封料输送到接盖机臂上的管子和软管、喷嘴组成。为了确保把泥封料加到炉圈和炉盖之间的槽道中，配备对中圆锥接口，可以实现自动对中。

H　煤塔闸门开闭装置

煤塔配备有从装煤车上打开和关闭的相互连接的闸门。有一个从车上打开和关闭的闸门的液压驱动装置。该系统与煤车在煤塔定位联锁。煤塔闸门开闭装置在对位条件具备时启动，打开煤塔闸门。同时走行驱动被联锁。煤流进装煤车的煤斗，并将装煤车的煤斗和煤塔下斗之间的空间充满。煤斗称重设备控制煤斗的装入量。在达到重量均衡的要求后，自动地关闭闸门。闸门关闭位置由装在开闭装置液压缸上的一个传感器检测。该传感器将释放走行驱动的联锁。

I　走行装置

装煤车配有16个车轮，位于8个两轮平衡架上。每个平衡架上设有一个主动车轮，如图4-19所示。主动车轮直接由VVVF控制的电机驱动，驱动装置由联轴器和具有空心轴和收缩盘的螺旋伞齿轮减速机组成。盘式制动器用于断电或停止情况下自动锁紧。该制动器用杯式弹簧液压制动。

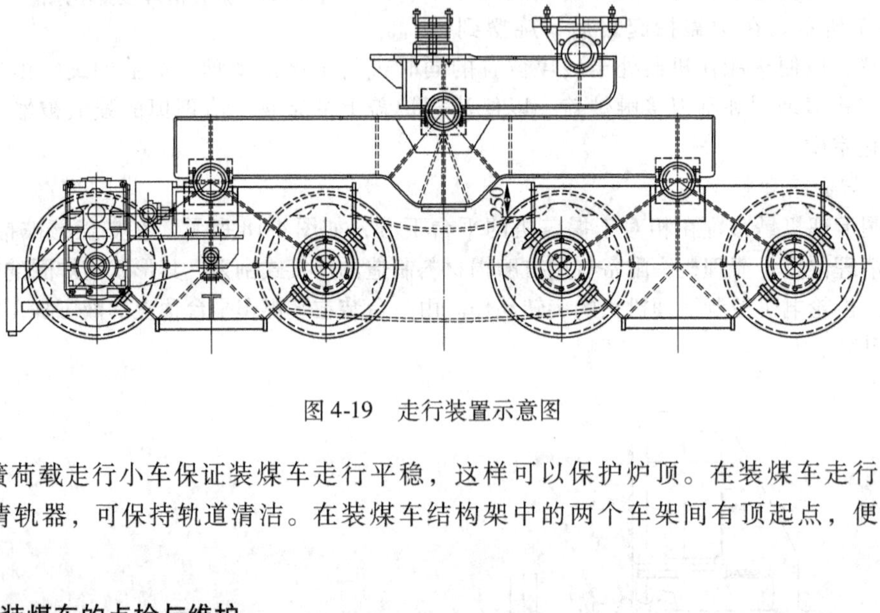

图4-19　走行装置示意图

弹簧荷载走行小车保证装煤车走行平稳，这样可以保护炉顶。在装煤车走行装置两端装有清轨器，可保持轨道清洁。在装煤车结构架中的两个车架间有顶起点，便于更换台车。

4.3.2　装煤车的点检与维护

装煤车的点检与维护见表4-2。

表4-2　装煤车的点检与维护

点检项目	点检内容	点检标准
走行机构	减速机	油位达到油标标准、润滑油不变质、磨损情况良好
	车轮	运转无异常噪声、磨损情况良好
	轴承	轴承端不烫手
	制动器、闸瓦	密封性好、磨损情况良好
	弹簧	弹簧无断裂
	电动机	运转平稳、无杂音、温度不超过60℃

续表 4-2

点检项目	点 检 内 容	点 检 标 准
揭盖机和炉盖清理装置	减速机 连杆机构 旋转装置 电磁铁 刮刀 油缸	油位达到油标标准、润滑油不变质、磨损情况良好 无变形、运转灵活 运转灵活，磨损情况良好 功能良好 磨损情况良好 无卡阻、无泄漏
炉圈清理装置	油缸 连杆机构 旋转装置 刮刀	无卡阻、无泄漏 无变形、运转灵活 链轮、链条运转灵活，磨损情况良好 磨损情况良好
导套装置	柔性补偿器 油缸 连杆机构 内、外导套 减速机	功能正常、密封良好 无卡阻、无泄漏 无变形、运转灵活 无变形、上下移动灵活 油位达到油标标准、润滑油不变质、磨损情况良好
螺旋给料器	叶轮 减速机 电动机	无变形、磨损情况良好、运转灵活 油位达到油标标准、润滑油不变质 运转平稳、无杂音、温升不超过60℃
炉盖泥封装置	搅拌槽 喷嘴 减速机 电动机	无变形、无泄漏 无堵塞 油位达到油标标准、润滑油不变质 运转平稳、无杂音、温升不超过60℃
煤塔闸门装置	油缸	无卡阻、无泄漏

4.4 拦焦设备

4.4.1 拦焦车的结构与原理

4.4.1.1 4.3m 焦炉拦焦车

4.3m 焦炉 KH-2 型拦焦车主要由以下部分组成。

A 走行机构

走行轮采用集中驱动方式。电动机通过带有制动轮的联轴器、减速机、传动轴，带动走行轮行走。

走行机构与导焦栅移动机构、开门机构之间都有电气联锁。

发生停电事故时，可用手柄摇动走行减速机主动轴外伸端的方头，使拦焦车移动。手摇时也有电气联锁，以防手摇时突然来电发生人身事故。

B　开门机构

开门机构由以下几部分组成：拧螺丝机构、提门机构、炉门升降移动机构、炉门旋转机构。

拦焦车的移门机构是三角杠杆式传动，该机构最大优点是移门机构的重心位置变化小，因此使轮压力分布均匀，增加了拦焦车的稳定性。开门机构如图 4-20 所示。

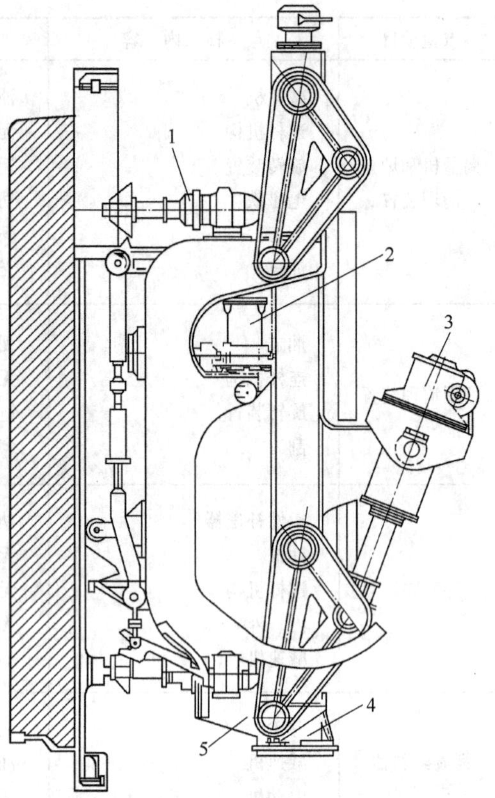

图 4-20　开门机构示意图

1—拧螺丝机构；2—提门机构；3—炉门升降移动机构；4—炉门旋转台；5—机架

C　导焦小车

从炭化室推出来的炽热焦炭经过导焦小车落入熄焦车内。导焦栅可前后移动，导焦时移向焦炉，和炭化室的炉门框联结。导焦后退回，关上炉门。导焦小车没有独立的走行机构，它靠拦焦车的走行机构拖动。

(1) 导焦栅（槽）。导焦栅（槽）位于金属结构架内，支持在下导辊上，两边有侧导辊。它是用槽钢焊成的，在其底部有调整垫板，用以调整导焦栅底部标高在规定范围内，在导焦车上部设有两个安全挡轮，防止导焦时焦炭与导焦栅的横向摩擦力推倒导焦车。

(2) 导焦栅移动机构。KH-2 型拦焦车使导焦栅前后移动的机构为曲柄四连杆机构。

4.4.1.2　6m 焦炉拦焦车

拦焦车设置在焦炉焦侧炉台的轨道上，其作用是摘取或关闭焦侧炉门、用导焦栅将红焦导入熄焦车内、将出焦烟尘导入推焦除尘导管、清扫焦侧炉门炉框、处理焦侧头尾焦及清扫焦侧炉台。

A　钢结构

钢结构采用型钢、钢板焊接的框架式结构，在各层平台上分别设有司机室、电气室及机械室。在台车端头设有缓冲装置。为防止拦焦机的倾翻，在顶层平台上设置了 3 套安全挡辊装置。

B　走行装置

走行装置由电动机、减速机、制动器、万向联轴器、齿形联轴器、传动底架、一轮平衡器、二轮平衡器、清轨器等组成。由 3 台变频电动机分别驱动 3 套传动机构，通过变频控制，可以实现四挡变速。

C　导焦栅装置

导焦栅装置由上导轨、驱动机构、侧辊、吊辊、导焦栅、下导轨、锁闭机构、防落焦机构、防倾翻机构等组成。该装置通过液压传动，既可自动操作又可手动操作。

导焦栅是用四组吊挂轮悬挂在悬臂梁上，由两个油缸驱动其前后移动。导焦栅的底部铺设耐磨板。为防止导焦栅左右摆动，在上部设有侧挡辊，在下部设有防倾翻机构。导焦栅设有锁闭机构和防落焦机构。

D 取门装置

取门装置是由上部导轨、取门机、同心轴机构、移动台车、下部导轨等组成。通过油缸使取门机前后移动、旋转、进行取装炉门作业，整个取门过程可单元自动控制，也可以手动运转。

取门机上下支承点固定在旋转架上，通过上、下轴承与台车相连接，由旋转油缸直接驱动旋转架回转90°（相对炉面而言）。移动台车由上下导辊定位，防止其移动操作时倾翻。

E 炉门清扫装置

高压水力喷射型炉门清扫装置由炉门顶部清扫装置、炉门两侧清扫装置、炉门底部清扫装置、高压水系统、液压系统、电控系统等组成。炉门两侧清扫装置左右各配有1个螺旋铣刀和自动摆动高压喷嘴，炉门底部清扫装置设有1个螺旋铣刀和1个高压喷嘴，高压水压力达60～70MPa。

F 炉框清扫装置

炉框清扫装置是由上部导向装置、炉框清扫机、下部导向装置、上部轴承、移动台车、同心轴机构、旋转架、下部轴承、齿条装配等组成。本装置是通过油缸带动炉框清扫机前后移动、旋转及清扫炉框，运转操作可单元自动控制又可手动运转。

G 炉台清扫装置

炉台清扫装置是由排风机、袋式除尘器、消音器、刮板吸嘴、连接管、支柱、排出管等组成。

刮板和吸嘴设置在台车底架下的左侧，清扫方式只能由左向右进行。本装置设有消音器，减少了噪声，改善了操作环境。

H 头尾焦处理装置

头尾焦处理装置是由4条刮板输送机和一个贮焦料斗组成。其中3条刮板输送机通过带电机的减速器驱动套筒辊子链旋转，使链条刮板移动，一条刮板输送机由摆线减速器直接带动刮板链条，它们可进行单元自动控制，也可进行手动运转。

I 集尘装置

集尘装置是由上部炉口罩、集尘罩、检修走台等组成。集尘罩由型钢焊接的骨架和不锈钢板组成，集尘罩设有两个连接器，通过油缸推动连接器前后移动与集尘管道相连接，并开关集尘管道上的闸板，把收集的烟雾和粉尘送到地面除尘站。集尘罩两侧及后部设有检修走台固定安装台，分两层布置，上下方便。

J 气路及液压装置

本装置是由气路系统和液压配管所组成的。气路系统设有一台带储气罐的空气压缩机组，其压缩空气用来对拦焦机进行吹扫。液压配管用无缝钢管制作，输送介质为水系乙醇难燃油，可动部分的配管使用软管，固定部分的配管用钢管。

K 集中润滑装置

本装置是为各润滑点供给润滑脂进行润滑，它是由电动润滑泵、手动润滑泵、分配器、压力操纵阀及配管等组成。

4.4.1.3 7.63m 焦炉拦焦车

7.63m焦炉拦焦车如图4-21所示。

A 走行系统

拦焦车内侧轨道设置在地面，外侧轨道设置在高架的支撑梁上。而熄焦车则从拦焦车两轨

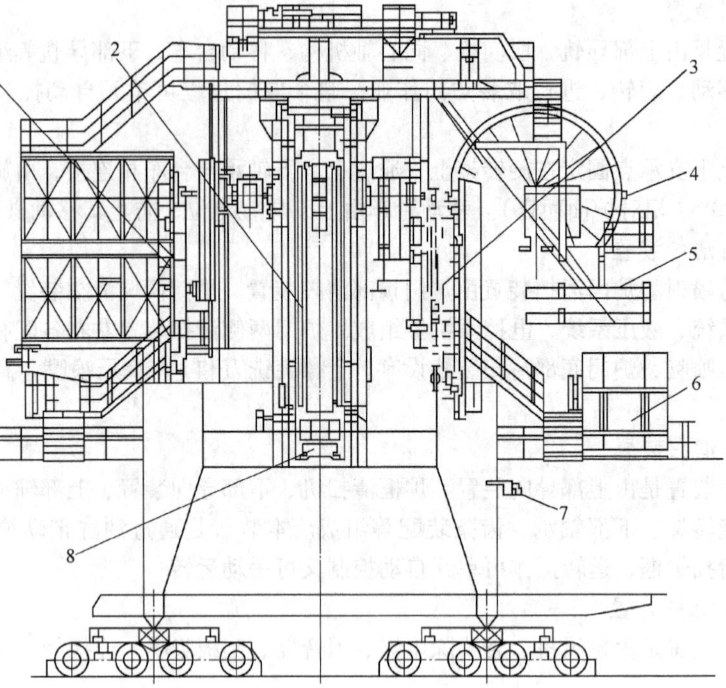

图 4-21　7.63m 焦炉拦焦车示意图

1—清框机；2—导焦栅；3—取门机；4—高压供电装置（高压电缆卷轮）；5—清门机；6—操作室；7—定位装置；8—尾焦回收翻斗

道之间穿过。每个车轮组含 2 个台车，每个台车有 2 个车轮。总共 8 个台车中 16 个车轮，其中 6 个台车中各有一个车轮为主动轮。制动器和电机的安装支座通过法兰连到减速机箱上。带有弹性轴承的力矩支架通过台车与电机座相连。旋转件上装有保护设备，在两个行走方向上，车轮前端装有犁形靴以保持轨道清洁。

B　导焦装置

导焦装置主要由一个刚性型钢框架、导焦栅和焦炭引导槽组成，如图 4-22 所示。导焦槽的内壁是用可更换 U 形槽板制造并配备有可更换的底板和侧板。导焦槽借助两台液压缸向前推进和返回。在推焦期间，导焦槽由一个液压操作的锁闭装置锁定。在缩回位置，导焦槽将停在熄焦车的上方。导焦槽用不锈钢板罩住，以避免推焦粉尘跑出。在后端，护罩延伸到主集尘罩中。而在前端，导焦槽护罩的垂直部分，装有一些弹压式密封条。在导焦槽的后端上部装有一个挡焦饼装置，用于把焦块安全地输送到熄焦车上。

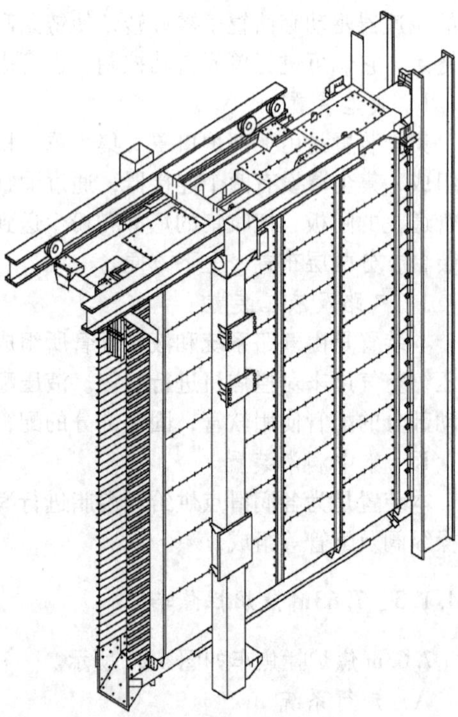

图 4-22　导焦装置示意图

C 取门装置

取门装置位于导焦装置旁，其由导轨、移动台车、摆动架，取门头组成，如图4-23所示。摆动架同台车机械连锁。取门机所有走行和升降移动均采用了带有行程检测功能的液压缸控制，其工作原理与推焦车取门装置基本相似。

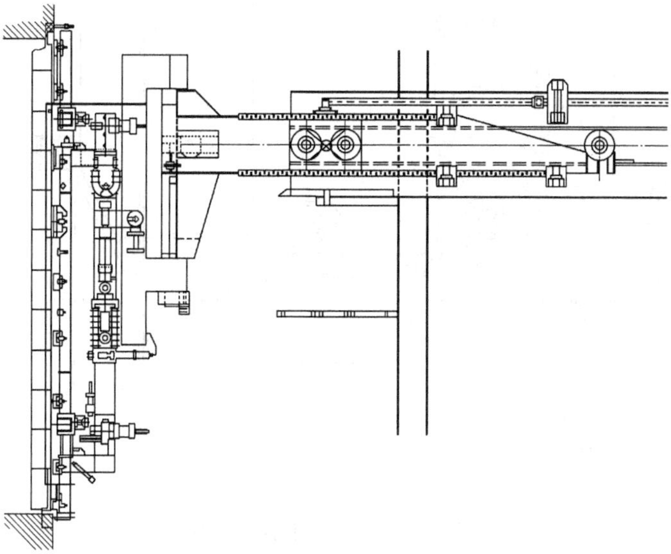

图4-23 取门机示意图

D 清门机

清门机的作用是通过刮刀清扫炉门刀边沟槽以及砖槽四周的附着物，该设备位于取门机左侧的钢结构上，其工作原理与推焦车清门装置基本相似。

E 清框机

清框机位于导焦栅右侧的结构上，由移动台车和清框机头组成。清框机头上有可弹性伸缩的清扫刮板，通过液压缸沿炉框上下移动，完成炉框正面和两侧面的清扫工作。焦炉底部的清扫则靠清框机头底部的可弹性伸缩的刮刀及空气压缩机吹扫炉底来完成。清框机头嵌固在两个导辊支座上，支座可沿焦炉轴向移动位置，因此可适应炉框的不同位置。

F 散落焦收集系统

散落焦收集装置位于收回后的导焦槽前方，并由一个活动式可倾斜的散落焦收集盘组成，如图4-24所示。推焦时，收集盘由液压控制向下旋转约90°，并前进移动到炭化室门口下部，这样就可以收集推焦产生的散落焦。在炭化室已被关闭之后，散落焦收集盘向后退回并向上倾斜约90°。将收集的散落焦炭倒进导焦槽中，从而在下一次推焦时可以将这些焦炭推入熄焦车。

G 推焦除尘装置

拦焦车采用除尘地面站方式除尘，即在拦焦车的外道的架空支架上铺设除尘管与除尘地面站相连，除尘管与拦焦车除尘罩的连接采用皮带密封。除尘管断面为槽形结构，上部用一整条皮带盖住，靠除尘风机的抽吸负压，可以实现很好的密封，位于拦焦车上的皮带提升小车的任务是把皮带向上抬，并在公共集尘罩的管道和集尘管道的未封盖部分的开口之间建立连接。为了密封集尘罩的管道和集尘管道处的开口之间的连接，在皮带提升车上安装了一个专用密封滑

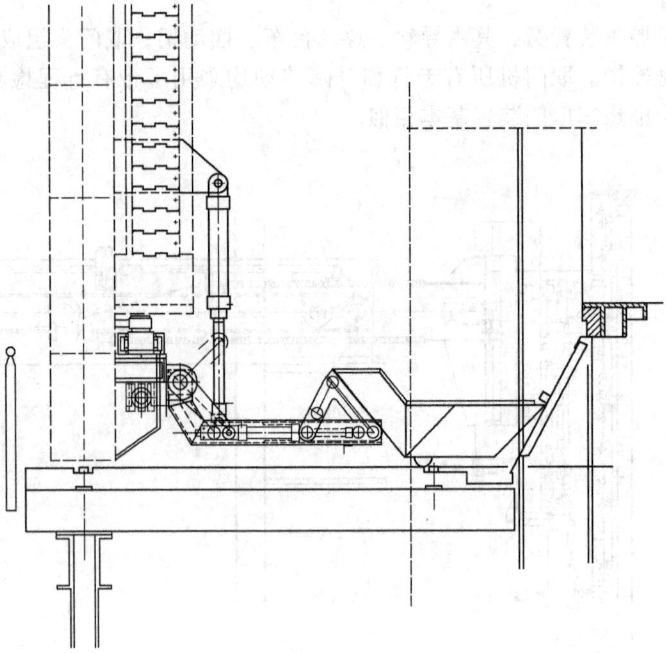

图 4-24　散落焦收集装置示意图

座。密封滑座有其自身的滚轮支撑和引导，滚轮是走行在集尘管道的密封法兰上。在主集尘罩的顶部配有一个应急闸板。当主风机的满负荷风量不符合要求时，应急闸板自动打开。推焦除尘装置如图 4-25 所示。

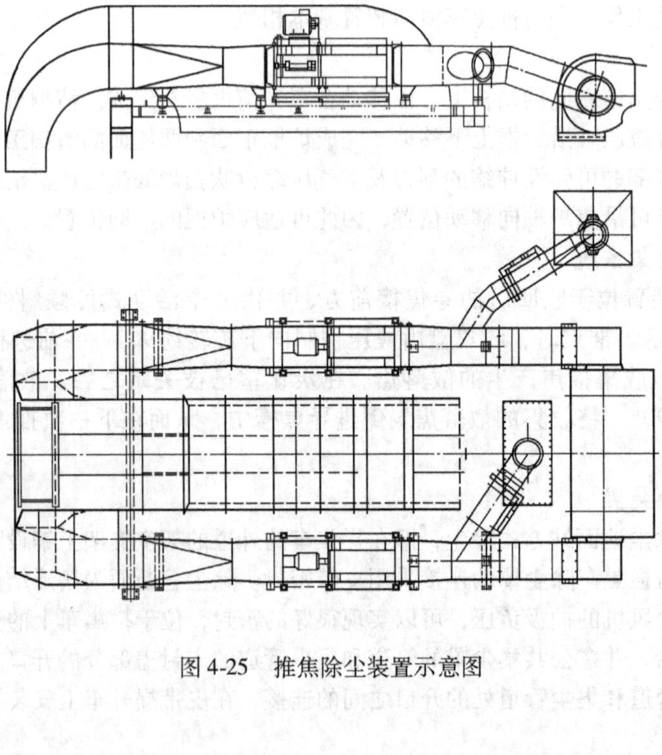

图 4-25　推焦除尘装置示意图

4.4.2 拦焦车的点检与维护

拦焦车的点检与维护见表4-3。

表4-3 拦焦车的点检与维护

点检项目	点检内容	点检标准
走行机构	减速机 车轮 轴承 制动器、闸瓦 电动机	油位达到油标标准、磨损情况良好 运转无异常噪声 轴承端不烫手 密封性好、磨损情况良好 运转平稳、无杂音、温度不超过60℃
取门机	各部滚轮、导向轮及轴承 枢轴臂锁紧装置及弹簧 曲线轨道 减速机 电动机	运转无异常噪声、润滑良好 功能良好、润滑良好 磨损情况良好 油位达到油标标准、磨损情况良好 运转平稳、无杂音、温度不超过60℃
清框机	各部滚轮、导向轮及轴承 枢轴臂锁紧装置 曲线轨道、悬臂轨道 刮刀及弹簧	运转无异常噪声、润滑良好 功能良好、润滑良好 磨损情况良好 磨损情况良好、功能良好
清门机	悬臂轨道、滚轮及轴承 刮刀及弹簧 提升立柱导向轮 十字清扫器导向辊 防热罩	运转无异常噪声、润滑良好 磨损情况良好、功能良好 磨损情况良好 磨损情况良好 无破损、无变形
导焦装置	走行轮 锁闭装置 密封条 集尘罩 导焦槽 减速机 电动机	磨损情况良好、润滑良好 锁闭可靠、运行无卡阻 无变形、密封严密 无变形、无泄漏 槽身无变形、磨板无断裂 油位达到油标标准、磨损情况良好 运转平稳、无杂音、温度不超过60℃

4.4.3 故障与处理

4.4.3.1 液压装置的故障处理

（1）若油泵不能运转，电磁阀不能动作，可用辅助的手动油泵和电磁阀的手动操作，使各装置恢复到原始位置并对好炉门。

（2）若手动油泵和油缸也出了故障，则卸下油缸软管，用手动葫芦拖动机构，使之恢复到原始位置。

4.4.3.2　走行装置故障处理

（1）走行电机故障，将制动器打开，用备用拦焦车推（拖）动或用手动葫芦拖动至安全位置检修。

（2）减速机、联轴器等机械传动系统有故障时，检查走行有无故障，松开制动器，用备用拦焦车或手动葫芦牵引到安全位置检修。

（3）联锁条件不成立时，应将各装置返回走行安全位置后，按下联锁解除开关，操作走行主令控制器走行到安全位置检修。

4.4.3.3　拦焦车走行轮掉道处理

（1）当走行轮有1～2个掉离轨道时，需要准备长200～300mm、宽70～120mm的各种厚度的钢板若干块（如无合适钢板，用刮板机刮板替代也可），沿走行掉道的反方向，从掉道轮走行面的底部由薄到厚，紧贴轨道进行铺设，直至最后一块钢板的标高与轨面一致或略高于轨面（一般铺设距离1m左右），然后慢慢动车走行，使走行轮在垫板的过渡作用中自然上道。

（2）当走行轮有2～4个掉道时，由于掉道轮较多，整个走行阻力太大，即使铺设了钢板过渡，拦焦车也可能走不动，在这种情况下，要准备千斤顶2个，铁板若干，将千斤顶放在掉道轮走行台车的钢结构下部，起顶作业，使走行轮下轨缘高于轨道表面后，在掉道轮的下部铺设钢板，沿走行掉道的反方向将钢板铺实（一般铺设距离为1m左右），松开千斤顶后用同样的方法处理其余掉道轮。如果最先掉道的走行轮的中心在焦炉钢柱处，就可以以钢柱为支撑点，用千斤顶将掉道轮顶上轨道后，沿走行掉道的反方向行车，就可使走行恢复；如果掉道轮的中心处没有支撑点，那么就要采取特殊操作，将千斤顶斜放70°～80°将掉道轮顶上轨道（在起顶作业时，要注意观察防止千斤顶蹦脱），将掉道轮顶上轨道后，沿走行掉道的反方向行车，就可恢复走行。

4.5　熄焦设备

4.5.1　结构与原理

4.5.1.1　4.3m焦炉熄焦车

A　4.3m焦炉KD-4型电机车主要组成部分

（1）空气压缩机系统：电机车有两套空气压缩机系统，把压缩空气供给以下部位：熄焦车的开门机构的气缸、电机车制动器、电机车司机室、气动喇叭。

（2）走行机构：驱动电机车在轨道上来回行驶。

（3）走行制动系统：电机车走行制动系统由两套制动风缸、闸胎及调节杆组成。

（4）车体：车架为全焊板式结构，其间隙填充不可燃硬泡沫塑料，以达保温目的。

（5）牵引缓冲装置：由链钩和缓冲器挂钩组成。

熄焦电机车的车头及车身分别见图4-26、图4-27。

B　4.3m焦炉JX-9型熄焦车主要组成部分

（1）车体：车体为型钢焊接构架，箱壁为耐热铸铁板用螺栓与构架相连，车底倾斜28°，

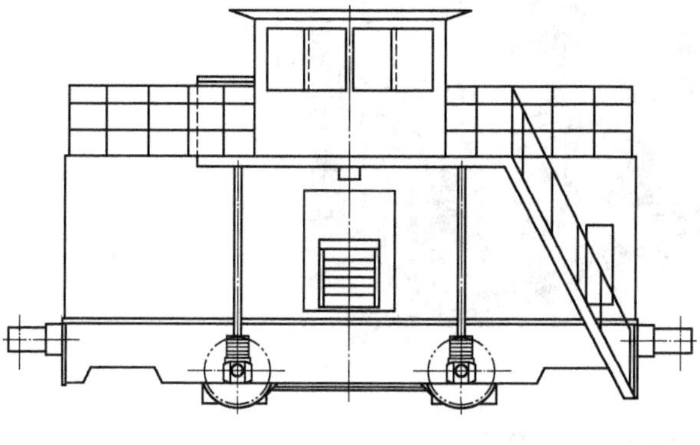

图 4-26 熄焦车头示意图

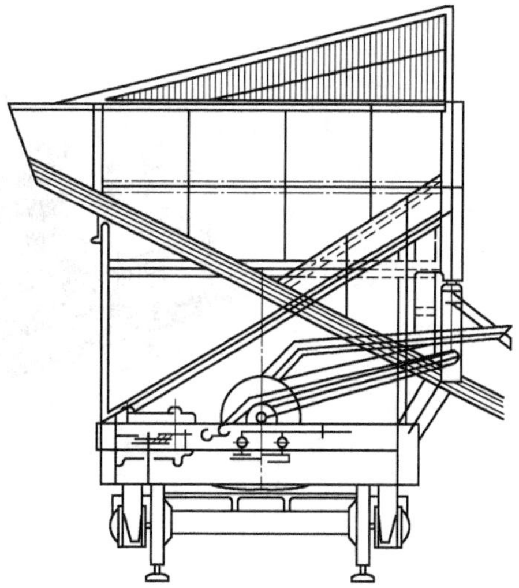

图 4-27 熄焦车身示意图

以保证开门后焦炭自由流下，但由于车底的倾斜又造成装焦时重心偏在一边，为保证熄焦车的稳定性，必须在熄焦车的内侧增加平衡负荷。

（2）放焦开门机构：JX-9 型熄焦车采用的是气动开门机构。空压机设置在电机车上，因为车体上有两个车门，就需要两套开门机构，共两个气缸，每一个气缸驱动一个车门。压缩空气通过管道送到开门气缸内，气缸推动曲柄连杆机构，将车门打开或关闭。

4.5.1.2 6m 焦炉湿法熄焦车

A 6m 焦炉熄焦车车头

（1）车体：车体由机器室、司机室、平台、走梯及栏杆等结构件组成。

（2）走行装置：走行装置主要由传动机构、车架、车钩、碟簧及制动装置等组成。

（3）气路系统：气路系统为车头的制动，车身车门的启闭提供气源动力。压缩空气由空压机提供并贮存于风包中，然后通过各种控制元件向执行元件供气，以完成各自的动作。

B 6m 焦炉熄焦车车身

车身由车架、转向架、左右端壁、前后侧壁、车门、底板、栅栏及开门机构所组成。车身的开门机构采用齿轮、齿条传动，齿条与驱动气缸的活塞杆通过销轴铰接在一起，气缸两端进气，带动齿条前后移动，从而使装在主轴两端的摆杆带动推杆将车身的车门打开或关闭。车身是由车头牵引的，开门气缸的气源在车头上。

4.5.1.3 7.63m 焦炉 CSQ 熄焦车

CSQ 熄焦车外形图见图 4-28。

A 焦箱

焦箱是方形的截面，它的底部朝着晾焦台，有约 27°的斜度，侧壁和底板用耐磨材料制造。在前壁和底部提供有熄焦水的入口。为了允许快速地排水，箱的底部安装成双层底板构造。焦箱如图 4-29 所示。

B 内闸门

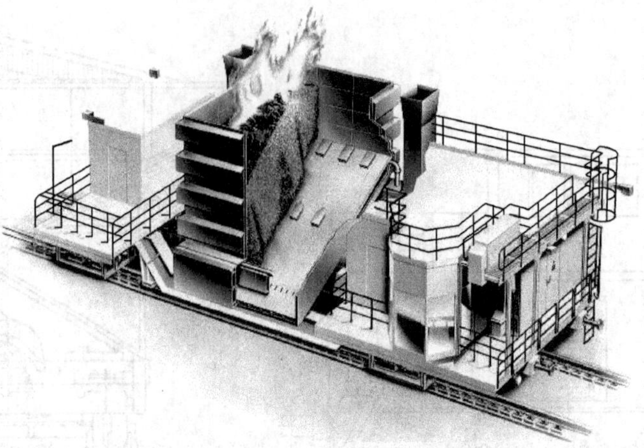

图 4-28　CSQ 熄焦车示意图

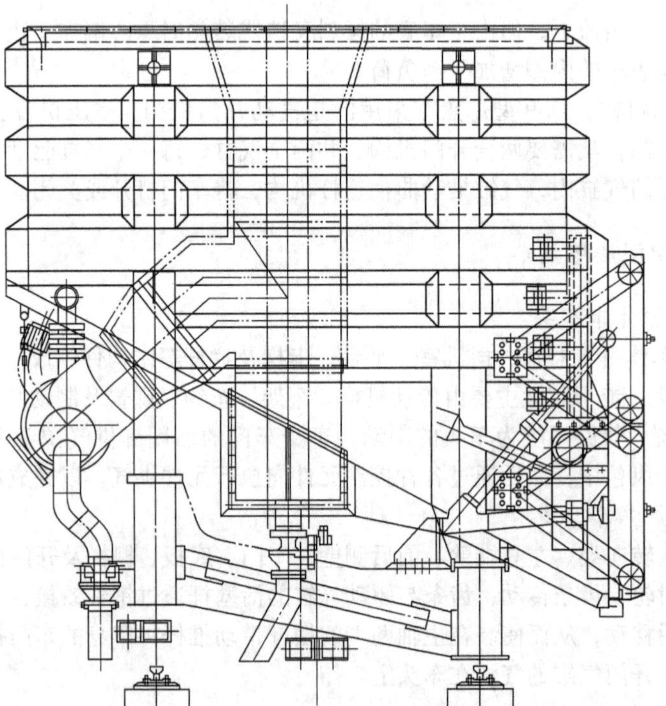

图 4-29　焦箱示意图

内闸门的任务是在排放水的同时把焦炭留在焦箱之内（外闸门打开状态）。为了进行排水，内闸板的壁上开有槽孔，内闸板是由装在闸板两端的两台液压缸打开和关闭，两台液压缸同步运动。

C　外闸门

外闸门的任务是密封焦箱的出口，尽可能地把熄焦水保持在焦箱之内。在闸板的每一端装配有两台液压缸，两台液压缸同步运动。外闸板配备有可调节的密封条，它起焦箱的密封框的作用。该闸板和它的密封条系统能承受蒸汽以及水位所产生的压力。

D 水系统

水系统由两个进水漏斗组成，如图4-30所示。焦箱的每端外侧一个，在箱底下面的管道带有两个电动球阀，焦箱的侧面的管道带有进入斜底的上部区域的支管。而这个支管也配备有两个电动球阀。在约每进行15次熄焦之后，应对水系统进行冲洗，以防水管堵塞。为达到此目的，熄焦车可以空车走到熄焦塔，打开球阀用正常熄焦水量进行冲洗。

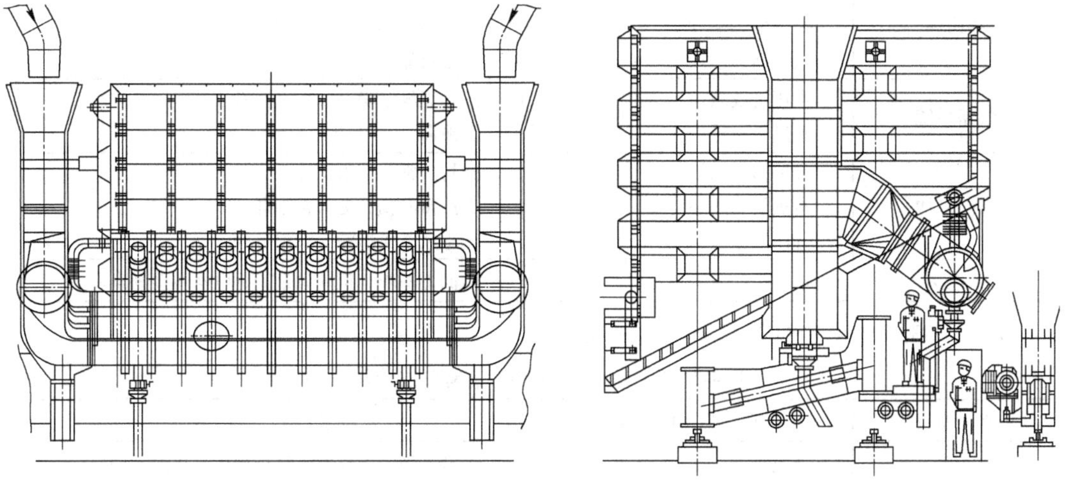

图4-30 水系统示意图

E 走行装置

CSQ熄焦车有8个车轮，8个车轮由4组2轮车架支撑，车轮无自带驱动系统。2个走行方向的车轮前面设置有清轨器，用来保持轨道无异物。在机器结构件中的车架之间有顶起点，用来安全并迅速的顶起焦箱，更换车架、车轮。走行装置如图4-31所示。

4.5.2 点检与维护

A 4.3m及6m焦炉湿法熄焦车（见表4-4）

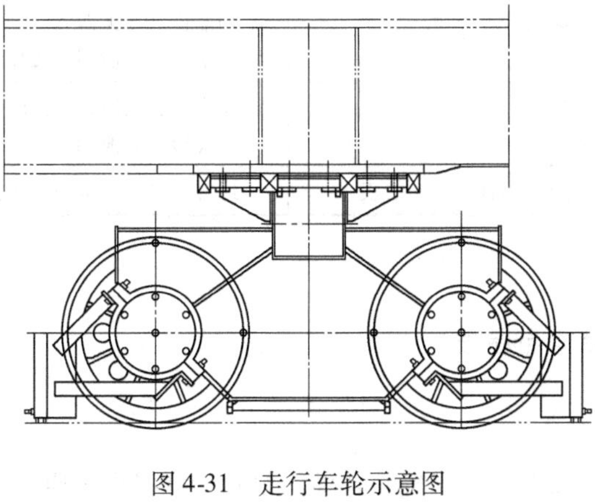

图4-31 走行车轮示意图

表 4-4　4.3m 及 6m 焦炉湿法熄焦车点检与维修

点检项目	点 检 内 容	点 检 标 准
走行系统	减速机 车轮 轴承 叠簧 走行闸 电动机	运转平稳、无异常、油位到标、无泄漏现象 无啃轨、裂纹 轴承端不烫手 叠簧无断裂现象 制动灵活、机构齐全 平稳、无杂音、温度不超过 60℃
结构件	门板、磨板、墙板 结构架、横梁 缓冲器	无变形、无缺损、无破裂 无明显变形、无撕裂现象 灵活可靠
气路系统	空压机及附件 贮风筒及管线	运转无异常噪声、上风正常 无泄漏
开门机构	开关门传动轴 放焦门子吊环 开门风包风管	运转正常、润滑良好、无异常损坏 无严重磨损，无异常损坏 无串风、无泄漏，润滑良好
配电室	电器柜	盘面无积灰、柜内无杂物、电器各接触点良好

B　7.63m 焦炉 CSQ 熄焦车（见表 4-5）

表 4-5　7.63m 焦炉 CSQ 熄焦车点检与维护

点检项目	点 检 内 容	点 检 标 准
走行系统	减速机 车轮 轴承 走行闸 清轨器 电动机	运转平稳、无异常、油位到标、无泄漏现象 无啃轨、裂纹 轴承端不烫手、润滑良好 制动灵活、机构齐全 功能良好 平稳、无杂音、温度不超过 60℃
外闸门及传动装置	油缸 连杆机构 外闸门	无卡阻、无泄漏 无变形、运转灵活 密封性好、结构无变形
内闸门及传动装置	油缸 连杆机构 内闸门	无卡阻、无泄漏 无变形、运转灵活 结构无变形
水系统	电动球阀 进水管道	功能良好、无泄漏 无堵塞、无泄漏、无变形
焦　箱	耐热板 箱体	无变形、无缺损、无断裂 无变形、无泄漏
液压系统	泵、阀、油缸管道、仪表	运转平稳、无卡阻、无泄漏、齐全

4.6　除尘地面站

4.6.1　除尘地面站的结构与原理

4.6.1.1　推焦除尘

焦炉出焦产生的大量高温含尘烟气，经导焦栅除尘罩捕集后通过多接口翻板阀进入集尘主管，经百叶式预除尘器，然后进入布袋除尘器净化，净化后的烟气经除尘风机、消音器及烟囱排入大气。通过除尘器和冷却器捕集下来的粉尘经气动双层排灰阀进入刮板机，再由斗式提升机将粉尘送入灰仓，最后通过加湿搅拌机定期卸灰，由汽车运走。

推焦除尘系统主要由百叶式预除尘器、低压脉冲袋式除尘器、除尘风机、调速型液力耦合器或油压离合器、刮板机、斗式提升机及加湿搅拌机等设备组成。

A 低压脉冲袋式除尘器

除尘器由上箱体、中箱体、下箱体、清灰系统和过滤装置等组成。烟气由中箱体进入经过过滤装置的滤袋净化后进入上箱体汇集而出除尘器，粉尘留在袋外，清灰系统为在线脉冲喷吹，脉冲阀在瞬间将气压释放，经喷吹管进入滤袋，滤袋外壁的粉尘受到冲击而落入下箱体的灰斗。

B 除尘风机

除尘风机叶轮采取合理的耐磨措施，前后轴瓦设有测振及测温装置，机壳加装隔音层，风机入口设置电动调节风门。

推焦时除尘风机高速运行，推焦完毕除尘风机保持低速运行，除尘风机调速方式一般采用变频调速、液力耦合器调速或油压离合器调速。

C 斗式提升机

刮板机出灰进入斗式提升机，斗式提升机将灰尘提升到灰仓顶部并装入灰仓。斗式提升机由直立箱体、链条、小灰斗、电机、减速机等组成。

D 加湿搅拌机

加湿搅拌机采用螺旋叶片结构，通过调整合适水量，保证在卸灰过程中基本无扬尘。加湿搅拌机由电机、减速机机壳、转子、插板阀、格式阀、振动器等组成。

4.6.1.2 装煤除尘

装煤过程中产生的烟气由多接口翻板阀进入集尘主管，然后和预喷涂仓来的预喷涂料混合进入低压脉冲袋式除尘器净化，净化后的烟气经除尘风机、消音器及烟囱排入大气。通过除尘器捕集下来的粉尘经气动双层排灰阀进入刮板机，再由斗式提升机将粉尘送入灰仓，最后通过加湿搅拌机定期卸灰，由汽车运走。

装煤除尘主要由预喷涂装置、低压脉冲袋式除尘器、除尘风机、调速型液力耦合器或油压离合器、刮板机、斗式提升机及加湿搅拌机等设备组成。

4.6.2 除尘地面站的点检与维护

4.6.2.1 低压脉冲袋式除尘器

（1）检查除尘器本体外壳有无磨穿现象，有无异常鼓包或凹陷现象；

（2）检查各防爆口有无漏风现象；

（3）检查各仓阀门是否处于正确位置；

（4）检查各仓脉冲阀是否正常喷吹；

（5）检查各仓振动器是否正常工作；

（6）检查仓顶盖板有无漏风现象；

（7）检查除尘器压差是否正常；

（8）检查各仓上下排灰阀是否正常工作，气路系统有无漏风，气缸动作是否到位，极限信号有无异常；

(9) 检查各仓料位是否正常，料位仪有无异常；

(10) 检查除尘器前后烟气温度是否正常；

(11) 检查烟气管道的非常阀、冷风阀是否按正常启闭，关闭时是否到位、有无漏风现象；

(12) 检查压缩空气管路有无泄漏现象，压力是否正常。

4.6.2.2 除尘风机

(1) 检查电机、风机运行声音是否正常；

(2) 检查电机、风机地脚螺栓有无松动；

(3) 检查电机、风机各部位振动是否正常；

(4) 检查电机、风机轴承温度是否正常；

(5) 检查电机、风机润滑油量是否适当；

(6) 检查轴承冷却水管路有无泄漏，水量、水压是否正常，冷却效果是否正常；

(7) 检查电机电流是否正常；

(8) 检查风机转速是否正常；

(9) 检查联轴器下方有无金属碎片、螺丝或切屑；

(10) 检查油压离合器工作是否正常；

(11) 检查油压离合器控制油压、离合油压、冷却油压是否在正常范围；

(12) 检查油压离合器各部位油温是否正常；

(13) 检查油压离合器冷却器水温是否正常，冷却效果是否正常；

(14) 检查油压离合器油位是否正常，油质肉眼观察有无异常；

(15) 检查油泵运行是否正常；

(16) 检查油泵各部位有无松动；

(17) 检查各管路有无泄漏。

4.6.2.3 排灰系统

(1) 检查排灰刮板机刮板有无磨损、变形；

(2) 检查排灰刮板机机壳有无破损、变形；

(3) 检查排灰刮板机链条有无磨损、变形、卡涩；

(4) 检查排灰刮板机链条连接螺栓有无脱落或松动；

(5) 检查排灰刮板机电机、减速机工作是否正常；

(6) 检查排灰刮板机各润滑点是否润滑良好；

(7) 检查排灰刮板机套筒滚子链有无异常磨损；

(8) 检查排灰刮板机链轮各齿有无异常磨损；

(9) 检查链轮与链条是否良好啮合；

(10) 检查斗式提升机链条、链轮各部位是否正常；

(11) 检查斗式提升机电机与减速机工作是否正常、润滑是否良好；

(12) 检查斗式提升机机壳有无破损、变形；

(13) 检查斗式提升机皮带有无龟裂或破损；

(14) 检查斗式提升机皮带螺栓有无脱落或松动；

(15) 检查斗式提升机小灰斗有无变形卡涩；
(16) 检查斗式提升机各传动部位润滑是否良好；
(17) 检查加湿搅拌机螺旋轴及叶片有无异常变形及磨损；
(18) 检查加湿搅拌机给水电磁阀是否正常工作；
(19) 检查加湿搅拌机给水喷嘴有无堵塞或破损；
(20) 检查加湿搅拌机壳体有无破损、地脚有无松动；
(21) 检查排灰口扬尘是否正常；
(22) 检查排灰格式阀运转是否平稳、有无卡涩；
(23) 检查排灰振动器工作是否正常、地脚螺栓有无松动。

4.6.3 除尘地面站的常见故障及处理

除尘地面站常见故障一般是除尘效果不好，可从以下几方面检查处理：
(1) 检查风机是否处于正常高速状态，若不在高速，需检查高速信号是否正常；
(2) 检查风机入口阀门是否全开；
(3) 检查集尘烟气管道有无破损或漏风；
(4) 检查布袋除尘器压差是否正常；
(5) 检查布袋除尘器灰仓是否堵料；
(6) 检查布袋除尘器灰仓上下排灰阀是否关闭；
(7) 检查风机高速时冷风阀是否关闭良好；
(8) 检查风机高速时非常阀是否关闭良好；
(9) 检查布袋除尘器各仓烟气阀门是否全开；
(10) 检查布袋是否结料，是否需更换布袋；
(11) 检查焦炉车辆除尘操作是否规范；
(12) 检查焦炉烟气多管阀是否打开；
(13) 检查焦炉烟气管道平衡阀是否正常。

4.7 焦炉加热设备

复热式焦炉，既可以使用焦炉煤气加热也可以使用高炉煤气（包括混合煤气、发生炉煤气等贫煤气）加热，因此配备有两套加热煤气设备。

单用一种煤气加热的焦炉，仅配上述复热式焦炉两套设备中的一套。独立的焦化厂多为单热式焦炉，钢铁联合企业的焦炉多为复热式焦炉。

4.7.1 加热煤气设备

加热煤气管道用于向焦炉输送煤气。它由总管、主管、分管和支管等几部分组成。

各种炉型的高炉煤气管道布置情况基本相同。由总管来的煤气分配到机焦侧主管中去，然后经分管进入到焦炉内。

焦炉煤气管道的布置情况，因炉型不同而异。侧入式焦炉的焦炉煤气管道，主管布置在机焦两侧，煤气再经分管进入焦炉水平砖煤气道中。下喷式焦炉的焦炉煤气管道布置情况，是将总管来的煤气导入地下室的一根主管中，再经分管、横管、下喷管进入垂直砖煤气道中。

当加热煤气主管较长时，阻力较大，压降较高。如果主管是等直径的就得准备多种规格的节流孔板，以便适应煤气主管压降的变化状况，保持进入各燃烧室的煤气量达到均匀一致。这样，在管理和维护方面很不方便。为此加热煤气主管多为变直径的，即加热煤气主管后半段的直径小于前半段的直径，在这样的条件下，加热煤气主管全长的静压力分布基本均匀一致，从而达到全炉孔板直径的配置基本一致。但是在加热主管的缩径部分，由于压力产生突变的影响，在此部位仍要配置几个大些的节流孔板。

在总管和主管上设有煤气开闭器，用于调节和切断全炉的煤气，主管上设有煤气压力自动调节翻板，按生产需要，自动保持煤气压力的规定值。为了防止萘、焦油等物质从煤气中冷凝析出堵塞管道和管件，并且为了稳定煤气的温度以稳定供热的条件，在使用焦炉煤气加热时，要在总管上设置煤气预热器来预热焦炉煤气。煤气预热器是直立列管式的热交换器。它是由三段组成，下面一段进入煤气后，将煤气分散到中间一段的列管中去，煤气在列管管内流过的过程中，被管外的蒸汽预热到45～50℃。最后，煤气集中到上面一段，并进入加热煤气主管中。蒸汽在中段上部进入，在中段下部排出。下段设有人孔，底部有煤气冷凝液排出管。加热蒸汽压力一段为0.7MPa、温度169.6℃的饱和蒸汽。

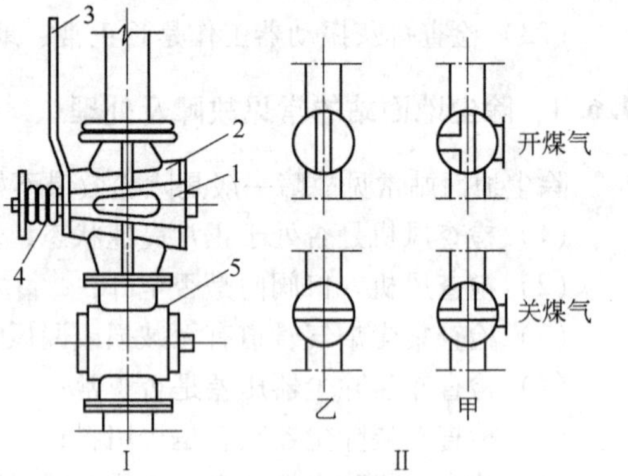

图4-32　煤气旋塞示意图

1—旋塞；2—阀体；3—扳手；4—压紧弹簧；5—孔板盒

在分管上安装有调节旋塞、交换旋塞和孔板盒。调节旋塞用于切断或接通煤气。交换旋塞用于定期交换煤气和导入除炭用空气，使焦炉加热处于不同位置的加热状态。煤气旋塞如图4-32所示。孔板用于控制各燃烧室进入的煤气量，为方便调节，采用孔板盒结构。在使用高炉煤气加热时，有的焦炉不采用交换旋塞交换煤气，而是在交换开闭器上设有贫煤气砣，用来定期交换煤气。

在加热煤气管道上，设有两种水封槽。

冷凝液水封槽：管道中煤气冷凝下来的水和焦油自流排入该水封槽中。为顺利地排出水和焦油，水封槽顶表面的标高低于主管下表面的标高。排出管插入深度从水封液面算起1.2m处，在水封槽上并配置有向水封槽注水用的清水管、防冻用的蒸汽管和排气用的放散管等。

自动放散水封槽：换向时，在煤气切断后，焦炉煤气管道中的压力急速升高。为缓和煤气压力升高后对仪表等设备带来的危害，设置自动放散水封。自动放散水封的联结管插入液面深度300mm，当煤气压力高于3000Pa时，煤气便冲破水面由放散管排出。

高炉煤气管道，还设有向其中混入焦炉煤气的混合设施，用于调节高炉煤气的热值稳定，混合设施有混合管、混合器等。混合器由两个同心管套装组成，在内管上钻有小孔，使焦炉煤气沿内管小孔喷入高炉煤气管道中与高炉煤气均匀混合。混合器可安装在机焦侧高炉煤气主管的流量孔板和自动调节翻板的后面。从焦炉煤气主管至混合器的混合管上也安装有调节阀和流量孔板。这时，在焦炉煤气主管压力大于高炉煤气主管压力的情况下，焦炉煤气可稳定均匀地混入高炉煤气中，使混合煤气的组成均匀。

此外在加热煤气管道系统中，设有泄爆阀、放散管、取样管件、蒸汽吹扫管件等。加热煤气管道还设有低压报警系统。

为了稳定入炉煤气的发热值，有些焦炉设有煤气热值指数测量及调节系统。

有些焦炉为了保证边火道正常温度，还设有边火道补充加热管道等。

4.7.2 废气导出设备

废气导出设备包括交换开闭器和总分烟道翻板等。

4.7.2.1 交换开闭器

交换开闭器是控制进入蓄热室的加热煤气、空气和排出燃烧所生成废气的设备。交换开闭器的结构形式有多种，大体可分为提杆式双砣盘型和杠杆式砣型两种。

JN43-58 型焦炉多采用提杆式双砣盘型交换开闭器。它主要由筒体、砣盘、小烟道连接管等构成，如图 4-33 所示。小烟道连接管与空气小烟道和煤气小烟道相连，上部有进风门。筒体下部与分烟道相连，在筒体上安有调节废气的小翻板。砣盘的提起和落下，控制着废气的导出或空气的供入。当焦炉用焦炉煤气加热时，两砣盘重叠，即上砣盘落下，煤气、空气小烟道连接管上的进风门都处于工作状态。当废气砣下落时，切断废气的排出，同时煤气、空气小烟道连接管上的风门盖打开，向煤气、空气蓄热室供空气。当废气砣提起时，同时风门盖关闭，煤气、空气蓄热室废气排入分烟道。当焦炉用高炉煤气加热时，煤气小烟道连接管上的进风门关闭锁定并卸下开闭链条使它处于不工作状态，高炉煤气通过煤气连接管可在上处升气流时进入煤气蓄热室。上砣盘提起，用以在上升气流时隔断煤气和空气防止在交换开闭器汇合形成爆炸性混合气体。上升气流时只有空气蓄热室供入空气，下降气流时煤气空气蓄热都排出废气。

JN43-80 型焦炉，JN60 型焦炉以及 ПВР 型焦炉多采用杠杆式交换开闭器。杠杆式交换开闭器有单体式和双体式两种不同结构形式。单体式结构是每对蓄热室配备两个交换开闭器，其中一个是煤气废气交换开闭器，另一个是空气废气交换开闭器。双体式结构是每对蓄热室配备一个交换开闭器。

杠杆式交换开闭器结构如图 4-34 所示。杠杆式交换开闭器大多都带有贫煤气交换砣。其主要结构是：筒体、传动机构、废气砣、煤气砣、空气口盖和小烟道连接管、废气小翻板等。

用贫煤气加热焦炉时，借助传动机构落下废气砣、提起煤气砣，贫煤气便导入煤气蓄热室。当落下煤气砣提起废气砣时，废气导入分烟道。用富煤气加热焦炉时，煤气砣与传动装置

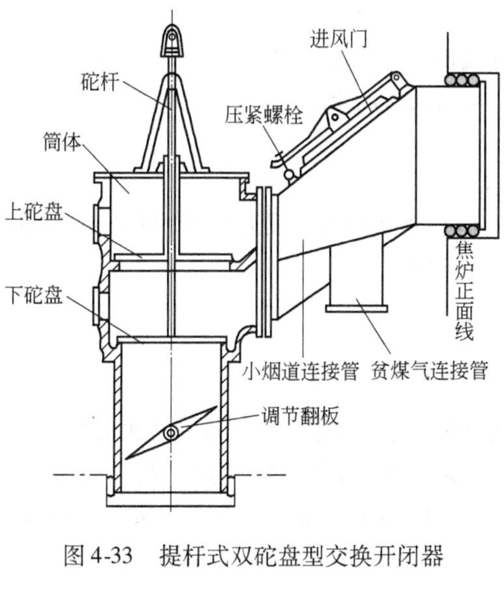

图 4-33 提杆式双砣盘型交换开闭器

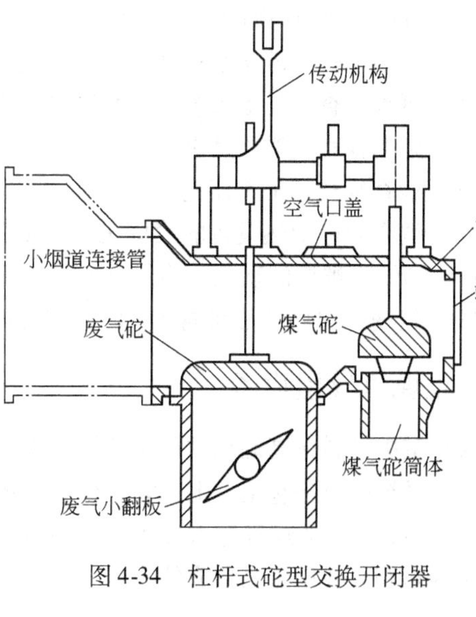

图 4-34 杠杆式砣型交换开闭器

断开。打开空气口盖，落下废气砣，空气进入蓄热室；换向后落下空气口盖，提起废气砣，废气导入分烟道。

4.7.2.2 烟道翻板

烟道翻板有总烟道翻板和分烟道翻板，是用来调节和稳定烟道吸力的设备。在翻板上部的轴头上设有滚动轴承，下部轴头设有止推轴承，翻板由槽钢结构架承托，翻板转动灵活，满足对废气排出量的准确调节。总烟道翻板可不设自动调节机构，机焦侧分烟道翻板一般都设有自动调节机构，便于准确地控制分烟道吸力。

此外，在分烟道中还设有测温、测压管。有些焦炉还安装有分烟道废气氧含量自动测量及控制系统。

4.7.3 焦炉加热设备的点检与维护

焦炉加热煤气管道中的煤气流速，一般规定总管中不超过15m/s，主管中不超过12m/s。生产中为了防止煤气外漏，引起中毒和爆炸，对于煤气管道的各部分均应保持严密，在日常生产中要经常注意检查与维护，而在投产前应按设计的规定进行管道的严密性试验和打压。

为了保证焦炉加热煤气管道的水封槽正常工作，要经常检查水封槽的满流情况，以便保持足够的水封液面高度和防止焦油渣堵塞水封槽，有些厂安装一个联通玻璃管，以检查满流。应当特别注意的是，水封槽在经几年使用后，严密性显著下降，经常发生渗漏煤气的情况。所以，检查水封时必须有两人，一人在安全的地方监护，而另一人下去检查。

在生产过程中，由于焦油渣或高炉灰的沉积而使开闭器经常关闭不严。因此，当长期切断煤气时，尤其是检修时，必须安装盲板切断煤气，以保证安全。

（1）定期全面检查煤气系统和废气系统设备，包括煤气大阀门及各处考克阀门，开关位置是否正确，是否灵活，有无过紧、卡顶和脱落，是否有漏气现象。

（2）每天检查交换拉条及四角轮润滑和清洁情况，交换时有无磨卡现象，是否有开裂现象。

（3）定期检查砣杆落下时是否处于严密状态，砣杆提起高度超过规定范围时，可调节砣杆小链、加减卡套的垫圈或调节小行程。

（4）定期检查大链松紧程度及两个交换的煤气流量是否一致。

（5）每天检查水封上水管和放水管是否常开，水封是否满流。

（6）定期检查放散管是否完好。

（7）检查废气盘是否掉砣。

（8）认真做好加热设备的紧固工作，如发现有螺栓松动现象，要及时紧固和处理，不允许有松动和缺少螺栓的现象，确保机械传动部位运行平稳。

（9）定期对加热设备和地下室区域进行清扫。

4.8 荒煤气导出设备

炭化室中煤料在高温干馏产生的煤气因尚未经净化处理，习惯上称为荒煤气或粗煤气。荒煤气导出系统的设备包括：上升管、桥管、水封阀、集气管、吸气弯管、吸气管、氨水喷洒系统等，7.63m焦炉的煤气导出设备比较独特，采用了专门的单炭化室压力调节系统（Proven）替换了水封阀，我们将简单介绍。

4.8.1 上升管和桥管

上升管直接与炭化室或通过上升管铸铁座与炭化室相连，结构简图如图4-35所示。上升管由钢板焊制而成，内砌黏土衬砖。其上部与桥管相连接。桥管为铸铁件内砌黏土衬砖。桥管上开有清扫孔，装设有高低压氨水喷头。桥管上部与水封盖相连。低压氨水喷洒是采用约75℃的热氨水将炭化室排出的荒煤气冷却到80～100℃，并使其中的大部分焦油冷凝下来。采用热氨水喷洒有利于使氨水汽化吸热而降低煤气温度。另外，采用热氨水冷却焦油使其保持良好的流动性，避免焦油凝固堵塞管路。桥管喷洒氨水时的蒸发量约为2%～4%。正常生产时氨水喷洒量单集气管时为5t/t干煤，双集气管时为6t/t干煤。氨水压力为0.2MPa左右。高压氨水喷洒只有在装煤时进行，靠高压氨水喷射力产生的吸力，造成炭化室内的负压以防止烟尘及煤气外逸。高压氨水喷洒的压力要控制得当，一般以1.8～2.0MPa为宜。

低压氨水冷却煤气的效果除了与氨水温度有关外，与喷头喷出的氨水雾化状况有关。雾化程度与氨水喷嘴结构、清洁程度和操作压力有关。氨水沿切线方向进入喷嘴，经分流芯分成两股，一股绕叶片外壁做加速螺旋运动造成一定的喷射角度，另一股通过中间孔直喷进去，增加了喷洒面中部水量，提高了喷洒的均匀性和雾化程度。

翻板的作用是当炭化室出焦时，关闭翻板，在翻板上水封的作用下切断集气管与炭化室的连通。

4.8.2 集气管

集气管是用钢板焊制而成的圆管或槽形结构，沿整个焦炉纵向置于炉柱托架上，用以汇集各炭化室的荒煤气。集气管上部每隔一个炭化室设有一个清扫孔及盖，以清扫沉积于集气管底部的焦油渣。集气管上部也装有氨水喷洒管和高压氨水清扫管。

集气管通过吸气弯管、焦油盒与吸气管相连，如图4-36所示。集气管中的氨水靠集气管坡度及液体的位差流动。故集气管可以水平安装（靠位差流动），也可按0.006～0.01的坡度安装。倾斜方向与焦油、氨水导出方向相同。

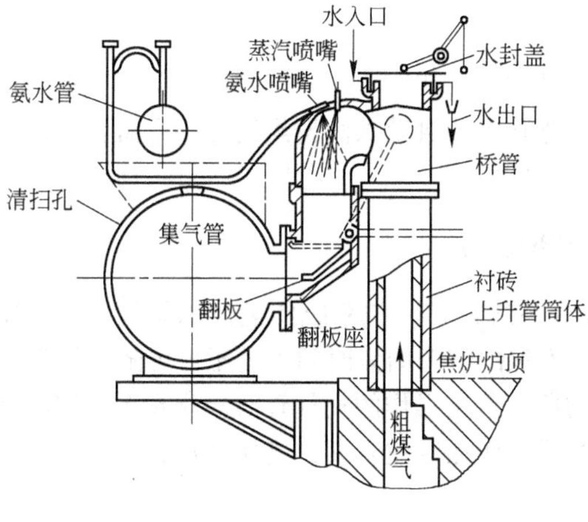

图4-35 上升管、集气管结构简图

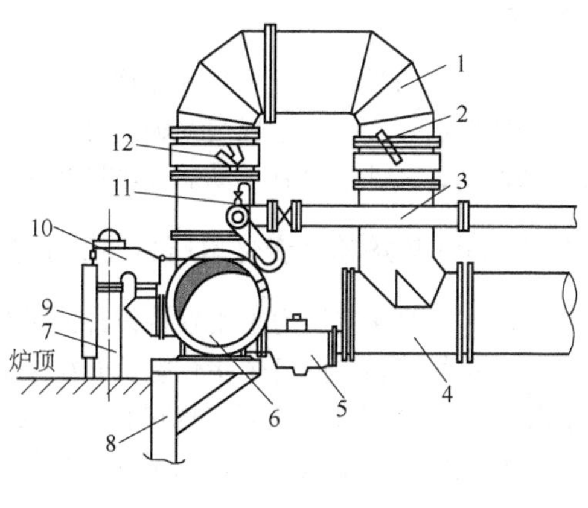

图4-36 集气管与吸气管系统

1—吸气弯管；2—自动调节翻板；3—氨水总管；4—吸气管；5—焦油盒；6—集气管；7—上升管；8—炉柱；9—隔热板；10—桥管；11—氨水管；12—手动调节翻板

集气管一端装有清扫氨水喷嘴和蒸汽管。每个集气管上还设有两个放散管，以备停风机、停氨水时因集气管压力过大，荒煤气温度过高或开工时放散用。每个放散管下部装有双水封阀。

吸气弯管专供荒煤气排出，其上装有手动和自动调节翻板，用以调节集气管压力。吸气弯管下方的焦油盒仅通焦油、氨水。经吸气弯管和焦油盒后，煤气与焦油、氨水又汇合于吸气管，为使焦油和氨水顺利流至回收车间的气液分离器并保持一定流速，吸气管应为 0.01 ~ 0.015 的安装坡度。集气管能否畅通，关系到一座焦炉的荒煤气能否顺利导出。因此，集气管必须经常清扫。集气管分单、双两种形式。单集气管多数布置在焦炉的机侧。炉顶两侧都装有上升管和集气管时，称双集气管。两侧集气管间，有横贯煤气管连接。

4.8.3 水封阀

水封阀是连接上升管与集气管，并用以切断或接通炭化室通向集气管的煤气。接通或切断的开闭操作靠阀盘的放下或提起来完成的。当阀盘提起时，盘中因喷洒的氨水而产生约 40mm 的水封高度封住炭化室煤气进入集气管；当阀盘倾放时，便失去水封作用而使炭化室中的煤气进入集气管。

水封阀座与桥管间是承插结构，有干式承插或水封式承插两种结构。

4.8.4 氨水系统

荒煤气导出设备中的氨水系统是必不可少的。集气管操作台上设置低压氨水总管，从总管接出各喷洒支管至各喷洒点。总管一端接逆止阀并与工业水管相接，各段总管上安装氨水压力表。低压氨水由循环氨水泵房的氨水总管送到焦炉上，喷洒后回流的氨水沿吸气管流至汽液分离器再至机械化氨水澄清槽，经焦油氨水分离后，氨水经中间槽返回循环氨水泵。高压氨水是由单独泵房供到焦炉上的。高压氨水主要用于装煤消烟，高压氨水支管与低压氨水的桥管喷洒管相接，接点处安装三通球阀用以两种氨水切换。另外还有高压氨水清扫管与集气管相接，用于集气管清扫。

4.8.5 吸气管

吸气管一端与吸气弯管和焦油盒连接，另一端通向煤气初冷器与煤气鼓风机相连。吸气管在气液分离器前一段既输送煤气又输送氨水，吸气弯管上的自动蝶阀按集气管压力需要由控制系统自动控制，另外还设有手动蝶阀辅助控制集气管压力。

4.8.6 7.63m 焦炉单个炭化室压力调节系统（PROven）

7.63m 焦炉炭化室压力采用独特设计的 PROven 系统调节，该系统的设计思想是：与负压约为 300Pa 集气管相连的每个炭化室从开始装煤至推焦的整个结焦时间内的压力可随荒煤气发生量的变动而自动调节，从而实现在装煤和结焦初期，负压操作的集气管对炭化室有足够的吸力，使炭化室内压力不致过大，以保证荒煤气不外泄，而在结焦末期又能保证炭化室内不出现负压。

PROven 装置用于对单个炭化室的压力进行精确调节。该装置如图 4-37 所示，在集气管内，对应每孔炭化室的桥管末端安装一个形状像皇冠的管，上开有多条沟槽，皇冠管下端设有一个“固定杯”，固定杯由三点悬挂，保持水平。杯内设有由执行机构控制的活塞杆及与其相连的杯口塞，同时在桥管设有压力检测与控制装置。炭化室压力调节是由调节杯内的水位也就是荒煤气流经该装置的阻力变化实现的。

4.8.7　煤气导出设备管理

（1）上升管、桥管、集气管都是焦炉炉顶管道，均在露天，受到气象腐蚀、集尘腐蚀和氨水腐蚀，很容易造成管道腐烂，因此，要定期点检这些管道，掌握管道状态，进行维护和防腐。

（2）喷氨水装置的喷嘴和旋塞，应保持良好状态，每班必须进行检查。定期检查与清扫集气管和吸气管上的焦油盒。

（3）上升管与炉顶、桥管连接处，桥管与集气管连接处，均应保持严密。上升管水封盖的上下水道须畅通，严禁上下水漏至炉顶。

（4）机焦侧集气管压力应保持基本相同，以防止双集气管焦炉在结焦后期冷荒煤气经炭化室顶部窜流。如发生荒煤气倒流，应分段管理桥管翻板。

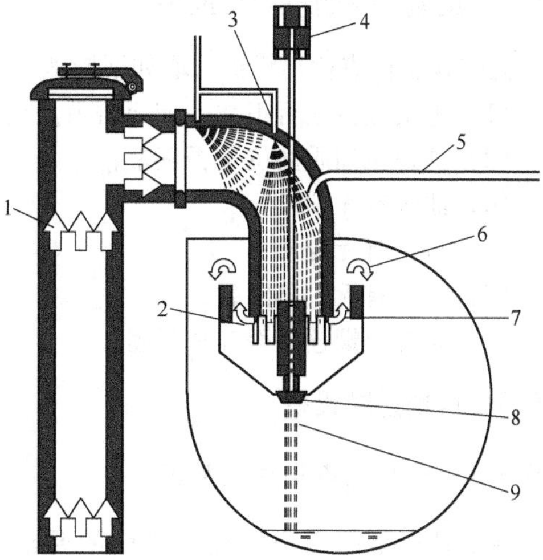

图 4-37　PROven 正常工作状态示意图

1—荒煤气；2—皇冠管沟槽部分水封；3—喷嘴；4—风动活塞；5—快速注水阀；6—调节的气流；7—满流装置沟槽部分水封；8—固定杯出口关闭口；9—通过吸水管的水流

（5）确认煤气鼓风机发生故障无法保持吸气管吸力时，可打开集气管的放散管放散煤气；必要时还可打开数个上升管盖放散。

（6）上升管、桥管应在每炉推焦前清扫干净。

4.9　焦炭整粒及运焦设备

熄焦后的焦炭由熄焦车卸至晾焦台，焦炭在焦台停留 15 ~ 20min，使其水分蒸发和冷却，个别未熄灭的红焦再用水熄灭，然后按顺序放至焦台下面的皮带机上，送去整粒处理。

4.9.1　运焦设备的构成及原理

运焦设备主要有晾焦台、放焦机、皮带机等。

A　晾焦台

晾焦台是与地面成28°的斜面平台，其下延伸于地面以下。晾焦台通常是用钢筋混凝土浇注的，台面上铺有耐热铸铁或缸砖，台面平整光滑，焦炭能自由滑下。

B　放焦装置

焦台下部设有放焦装置，旧式放焦装置是许多弓形闸栅，手动放焦，目前多已采用刮板放焦机放焦。在焦台下沿设置许多三角形柱头，形成很多放焦口，有的放焦口下还设置小平台。放焦机的刮板分两种形式，一种是与放焦流垂直，堵住放焦口，刮板往返运行使焦炭放出；另一种是与焦炭方向一致，焦炭流至小平台堆存其上，堵住放焦口，当刮板往返运行时，小平台上焦炭被刮至皮带上运走，焦台上焦炭不断放出。

刮板放焦机由电机通过减速机驱动，通过曲轴使拉杆按规定的行程往返运行，刮板按一定的位置固定在拉杆上。

4.9.2　运焦设备的点检与维护

运焦设备的点检与维护采取如下措施：

（1）电机运行是否正常（应每班重点检查）；

（2）减速机油质油位是否正常；

（3）曲轴有无裂纹；

（4）拉杆有无变形；

（5）刮板有无脱落断裂；

（6）各部位螺栓是否齐全紧固。

4.9.3　焦炭整粒设备

4.9.3.1　整粒设备构成及原理

为了适应不同用户对焦炭粒度的要求，通常按粒度大小将焦炭分为 80～60mm、60～40mm、40～25mm、25～10mm、小于 10mm 等级别。焦炭的整粒是为了提高冶金焦的机械强度和粒度均匀性，对大块焦炭进行破损处理，使一些强度差、块度大的焦炭，在筛焦过程中就能沿裂纹破碎，并使其粒度均匀。

整粒设备主要有切焦机、辊轴筛和共振筛。

A　切焦机

一般采用切焦机对块度大的焦炭进行整粒，将大于 80mm 的大块焦切割成小于 80mm 的焦炭。

切焦机有两个平行的辊子，辊子由贯串在轴上的一定数量的圆盘片组成，焦炭进入辊子时，即被旋转的刀片咬入而切断，然后落入下部贮槽。

切焦机的结构如图 4-38 所示。

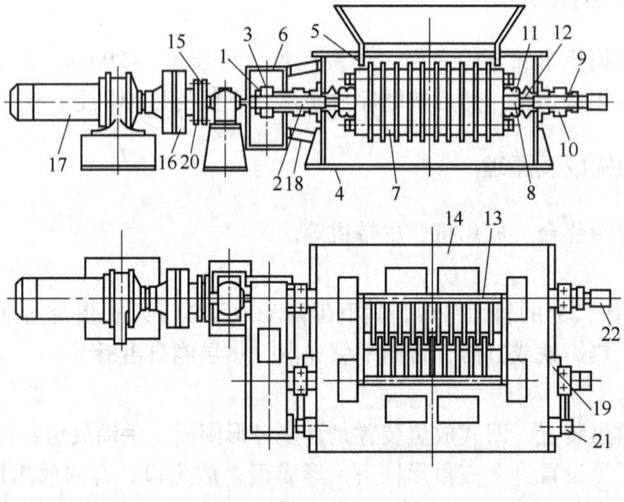

图 4-38　切焦机结构示意图

1—联动齿轮固定环；2—轴；3—联动齿轮；4—机座；5—挡板；6—齿轮箱；7—切削辊；8—辊轴；9—轴；10—主动侧轴承座；11—联轴器；12—粉尘密封环；13—加料斗；14—盖板；15—剪断销；16—联轴器和皮革垫；17—摆线齿轮减速电动机；18—托架；19—传动轴联轴器；20—主动轴联轴器；21—调节轴；22—速度开关

B 辊轴筛

国内大中型焦化厂主要用辊轴筛筛分混合焦，常用的辊轴筛有 8 轴和 10 轴两种，每个轴上有数片带齿的铸铁轮片，片与片的空隙构成筛孔，根据需要，筛孔尺寸可分为 25mm × 25mm、40mm × 40mm 两种。筛面倾角通常为 12° ~ 15°，给料粒度一般小于 200mm。辊轴筛具有结构简单、坚固、运转平稳等可靠优点，但存在设备重、结构复杂、筛片磨损快、维修量和金属耗量大、焦炭破损率高等缺点。

C 共振筛

国产的 SZG 型共振筛的结构是由铺有筛板的筛箱、激振器、上下橡胶缓冲器及板弹簧等组成。静止时，激振器靠自重压在下缓冲器上，使之产生一定的压缩量，激振器通过板弹簧与筛箱连接，其轴是偏心的，轴的两端皮带轮上装有可调的附加配重，激振器与上缓冲器之间有一定的空隙，整个筛子通过 4 个螺栓弹簧支撑在基座上。筛子运转时，由电机通过三角皮带带动激振器的轴旋转，因皮带轮上附有配重，故产生了惯性力，又因偏心轴惯性力的作用，最初激振器离开下缓冲器越过上间隙而打击上缓冲器，使上缓冲器产生一定的压缩量，激振器与下缓冲器之间又形成一定间隙。因激振器偏心轴所引起的周期性变化的惯性力作用，下半周激振器又打击下缓冲器，如此往复循环，筛子在保持稳定振幅的情况下进行筛分作业。共振筛具有结构简单、振幅大、维修方便、筛分效率高、生产能力大、耗电量少、运转平稳、故障少等优点。但共振筛要求给料连续均匀，并要防止超负荷运转和带负荷启动，给料设备到筛面落差要小，以减少物料对筛面的打击。

4.9.3.2 整粒设备的点检与维护

A 切焦机

切焦机的点检与维护应达到以下要求：

（1）切焦机运转声音正常；

（2）无异常振动；

（3）各部位紧固件无松动；

（4）减速机油位油质正常、无泄漏；

（5）主、被动辊运转正常，无冲击、无杂音、无振动；

（6）各传动部位温升正常；

（7）倒换切焦机的卷扬机钢绳无断股、无缺油；

（8）备用切焦机完好，能随时启动。

B 共振筛

共振筛的点检与维护应达到以下要求：

（1）电机温度正常；

（2）振荡器声音正常，底座螺栓无松动；

（3）皮带轮完好无松动；

（4）皮带完好无糊味；

（5）筛片完好无破损；

（6）弹簧完好无破损；

（7）走行轮行走灵活无卡涩；

（8）备用筛子完好，能随时启动。

复习思考题

4-1 大型焦炉四大车应具备哪些基本功能?
4-2 6m 焦炉相对于 4.3m 焦炉在焦炉机械方面有哪些特点?
4-3 7.63m 焦炉相对于 6m 焦炉在焦炉机械方面有哪些特点?
4-4 推焦杆故障如何处理?
4-5 平煤杆故障如何处理?
4-6 焦炉车辆走行故障如何处理?
4-7 高压水力喷射型炉门清扫机的结构及工作原理如何，有何优点?
4-8 焦炉车辆走行轮掉道如何处理?
4-9 试述 7.63m 焦炉单个炭化室压力调节系统（PROven）工作原理。

5　干熄焦设备

干熄焦设备系统主要由干熄炉、装焦设备、排焦设备、气体循环设备、锅炉、水处理设备、汽轮发电设备、除尘设备等组成。

5.1　干熄炉

干熄炉是干熄焦的主体设备，不同处理能力的干熄焦操作单元选择不同规格的干熄炉。

5.1.1　干熄炉的构成及作用

干熄炉的结构有圆形与方形之分。本章只介绍应用最为普及的圆形干熄炉。

5.1.1.1　干熄炉的结构及原理

圆形干熄炉由预存段、斜道区及冷却段组成。干熄炉结构如图 5-1 所示。

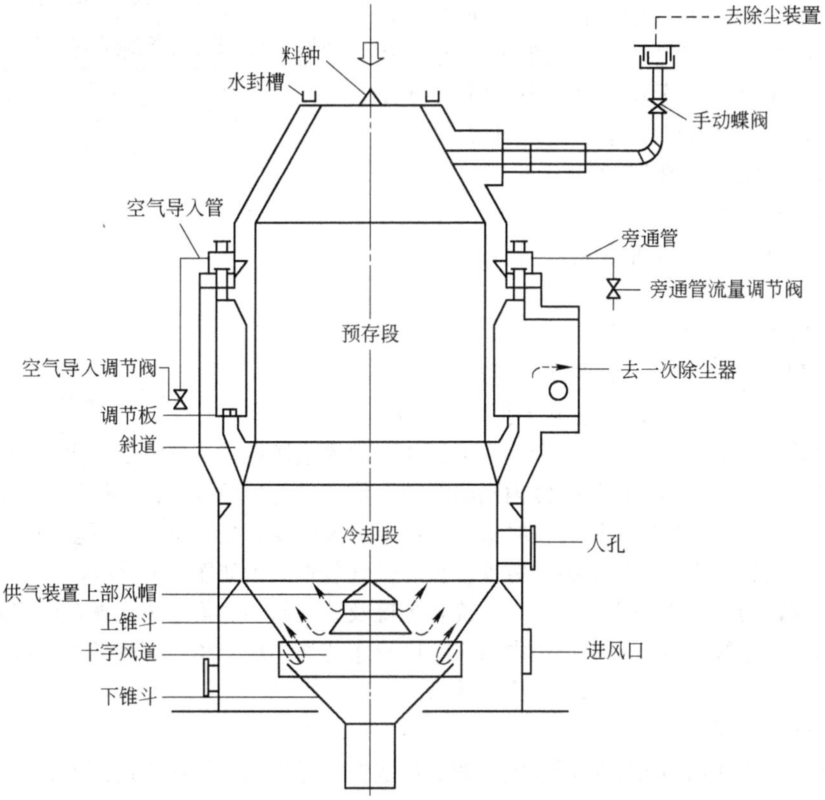

图 5-1　干熄炉结构图

干熄炉为圆形截面竖式槽体，外壳用钢板及型钢制作，内衬隔热耐磨材料，干熄炉顶设置环形水封槽。干熄炉上部为预存段，中间是斜道区，下部为冷却段。预存段的外围是汇集从斜道排出气流的环形气道，它沿圆周方向分两半汇合通向一次除尘器。预存段设有料位计、压力测量装置、测温装置及放散装置。环形气道设有空气导入装置、循环气体旁通装置、气流调整装置。冷却段设有温度测量孔、干燥时的排水汽孔、人孔及烘炉孔。冷却段下部壳体上有两个进气口，冷却段底部安装有供气装置。

预存段用于接受间歇装入的红焦，具有缓冲功能，可补偿焦炭生产的波动；在冷却段，红焦与低温循环气体进行热交换，经降温冷却后连续排出；斜道区位于预存段与冷却段之间，从干熄炉底部供气装置进入的低温循环气体吸收红焦的显热后经斜道及环形气道排出，并流经干熄焦锅炉进行热交换。

5.1.1.2　干熄炉的主要附件及原理

A　炉顶水封槽

干熄炉炉顶设有水封槽，解决炉顶密封问题。水封槽与炉盖或水封罩相配合，防止粉尘外逸及空气漏入。水封槽与干熄炉之间采用硅酸铝耐火纤维毡与硅酸铝耐火纤维绳密封。

水封槽内布置有不锈钢压缩空气管及水管。水管沿圆周方向装有喷嘴，给水时可使水封槽内的水产生旋转；压缩空气管上沿45°方向开有小孔，通以压缩空气使水封槽内产生鼓泡。通过旋转与鼓泡，自装焦口散落入水封槽内的沉积物沿上部满流口排走，同时可以起到冷却槽体的作用。

炉顶水封槽安装如图5-2所示。

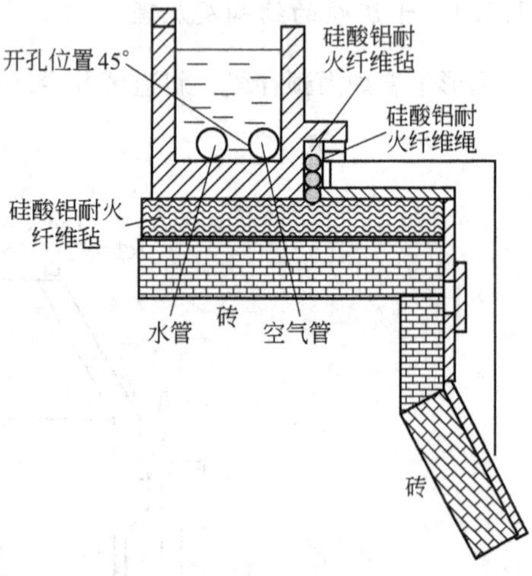

图5-2　炉顶水封槽安装

B　供气装置

干熄炉冷却段底部设置有供气装置，均匀给整个干熄炉横断面上供气。

供气装置位于干熄炉下部，由风帽、十字风道、上锥斗和下锥斗组成，给水预热器或热管换热器后的循环气体经百叶式手动调节挡板分别进入供气装置的上、下气室。上气室沿上和下锥斗间的周边送风，下气室沿中央风帽送风。

供气装置顶面以上的干熄炉壳体内砌耐火砖，供气装置顶面以下的干熄炉壳体内抹隔热浇注料，供气装置上锥斗内贴耐磨铸铁衬板，下锥斗上段砌铸石板，下锥斗下段为耐磨铸铁，中央风帽为耐磨铸铁，十字风道上披挂铸铁衬板。供气装置结构如图5-3所示。

随着干熄焦装置的大型化，装焦采用旋转焦罐及装入料钟，排焦采用振动给料器及旋转密封阀的连续排焦系统，改善了干熄炉内焦炭粒度分布的均匀性、焦炭下降的均匀性及循环气体上升的均匀性，从而提高了干熄炉的冷却效率。

C　调节棒装置

供气装置下锥斗出口处沿圆周设置了调节棒装置，通过调节棒插入的深度，可调节焦炭下落速度，使焦炭均匀下落，从而使焦炭冷却均匀，排焦温度均匀。

干熄焦开工时调节棒不安装，在调节棒安装口装上盲板并密封。当需要使用调节棒时，根据冷却段上部以及下部圆周方向的温度分布，在温度高的地方（认为焦炭下降速度快的地方）

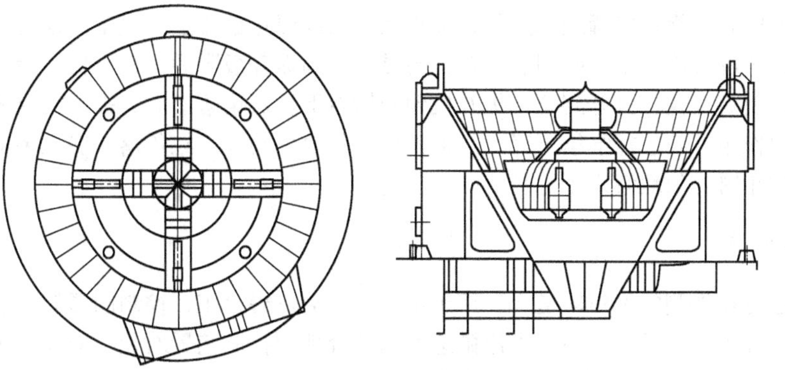

图 5-3 供气装置结构

装上调节棒进行调整。在日常操作或安装调节棒时，或调整插入深度时，有循环气体泄漏的危险，需充分注意。

5.1.2 干熄炉的点检与维护

干熄炉属于固定设备，日常点检的内容见表 5-1。

表 5-1 干熄炉日常点检表

项 目	点 检 项 目	确 认 方 法	判 断 标 准
1	水封槽积渣情况	观察	压缩空气鼓泡和补水管冲水正常；不能有明显的积渣
2	本体各个密封点泄漏情况	CO 报警器	CO 体积分数 $<50\times10^{-6}$
3	耐火砖基本状况	观察或测量表面温度 观察排焦情况	是否出现局部高温 是否有耐火砖排出
4	布料装置效果和炉壁及下部料斗衬板阻力均匀性，气流分布均匀性	监控排焦温度和状况 监控炉壁各测温点的温度分布状况	不能夹有红焦排出；在其他装置参数正常时排焦温度小于 200℃ 炉壁同一标高圆周上的温度分布均匀
5	炉体膨胀变形和焊缝状况	观察和测量。中闩部位、炉顶水封槽和干熄炉框架的相对标高、高温和变形区域的焊缝	经验对比

以上内容可以根据情况安排在日常点检或月修时执行。年修时则应进入干熄炉内部对耐火砖和衬板状况作详细的检查。

5.2 装焦设备

5.2.1 装焦设备的构成及作用

干熄焦装焦设备由电机车、焦罐台车、旋转焦罐、APS 定位装置、提升机、装入装置等设备组成，起着接焦、送焦及装焦等作用。

电机车牵引焦罐台车与拦焦车对位后，旋转焦罐开始旋转，旋转平稳后向推焦车发出推焦指令。接焦完毕后，旋转焦罐经减速位置停止在最初的停止位置上。完全停稳后电机车向提升机井架走行，对位后接空罐。随即满罐对位与提升，到提升极限后，提升机开始走行。到达干熄炉上方时，装入装置也打开到位，提升机即开始卷下。焦罐落座后，提升机继续卷下，焦罐底闸门在重力作用下与吊杆继续下降，自动完成开门放焦动作。红焦落入装入装置料斗后，经分料板与料钟布料均匀地装入干熄炉。

5.2.1.1 电机车

电机车运行在焦侧的熄焦轨道上，用于牵引、制动焦罐台车，控制圆形旋转焦罐的旋转动作和完成接送红焦的任务。电机车采用微速手动结合地面检测装置对位，对位误差在 ±100mm 以内。经 APS 定位系统夹住对位后，对位精度控制在 ±10mm 内。

电机车主要由车体、走行装置、制动装置、气路系统、空调系统及电气系统组成。

A 车体

车体由机器室、操作室、平台、走梯及栏杆等结构件组成。机器室分为机械室和电气室，上部开有检修孔。有些车体设计电气室与操作室为一体。车体结构如图 5-4 所示。

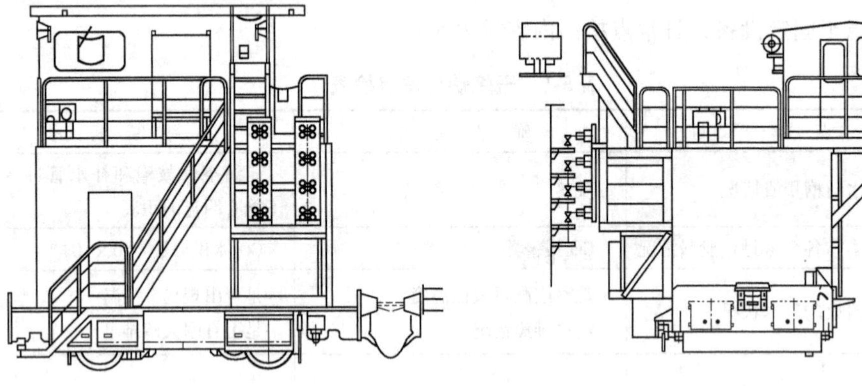

图 5-4 电机车车体结构图

B 走行装置

走行装置由传动机构、轴承箱、车轮、轮轴、减振弹簧等组成。传动机构为两套，各自驱动一对轮对，布置在车架平面以下。

车轮与车架的支承为弹性支承，国产电机车轴承箱多为导框式，置于车架的导框中，车架通过碟簧置于轴承箱上。日产电机车轴承箱为铰支式，轴箱体一边与车架铰接，另一边通过压簧支承车体如图 5-5 所示。

走行装置采用变频调速，手动控制设有“左微、左低、左中、左高、停止、右微、右低、右中和右高”九个挡位。

C 制动装置

电机车制动装置通常采用三种制动方式。电机车采用变频器控制的制动电阻能耗制动和圆盘制动器制动（气动）；焦罐台车采用闸瓦制动（气动）。正常操作时只投用圆盘制动器与焦罐台车闸瓦制动，事故或紧急状态时按下“走行紧急停止”按钮同时投用全部制动系统。电机车圆盘制动器如图 5-6 所示。

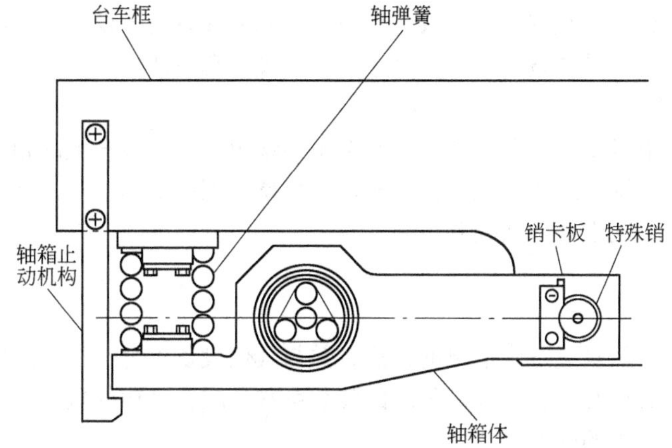

图 5-5 车轮与车架支承图

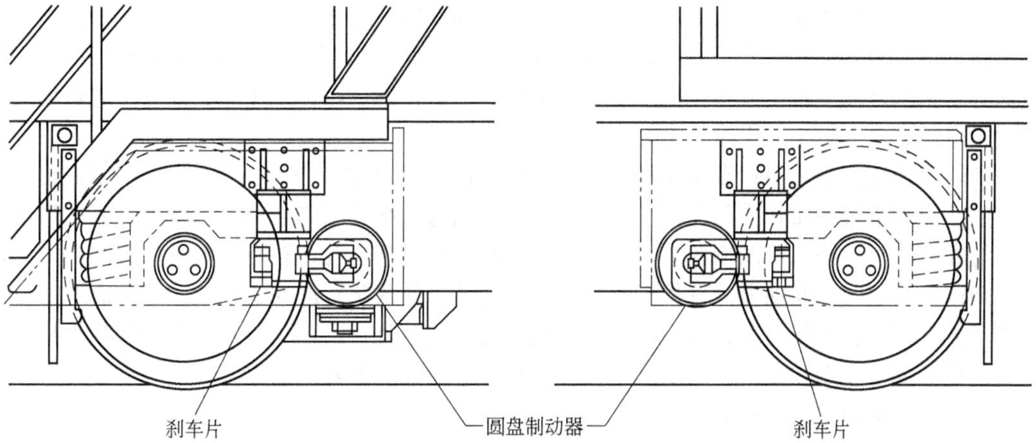

图 5-6 电机车圆盘制动器

电机车气动制动回路由空气过滤器、电磁换向阀及圆盘制动器构成。电磁换向阀向电机车的圆盘制动器供排压缩空气，电磁换向阀得电时向圆盘制动器供压缩空气，圆盘制动器打开。电磁换向阀掉电时将放空接通，失去了空气压力，因弹簧力的作用圆盘制动器会自动地夹紧制动。

焦罐台车气动制动回路由空气过滤器、调节阀、电磁换向阀、气缸及闸瓦制动器构成。电磁换向阀是向焦罐台车的制动器气缸供、排压缩空气的，电磁换向阀得电时排出制动器气缸的压缩空气，制动器打开。电磁换向阀掉电时向制动器气缸供压缩空气，制动器制动。

D 压缩空气系统

压缩空气系统为电机车的制动及焦罐台车的制动等操作提供气源动力。设置 1 台空压机及贮气罐，贮气装置通过各种控制元件向执行件供气，以完成各自的动作。电机车两端连接器处都设有气路接头，与焦罐台车的气路接头相连，控制焦罐台车制动。

空压机根据风包压力自动启停，在设定压力的下限，空压机运行。设定压力达到了上限即停止。

E　空调系统

空调系统由两套分体式双制空调组成，在操作室和电气室内各设一台室内机，室外机设在机器室顶部。有的电机车操作室和电气室合一，则只设一套空调。

F　电气系统

电气系统主要由电机车走行和焦罐旋转两个子系统组成。焦罐车上的相关信号，通过电机车端头的电气插座与焦罐车端头的电气插头相连，并反馈到电机车上。另外电机车还设有对位及通信系统，实现与关联设备的联锁和控制。

5.2.1.2　旋转焦罐

旋转焦罐用来装运从炭化室中推出的红焦，并与其他设备配合，将红焦装入干熄炉内。焦罐在接焦过程中绕中心线旋转，可提高焦罐的装载系数，减轻焦罐的重量，同时可解决焦炭在方形焦罐中粒度分布不均的问题。

旋转焦罐由焦罐体、外框架及对开式底闸门和吊杆等组成。焦罐体是由钢板、型钢和内衬板（铸造）构成的圆筒形容器。钢板与型钢组成焦罐体的骨架，一块块的衬板就卡挂在骨架上。衬板与骨架之间隔以陶瓷纤维垫并用高温黏结剂粘牢，防止骨架过热烧坏。外框架两侧设有中间导辊与侧导辊，供升降导向，吊杆下端为辊轮勾头。焦罐上部设有用钢管制成的圆环，与焦罐盖相配以减少罐顶散热。焦罐底部设柔性唇形遮挡罩，以保持焦罐底部与干熄炉顶装入装置紧密贴合，以防止装焦时粉尘外逸。

旋转焦罐接焦过程中只有罐体和底闸门是旋转的。提升机将焦罐落座于运载车转盘上时，底闸门已与转盘紧密贴合受其支承。外框架及吊杆因重力继续下降，使得吊杆上的圆柱形辊轮勾头与底闸门上的圆弧形凹槽脱离。提升时，外框架与吊杆上升，辊轮勾头进入底闸门上的圆弧形凹槽，与底闸门联动提升罐体。提升机将焦罐落于装入装置滑动支座上，罐底固定部分压在滑动支座面上，底闸门面则由吊杆悬挂。提升机继续下降，罐体则与底闸门一起随吊杆将滑动支座压到固定支座顶面上，罐底固定部分落稳，罐体停止下降；当提升机继续下降时，底闸门随吊杆的下降因自重而打开。

5.2.1.3　焦罐运载车

焦罐运载车（焦罐台车）由电机车牵引沿熄焦轨道运行，往返于焦炉与提升井架之间运输焦罐。

焦罐台车由车本体、车轮组、转盘、焦罐旋转传动装置、走行制动器和焦罐导向架等组成。还带有车轮制动用压缩空气及电缆管。走行车轮共四组8个。转盘上设有4个缓冲座，以减轻罐体下落过程中对转盘的冲击。另设两个“Λ”形定位凸台，与底闸门底的两个“Λ”形洼槽相配，以使罐体与凸台精确定位。焦罐台车的制动由气缸驱动，压缩空气由电机车引入。

焦罐台车用于承载输送焦罐，并在电机车的控制下（旋转焦罐旋转操作盘在电机车上）驱动旋转焦罐旋转接焦。旋转电机通过减速机驱动转动架旋转，转动架带着转盘旋转，转盘由辊轮支撑，转速为变频调节。为保证焦罐吊杆与焦罐底闸门之间的顺利复位，要求转盘旋转后的停止位置为其起始位置。有两个磁感应检测器来确定焦罐的减速位置和停止位置，以达上述要求。为接焦时与拦焦车有效对位，设有检测器用来与拦焦车对位。为便于自动运行，设有检测器检测车上有无焦罐。车体一侧（靠 APS 侧）焊有夹持座，便于 APS 装置夹住、推动车体精确对位。这一侧的车体上还设有焦罐车在提升井架下对位用的3个传感器，1个用于向 EI 系统发出 APS 动作指令的传感器。还有1个用于向 EI 系统发出提升机动作的指令的传感器，1

个用于接收来自于EI系统的电机车锁车指令的传感器。

5.2.1.4 APS对位装置

为确保焦罐车在提升井架下的准确对位及操作安全，在提升井架下的熄焦轨道外侧设置了一套液压强制驱动的自动对位装置APS。

APS装置主要由油泵、油缸、油冷却器、加热器、极限开关、阀类及配管等组成。

焦罐台车位置检测器保证焦罐台车对位精度控制在±100mm内，经APS对位装置夹紧对位，精度可达±10mm，满足提升机升降对位要求。可使提升机顺利在焦罐车导轨及提升井架导轨中升降，不致出现因各段导轨错位而使升降卡阻的现象。

5.2.1.5 提升机

提升机运行于提升井架和干熄炉顶轨道上，将装满红焦的焦罐提升并横移至干熄炉炉顶，与装入装置相配合，将红焦装入干熄炉内。装完红焦后又将空罐经提升、走行和下降落座在焦罐台车上。提升机由PLC与其他设备联动，机上无人操作，采用变频调速运行。

提升机由提升装置、走行装置、润滑装置、吊具、焦罐盖、机械室及各限位检测装置等组成。

A 提升装置

提升装置的工作原理是，由设在提升框架上的机械室内的常用电机，通过制动轮和联轴器经减速机驱动卷筒旋转，卷起钢绳，从而提升吊在挂钩上的焦罐。

提升装置主要包括传动部分和钢丝绳。

（1）传动部分。传动部分由电机、减速机、制动器及卷筒等组成。提升机提升装置传动示意图见图5-7。

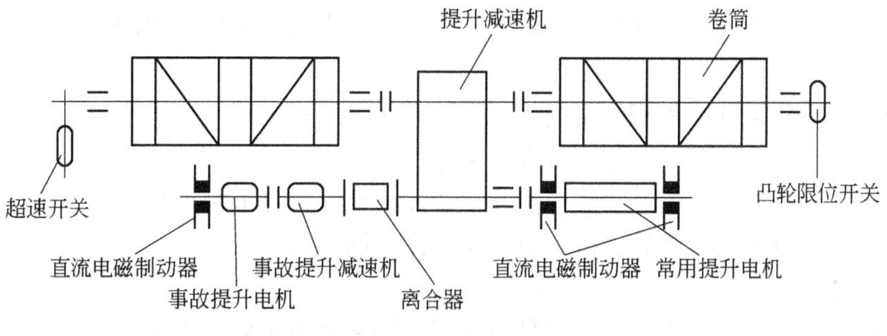

图5-7 提升装置传动示意图

卷筒为各自独立的双卷筒，以便分散负荷，同时这种构造也便于设备单独进行维护。另外，卷筒的直径为钢丝绳直径的40倍，带绳槽。常用提升电机前后轴头装有两台电磁制动器，用来保持提升、下降停止时的状态。速度控制采用VVVF控制方式。

为检测提升、下降位置，安装有传感器，用来检测各减速位置和停止位置等。

常用提升电机发生故障时，将安装在常用电机对面的提升用手动离合器合上，启动事故用提升电机与减速机，可以低速上升、下降一个循环。

事故用提升电机后方安装有1台直流电磁制动器，用来保持事故时提升的停止状态。

（2）钢丝绳部分。钢丝绳由4根组成，每个卷筒上绕两根钢丝绳，钢丝绳一端由两个钢丝绳紧固件固定在卷筒端部。将钢丝绳穿过吊钩滑轮，另一端被固定在提升框架的悬臂型均衡器平衡杆上。因此，在作业中，如果其中一根钢丝绳断了，剩下的另一根钢丝绳也能支撑负荷。

为了延长钢丝绳的使用寿命，钢丝绳上装有涂油器。

由于钢丝绳的延伸，两侧吊钩水平若出现10mm误差时，就应该转动均衡器张力杆螺母调整水平度。吊臂水平度的测定方法见图5-8所示。如无仪器，也可用连通管法测量，采用一根适当长度的ϕ10mm透明胶管充水，胶管两端朝向为，一端液面对准吊具一侧的基准，另一端液面靠近吊具另一侧基准，通过测量液面与另一侧基准的高度差来判定。

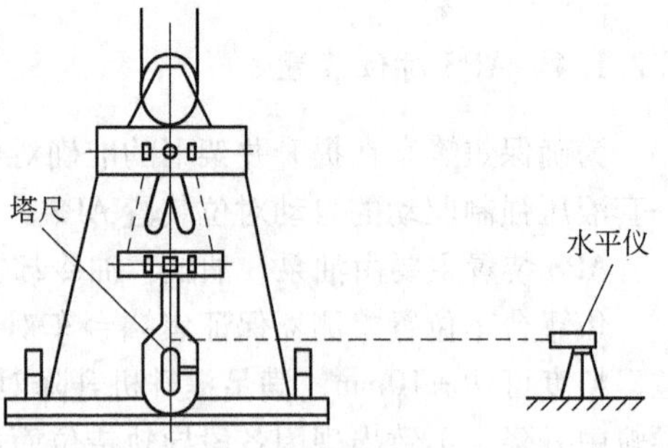

图5-8 吊臂水平度测定方法图

B 走行装置

走行装置由走行传动部分与车轮部分组成。走行传动部分分为常用走行传动部分和事故用走行传动部分。

常用走行传动部分设置在提升井架侧提升机大梁平台上，由常用走行电机、齿轮联轴器、直流电磁制动器、一次减速机、二次减速机、传动轴及给油装置等组成。常用一次减速机非负荷轴上装有作为停止保持用的直流电磁制动器。事故用走行传动部分设置在干熄炉侧提升机大梁平台上，由事故用走行电机、离合器、齿轮联轴器、直流电磁制动器、一次减速机、二次减速机、传动轴及给油装置等组成。事故用一次减速机非负荷轴上装有作为停止保持用的直流电磁制动器。当常用走行电机出现故障时，手动将离合器合上之后，由事故用走行电机通过离合器、齿轮联轴器、一次减速机、二次减速机和传动轴驱动车轮进行低速走行。

提升机车体框架两端装有油压缓冲器，用于缓冲发生走行事故时的冲击。

C 吊具

吊具用来提升焦罐并使焦罐底闸门进行自动开闭。吊具由钢丝绳滑轮、上部吊臂、下部吊臂、杠杆及吊钩组成。提升机卷下至提升井架底部的承受台时，下部吊臂的4个支座落座于承受台的4个缓冲器支撑上，提升机进一步卷下，凭吊具的自重吊钩自动打开。吊具上设置了中间导辊与侧导辊，以便沿着导轨升降。吊具示意图见图5-9。

D 焦罐盖

焦罐盖由框架、耐火材料以及密封部分构成。用来隔绝焦罐内焦炭热量和火焰对周围设备的烧烤，同时避免红焦显热损失。

焦罐盖通过导杆与吊具横架相连，运转中焦罐盖扣在焦罐上，随焦罐一起升降。焦罐落座于焦罐台车上方时，焦罐盖支撑于提升井架的支座上。所以吊杆上不承受拉力，仅起导向作用。

E 安全装置

为了提升机自动安全运行，设置了一些检测限位装置。

(1) 提升部分。通过接近传感器检测吊具上限及下限位置。通过连接在卷筒上的凸轮限位开关检测事故时提升机的过卷。通过重锤式限位开关检测事故时的上限位置。通过连接在滚筒轴上的过速检测器检测提升机发生事故时提升、下降的超速。通过限位开关检测钢丝绳断丝。通过接近传感器检测吊具待机位置，通过测力传感器检测提升负荷是属于正常负荷、偏负

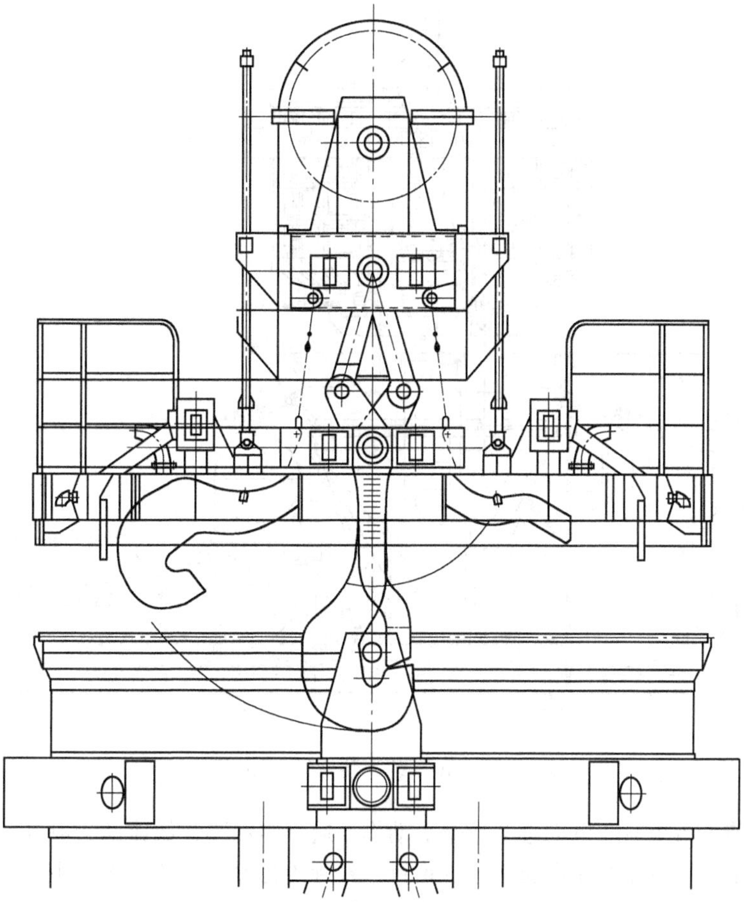

图 5-9 吊具示意图

荷还是过负荷。

(2) 走行部分。通过限位开关检测控制提升机走行极限位置。通过接近传感器检测提升机是在提升井架侧停机位置还是在干熄炉侧停机位置，通过接近传感器检测提升机走行减速位置。

在提升机轨道平台上设有地锚装置，这是当发生暴风雨时用来固定提升机的。

5.2.1.6 装入装置

装入装置安装在干熄炉顶部的平台上，主要由料斗、台车、炉盖、驱动装置、集尘管道等部分组成。装入装置主要有两个功能，按指令开闭炉盖和把红焦经装入料斗装入干熄炉。其结构图见图 5-10。

装入电动缸通过驱动装置牵引设置在台车上的炉盖和料斗沿轨道行走，顺序完成打开炉盖，将料斗对准于干熄炉口；或将料斗移开干熄炉口，关闭炉盖的动作。

作为主要部件的装入料斗和炉盖安装在走行台车上。电动缸通过驱动装置完成提起炉盖和牵引走行台车的动作，并使装入料斗的下料口对准干熄炉口。

待机时炉盖扣在干熄炉口上，炉盖上的水封环插入炉口的水封槽中，保持干熄炉口密封。

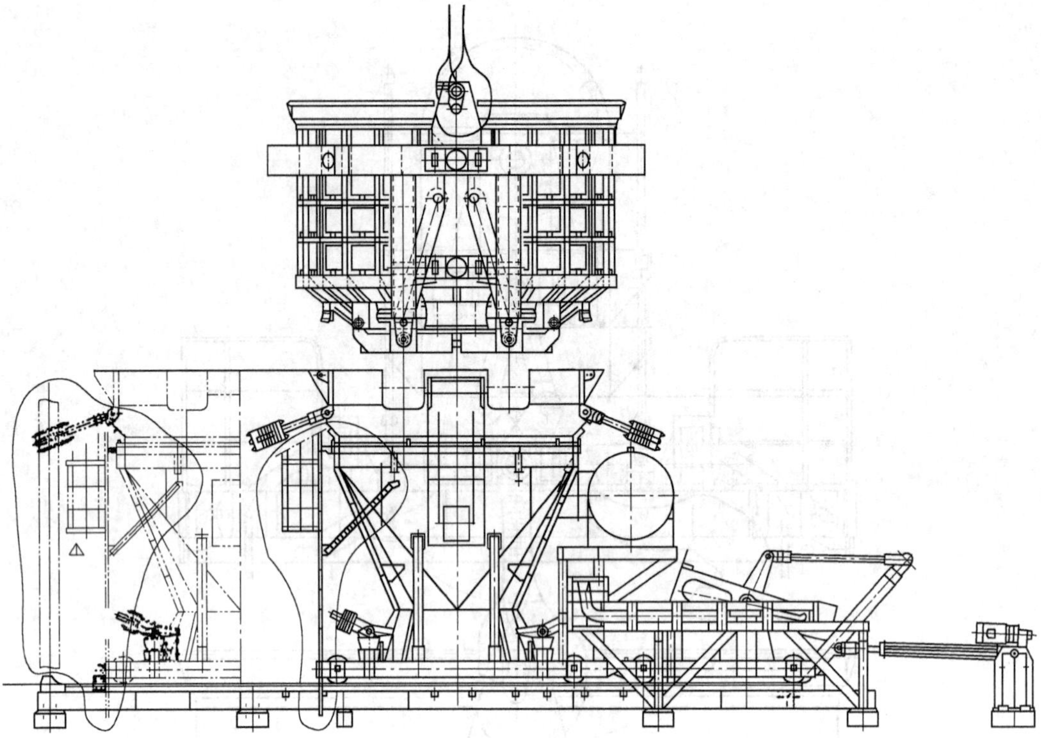

图 5-10　装入装置结构图

当提升机发出装入指令时，电动缸开始牵引动作，通过驱动装置低速提起炉盖。在炉盖被提起的状态下，整个走行台车开始以正常速度走行，直到走行台车上的装入料斗的下料口对准干熄炉口为止。在走行台车移动行程的最后阶段台车以低速走行，安装在装入料斗下料口处的水封罩以低速落入水封槽，防止装料时干熄炉口的粉尘向外逸出。在装入装置开始动作打开炉盖时，集尘管道上的耐磨蝶阀也自动打开，开始集尘。

装入料斗的下料口对准干熄炉口后，提升机开始卷下焦罐，焦罐下降落在料斗上的滑动支座上，并与滑动支座一起下降若干行程落座在固定支座上，焦罐停止下降。此时焦罐底部的密封裙边与料斗上口接触，产生适当的弹性变形，防止装入时产生的粉尘向外逸出。提升机继续卷下，焦罐底部闸门开始打开放焦，焦罐底门完全打开的同时安装在焦罐支座上的限位开关动作，发出焦罐底门开的信号。

装料结束后，提升机开始与上述相反的动作卷上空焦罐。当空焦罐卷至上限后装入装置开始相反动作，移开装入料斗，将炉盖扣在干熄炉口上，完成一次装入动作。装入装置关闭炉盖后，集尘管道上的蝶阀也自动关闭，停止集尘。整个装置大约 6 ~ 10min 进行一次工作循环。

5.2.2　装焦设备的点检与维护

5.2.2.1　电机车的点检与维护

每 3 个月将电机车各部分的端子箱清扫一次，检查有无因受热而变形变色现象，以防止通电部分因积灰尘引起短路。

气路系统日常点检维护项目见表 5-2。

表 5-2 气路系统日常维护点检表

项 目	点 检 项 目	确 认 方 法	判 断 标 准
1	启动空压机，使风包的压力上升到设定压力	观察操作台压力表	是否在标准时间内达到
2	清除排泄空压机冷却器的污水	打开排水阀，听排气的声音	不要错误地打开排油阀
3	排清污水罐的水	打开排水阀，听排气的声音	
4	圆盘制动器要正常地动作	观察操作台的显示灯	显示灯要亮 车要能停
5	检查电机车和焦罐车的空气管以及制动器与配管的连接软管	是否连接无误，连接处是否无泄漏，橡胶软管有无损伤	长年使用橡胶软管会老化，发现损伤需迅速更换 橡胶软管寿命 3 年

电机车新车轮的踏面形状如图 5-11 所示。车轮磨损到图示的限度时，形状就破坏了，需要削正。同一轴的车轮直径允差应不超过 3mm，不同轴的车轮直径允差应不超过 13mm。该车轮直径测量如图 5-12 所示。

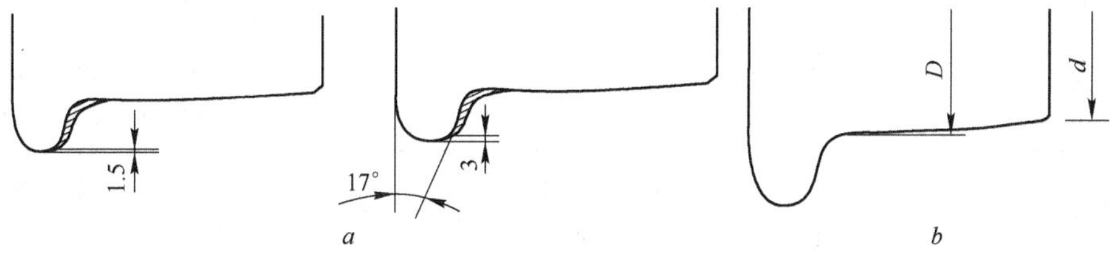

图 5-11 车轮的磨损限度

a—在小于上述数值时要削正；*b*—$D \leq d$ 时要削正

在电机车的两轴上各配置了一个圆盘制动器。该制动器是通过弹簧的力量，推压刹车片，然后通过空压机的空气打开。在对刹车片进行点检或更换时，为了防止滚动，一定要给车轮垫上止滑块。无论左右哪一块刹车片的厚度达到 3mm 以下状态时，应更换。

刹车片的检查及间隙调整如图 5-13 所示，刹车片与圆盘之间的间隙在 $a + b > 4$mm 时，需

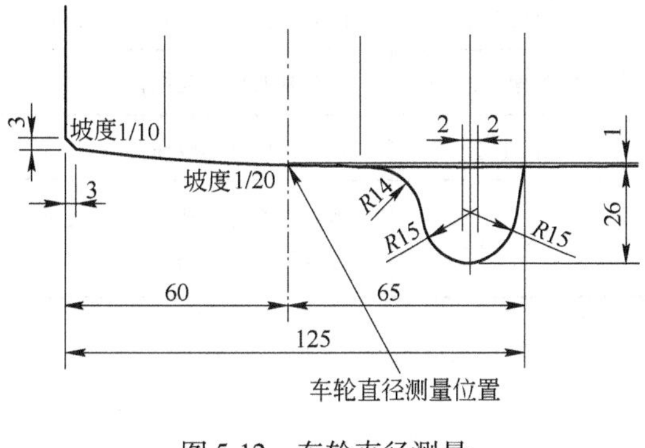

图 5-12 车轮直径测量

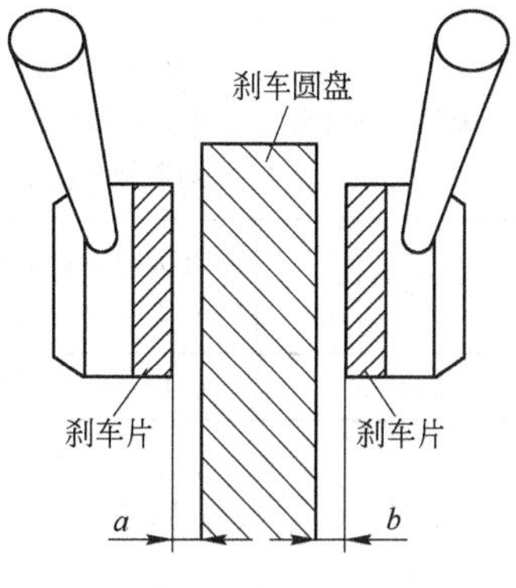

图 5-13 刹车片磨损界限示意图

调整为 $a+b=2\text{mm}$。

如有下述情况，需调整间隙：由于磨损，刹车片的间隙变大了；在更换刹车片时；用手动强制打开制动器时。

连接器是由连接座与连接环构成。因车轮的磨耗，电机车高度有所降低时，要松开螺栓，调整连接器座的高度。另外连接器的销子或套筒因长期使用而磨损时需更换。

部件的更换标准：

销子的直径磨损 2.0mm 以上时需更换销子；套筒的厚度变薄 1.5mm 以上时需更换套筒；套筒与销子间隙变大达到 3.0mm 以上时需更换套筒或销子。

电机车走行与制动系统点检项目见表 5-3。

表 5-3　电机车走行与制动系统点检项目一览表

项　目	每　天	每　月	每　年	备　注
轴承箱	—	—	间隙 销子	调整间隙 更换
车　轮	踏面磨损	踏面形状	—	用锤子敲打车轮，看有无阶梯磨损，磨损显著时，要削正
弹　簧	弹簧的伤痕	—	—	用锤子敲打
轴　承	—	—	—	每 2～3 年检查一次轴承 在更换车轮时，要补充干油
圆盘制动器装置	—	检查间隙检查刹车片的龟裂加干油	—	根据需要，调整刹车片的间隙或更换刹车片
连接器	—	螺栓 螺母的松动	销子套筒	

5.2.2.2　旋转焦罐的点检与维护

旋转焦罐日常点检维护内容见表 5-4。

表 5-4　旋转焦罐日常点检维护表

点检项目	点　检　内　容	点检项目	点　检　内　容
衬板及隔热材料	衬板是否磨损、开裂 固定衬板的螺栓是否松开或脱落 陶瓷纤维毡是否破损脱落	导向辊	转动是否灵活，有无异常声音
		外框架及吊杆	各部有无裂纹及损伤
底闸门	开关时声音是否异常 有无裂纹或变形	挡尘罩	柔性材料有无破损
		润　滑	润滑配管有无破损 给脂量是否适当
焦罐体	焊接部有无裂纹或撕开		

5.2.2.3　焦罐台车的点检与维护

焦罐台车点检维护项目见表 5-5。

表 5-5 焦罐台车点检维护表

点检项目	点 检 内 容	点检项目	点 检 内 容
焦罐车本体	车架、导向架、转盘等有无裂纹 导向架、转盘有无偏斜	制动器	制动器动作时气缸有无异常声音 气缸固定螺栓有无松动或脱落 空气软管是否腐蚀损坏
车 轮	车轮磨损情况		
电机、减速机	有无异常声音及异常振动 安装螺栓有无松动或脱落 联轴器有无异常	传感器类	传感器安装螺栓有无松动 导线及缠绕带有无破损
转 盘	转动是否灵活，有无异常声音 辊轮磨损有无异常	润 滑	润滑配管有无破损 给脂量是否适当

5.2.2.4 APS 对位装置设备点检维护

APS 对位装置点检维护项目见表 5-6。

表 5-6 APS 对位装置点检维护表

点检项目	点 检 内 容	点检项目	点 检 内 容
APS 本体	动作时有无异常声音 框架有无变形或裂纹	油 泵	油箱内油位是否合适 油温是否正常
油 缸	运行状况是否良好 两个油缸运行是否同步	配 管	管道有无破损 法兰有无泄漏
油 泵	出口油压是否达额定值 泵运转时有无异常声音、振动	电磁阀	电磁阀动作是否正常
		接近开关	安装螺栓有无松动或脱落

5.2.2.5 提升机的点检与维护

提升机属起重设备，应按照国家有关起重设备法律法规的要求进行管理。

A 日常点检

提升机日常点检项目见表 5-7。

表 5-7 提升机日常点检项目表

点检部位	点 检 要 领
提升机	操作室内的设备状态是否完好（报警装置、控制器等）
	走行坦克链以及坦克链的周围有无障碍物
	构架上以及走行钢轨周围有无障碍物、钢轨上有无油渍
	各台装置的联轴器、轴承箱、齿轮箱、电机等的安装螺栓是否松弛脱落
	钢丝绳通过的部位是否存在异常情况
	在无负荷状态下，对各个动作是否进行了确认
	防止过卷装置的限位开关是否能在规定的位置动作
	走行停止限位开关是否能在规定的位置停止
	报警装置是否能正常鸣叫
	吊钩以及杠杆动作是否灵活
	各台制动器动作是否可靠

B　月度点检

提升机月度点检项目见表5-8。

表5-8　提升机月度点检项目表

点检部位		点检要领
结构部分	供行走用钢轨	供行走用钢轨压板，以及钢轨接合夹板的安装 螺栓是否存在松弛、脱落现象
		钢轨压板有无损坏
	缓冲器、托架	缓冲器、托架有无损坏
	提升框架	构件是否弯曲，焊缝有无裂纹
		连接用的高强螺栓有无松弛
提升装置	制动器	制动器闸片的磨损状态，制动器侧的指示器是否在范围内
		制动轮外圆面的粗糙度
		制动轮上有无损坏和裂纹，制动器的行程是否正常
		制动轮和制动器闸片之间间隙是否均等
	联轴器	螺栓、键有无松动或脱落
		给油是否良好
		是否从密封部漏油
		从外圈看齿隙是否过大
		橡胶圈是否有裂纹、伤痕和磨损
	减速机	齿轮、轴承等有无异常声音、异常发热及异常振动 螺栓是否松动和脱落
		给油状态、油量是否妥当
		是否从接合面漏油
	卷　筒	卷筒有无损坏
		卷筒上的绳槽有无异常磨损、绳槽是否符合钢丝绳直径
		卷筒及卷筒轴承箱安装螺栓有无松弛
	电　机	安装螺栓有无松弛
	钢丝绳	表面擦拭后是否有的地方发亮，有的地方变细
		有无扭折现象，有无断线断股，是否因给油不足而腐蚀和生锈
		钢丝绳末端固定件是否有损伤、松动或者脱落（卷筒部位以及均衡器部位）
	均衡器	均衡器张力杆是否出现异常倾斜接触到框架
		张力杆安装螺母有无松动
	限位开关	安装螺栓有无松动或脱落
		重锤限位检测用钢丝绳卡子有无松动、脱落
		重锤限位检测用钢丝绳是否挂住了提升框架
吊具装置	上部吊臂	构件有无弯曲，焊缝有无裂纹
		栏杆、梯子的安装是否牢固
		吊挂下部吊臂用的链条、吊杆等有无异常变形
		焦罐盖用吊杆有无异常变形

续表 5-8

点检部位		点检要领
吊具装置	下部吊臂	构件有无变形，焊缝有无裂纹
	吊 钩	吊钩有无损坏
		吊钩销子有无不牢固现象
		螺栓、螺母等有无变形、松弛、脱落现象
		吊钩开时，是否存在异常
	滑 轮	旋转是否正常
		轮盘有无破损、裂纹及异常磨损
	导 辊	升降时有无异常声音
		辊面有无异常脱落
		轴承盖螺栓、螺母有无变形、松动或脱落
	焦罐盖	构件有无弯曲，焊缝有无裂纹
		隔热材料有无破损或脱落，固定件有无脱落或烧断
走行装置	制动器	同提升装置
	联轴接手	同提升装置
	减速机	同提升装置
	传动轴	有无弯曲或振动，键是否脱落
	车 架	构件有无变形，焊缝有无裂纹
		车轮轴承箱安装螺栓是否松弛
	车 轮	走行中有无异常声音
		车轮踏面有无异常脱落
		车轮轮缘是否异常磨损
	电 机	安装螺栓是否松弛

C 年修点检

干熄焦年修时，提升机点检项目见表 5-9。

表 5-9 提升机年修点检表

点检部位		点检要领
结构部分	横移钢轨	钢轨是否变形，钢轨头部是否塌边，以及是否出现异常磨损
		提升机横移状态中若存在异常（跑偏，倾斜，异常声音等），应检查以下事项：
		走行轨道的跨距误差
		左右钢轨的高低差
		钢轨的水平弯曲度
		钢轨-接缝部的错位
		接缝部的间隙
	提升框架	大梁部的下挠，翘曲是否控制在规定范围内
提升装置	制动器	闸片是否需更换（制动器旁边的指示器应在范围内）
		制动轮是否需更换

续表 5-9

点检部位		点检要领
提升装置	减速机	齿轮的啮合状态如何
		齿轮磨损状态如何，键是否松弛，键或者键槽是否变形
		油封是否异常
		滚动轴承是否破损或龟裂
	卷筒	钢丝绳紧固安装螺栓是否出现松弛及脱落
	卷筒轴承箱	滚动轴承是否破损或龟裂
	钢丝绳	钢丝绳是否需更换
	均衡器	是否存在因钢丝绳延伸不均而出现异常倾斜
		均衡器销子用衬套是否出现异常磨损
		张力杆有无弯曲或变形
吊具装置	上部吊臂	有无异常腐蚀，结构是否变薄
	下部吊臂	有无异常腐蚀，结构是否变薄
	吊钩和杠杆	吊钩打开时是否存在异常
		吊钩和杠杆表面有无龟裂（进行磁粉探伤或者渗透探伤）
		检查焦罐盖吊挂销有无异常
		吊钩销子用衬套是否出现异常磨损
	滑轮	绳槽的磨损状态如何
		滚动轴承是否破损或龟裂
走行装置	减速机	齿轮咬合状态如何
		齿轮磨损状态如何
		键是否松弛
		键或者键槽是否变形
		油封是否出现异常
		滚动轴承是否破损或龟裂
	车轮	检查测定车轮轮缘的变形量及磨损
		检查测定车轮直径的磨损
		检查测定左、右车轮的直径差

D 提升机异常或故障的处理

提升机发生异常或故障时其原因及处理方法见表 5-10。

表 5-10 提升机异常或故障处理一览表

异常或故障内容	主要原因	处理
因钢丝绳过张力而使检测器动作非常停止	（1）升降范围内有障碍物	清除障碍物
	（2）走行停止位置错误	调整至停止位置停止
	（3）钢丝绳移位，卷取不良	调整钢丝绳达正常卷取
	（4）限位开关故障	限位开关调整或更换

续表 5-10

异常或故障内容	主 要 原 因	处　理
提升装置启动时有异常声音	（1）卷上齿轮损坏	更换
	（2）滚筒损坏	更换
	（3）滑轮损坏	更换
	（4）润滑不良	加油或换油
走行中发生异常声音	走行驱动润滑不良	加油或换油
	轴承损伤	更换
	齿轮损伤	更换
	轨道间距异常	调整到规定尺寸
	蜗轮损伤	更换
	轨道上粘有油脂	擦抹干净
挂钩不开闭	挂钩部位润滑不良	加油
	旋转部位、滑动部位损伤	修整旋转面、滑动面直至开闭灵活
	轴承损伤	更换

E　设备维护标准

（1）轨道。当走行轨道跨距误差达 ±10mm 时（在 5m 以下范围内进行测定），当左右两轨道高差达跨距的 1/3000 时（在 5m 以下范围内进行测定），当轨道的弯曲度达 ±10mm 时（在 10m 以上范围内进行测定），当轨道接缝部位上面及侧面错位都达到 0.5mm 时，当轨道接缝部位间隙达 3mm 时，当轨道踏面宽度磨损量达 10% 时，轨道需更换。

当轨道大梁下挠度达跨距的 1/1200 时（额定负荷下），大梁需处理。

（2）车轮。当车轮轮缘厚度磨损达 50% 时，车轮踏面直径磨损达 3% 时，主动轮直径差达轮径的 0.2% 时，从动轮直径差达轮径的 0.5% 时，车轮需更换。

（3）卷筒。当卷筒磨损达 0.1% 时，卷筒需更换。

（4）钢丝绳。当钢丝绳一股中断丝量达 10% 时，当钢丝绳直径磨损达 7% 时，当有明显变形及腐蚀时，当有铰接时，都需更换钢丝绳。

（5）吊具。当吊具的导辊直径磨损达 3% 时，需更换导辊。

当吊具的滑轮槽底磨损达钢丝绳直径的 15% 时，滑轮轮缘磨损达钢丝绳直径的 10% 时，需更换滑轮。

F　钢丝绳的调整

提升机运行一段时间后，钢丝绳因承载而伸长，此时要视具体情况对钢丝绳进行调整或更换。

（1）钢丝绳因承受负荷的变化而引起钢丝绳伸长量不同。这种情况只是负荷变化引起，焦罐提升时出现吊具上升尺寸不同，对运转没有影响，不需要调整。

（2）钢丝绳承受负荷后出现的时效伸长。由于负荷的反复作用后钢丝绳出现时效伸长，刚开始使用时，这种伸长量最大。然后逐步减小，这种数据可由同步分析器得到。提升机每次运转到上限或者下限位置时，都会复位到同步分析器的位置基点，所以不需要调整钢丝绳。但是，凸轮限位开关的各个设定位置要进行微调。

（3）由于时效伸长的不同而造成均衡器张力杆倾斜。安装在同一侧均衡器的均衡块上的 2

根钢丝绳之间出现时效伸长量的不同，这一不同通过均衡器张力杆的倾斜得到自动调整后，使得同一均衡器上的2根钢丝绳之间负荷保持了平衡。但是随着均衡器张力杆的倾斜越来越大时，会使得钢丝绳所承受的负荷固定量出现不平衡，故需要调整。具体方法是：松开卷筒端部的钢丝绳固定件，通过调整钢丝绳的位置改变钢丝绳的长度。

（4）因时效伸长量的不同而造成吊具挂钩左右出现高低差（吊具的倾斜）。左右两侧滑轮的钢丝绳之间出现时效伸长量的变化之后，吊具会倾斜。如果吊具倾斜，那么左右吊钩挂住焦罐左右侧的时间就不一致。当左右吊钩水平相差10mm以上时，必须调整。方法是松开装在均衡器杆上的张力杆螺母，通过上下移动张力杆的位置来调整。

5.2.2.6　装入装置的点检与维护

装入装置的工作环境比较恶劣，温度高、粉尘大，维修检查对保证设备的正常工作、延长设备的使用寿命有着十分重要的意义。在使用过程中，对设备应进行定期和日常的检查，发现异常及时处理。装入装置日常点检维护项目见表5-11。

表5-11　装入装置日常点检维护项目表

装置名称		检查项目
1	装入装置本体	（1）设备运转中有无异常噪声、振动
		（2）各部位的紧固螺栓、螺母有无松动、脱落
		（3）焦罐底门打开信号的准确性
		（4）装入行程限位开关，速度控制开关的准确性
2	料斗	（1）衬板的磨损情况
		（2）固定衬板的螺栓、螺母有无松动、脱落
		（3）料钟表面堆焊层、横梁上防磨板的磨损情况
		（4）料斗防尘盖的动作灵活性
3	走行台车及轨道	车轮及轨道的磨损情况
4	炉盖	（1）炉盖导向管的磨损情况
		（2）炉盖的吊链、吊具有无异常
		（3）炉盖内的耐火浇铸料有无脱落，隔热陶瓷纤维有无损坏
5	传动装置	（1）导向轮与导向槽的磨损情况
		（2）电动机是否过热
		（3）有无异常声音
		（4）轴是否有窜动
		（5）连接部位是否异常
		（6）给油量是否异常
6	水封罩	（1）四点吊链的张紧状况相同
		（2）4个辊轮的磨损情况
		（3）水封罩的吃水深度
		（4）陶瓷纤维密封布密封情况

续表 5-11

装置名称		检查项目
7	集中润滑	（1）各润滑点均能正常供脂
		（2）润滑管道接头无松动
		（3）高压橡胶管无破损
		（4）高压橡胶管石棉带完好
		（5）确认手动给脂泵内有润滑脂
8	水封槽	（1）水封槽内焦粉沉积情况
		（2）水封槽内空气鼓泡吹扫情况
		（3）水封槽中冷却清扫水的流动情况
		（4）干熄炉炉口膨胀情况

5.3 排焦设备

干熄焦排焦设备由排焦装置及运焦皮带组成。排焦装置包括检修用平板闸门、电磁振动给料器、旋转密封阀、吹扫风机、自动润滑装置和排焦溜槽等设备。

冷却后的焦炭由电磁振动给料器定量排出，送入旋转密封阀，通过旋转密封阀的旋转在封住干熄炉内循环气体不向炉外泄漏的情况下，把焦炭连续地排出。连续定量排出的焦炭通过排焦溜槽送到带式输送机上输出。

5.3.1 排焦设备的构成及作用

排焦装置位于干熄炉底部，将冷却后的焦炭定量、连续和密封地排出到皮带机上。排焦装置由平板闸门、电磁振动给料器、旋转密封阀、台车、排焦溜槽、自动润滑装置、吹扫风机、除尘管道和检修吊车等设备组成，排焦装置周围设有四处 CO 报警器。

5.3.1.1 平板闸门

平板闸门安装在干熄炉的底部出口。正常生产时，平板闸门完全打开。在年修或排焦装置需要检修时，关闭平板闸门防止干熄炉底部的焦炭落下。

平板闸门为电动装置，关闭或开启时间 5 ~ 10min/次。平板闸门的电动头带有行程限位和过力矩保护装置。停电时将电动头的转换开关由电动位置打到手动位置，采用人工手摇操作。平板闸门结构如图 5-14 所示。

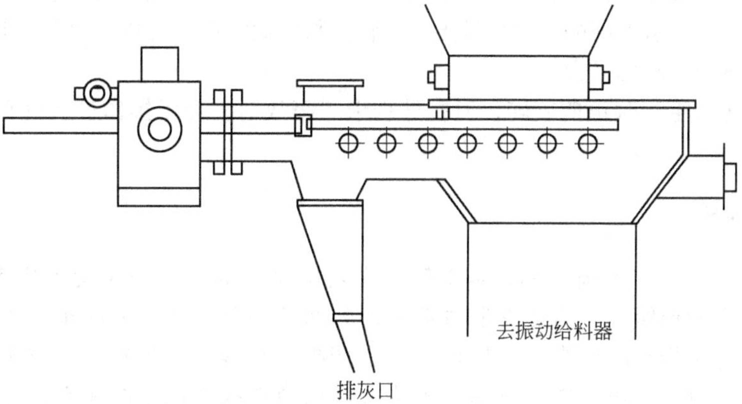

图 5-14 平板闸门结构图

5.3.1.2　电磁振动给料器

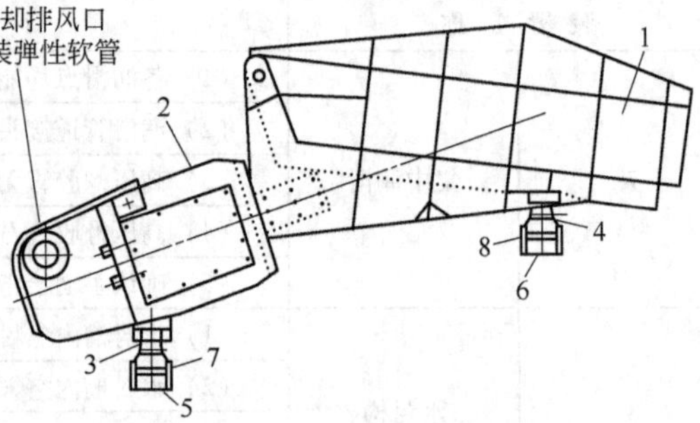

图 5-15　电磁振动给料器结构图

电磁振动给料器是焦炭定量排焦装置。通过改变励磁电流的大小，可改变电磁振动给料器的振幅从而改变焦炭的排出量。电磁振动给料器结构如图 5-15 所示，各部位说明见表 5-12。

振动给料器与外壳要保持一定间隙。壳体上口与平板闸门连接，下口与旋转密封阀入口连接，壳体上设检修口和焦粉排出口、集尘口。振动给料器外壳保温以防焦粉结露堵塞。振动给料器壳体上的集尘管通常是关闭的，只有检修时才打开，抽出壳体内的粉尘和循环气体以确保安全。壳体上的焦粉排出阀按最大开度常开使用，振动给料器据干熄炉预存段料位高低，调整频率改变排焦量。

表 5-12　图 5-15 的图示说明

序号	名称	数量	备注	序号	名称	数量	备注
1	料　槽	1		5	基础底板（后）	2	
2	驱动部件	1 套		6	基础底板（前）	2	
3	防振弹簧（后）	2		7	挡块（后）	共 8	安装完后焊接
4	防振弹簧（前）	2		8	挡块（前）	共 8	安装完后焊接

电磁振动给料器设现场单独操作、中央控制室单独操作和中控室 PLC 连动操作三种操作方式。

5.3.1.3　旋转密封阀

旋转密封阀的作用是：把振动给料器定量排出的焦炭在密闭状态下连续地排出。旋转密封阀的气密性好，内部转子的衬板耐磨性好，使用寿命长。其外壳体内需通入空气密闭，各润滑点有润滑泵定时自动加注润滑脂。振动给料器所排出的焦炭，自旋转密封阀上部的装入口落入，经过转子的旋转，从下部的排焦口排出。旋转密封阀固定在一可移动的台车上，检修时沿地面铺设的轨道推出至检修平台。

旋转密封阀正常生产时正向旋转，但在处理卡料事故时，现场操作盘上设有反向旋转按钮。

5.3.1.4　排焦溜槽

排焦溜槽位于旋转密封阀下部，是将旋转密封阀排出的焦炭送至运焦皮带机的设备。为保证干熄焦生产的连续性，运焦皮带通常设计为两条一开一备，因此排焦溜槽为双叉溜槽，旋转密封阀连续排出的焦炭通过排焦溜槽中挡板的切换，排到指定的皮带机上。排焦溜槽由溜槽本体、衬板、切换挡板及调整板构成。切换挡板由电动缸驱动，挡板的切换要在停止排焦的状态下进行。调整板位于排焦溜槽的出口，用于调整焦炭排放以免偏离皮带机中心。运焦皮带也可设计为一条。

5.3.1.5 吹扫风机

吹扫风机向振动给料器、旋转密封阀不间断地吹入空气，以保证电磁振动给料器和旋转密封阀壳体内部正压，防止灰尘进入，延长设备使用寿命，同时给振动给料器振动体线圈降温，振动给料器线圈温度要求不能高于设定值。当吹扫风机出现故障时，三通电磁切换阀自动切换到管道压缩空气或氮气代替吹扫风机给振动给料器和旋转密封阀送风。吹扫风机设现场单独操作和中央控制室单独操作。

5.3.1.6 自动润滑泵

自动润滑泵定时、定量地向旋转密封阀的轴承和密封环提供润滑脂。自动润滑的时间间隔由人工设定，该装置设有油位低限检测及换向检测等。自动给脂泵设现场单独操作、中央控制室单独操作和中控室 PLC 连动操作三种操作方式。

5.3.2 排焦设备的点检与维护

排焦装置点检维修项目见表 5-13。

表 5-13 排焦装置点检维修项目表

机械名称	项　目	机械名称	项　目
振动给料器	挠性软管是否损伤 各部衬板的磨损 粉尘的附着、堆积状况 振动线圈的温度 排焦量与设定振幅的对应性	旋转密封阀	箱体与衬板间的紧固螺栓 叶片端部与连接螺栓的磨损 密封圈的磨损、各部衬板的磨损 振动吸收器的磨损
		双叉溜槽	各部衬板的磨损、衬板螺栓的磨损及脱落 调整板的磨损、切换挡板的磨损、止动块的磨损 电液推杆动作是否正常
平板闸门	动作是否可靠（月修时检查） 闸板、推杆的磨损 清除壳体内的焦炭 电动装置		
		自动润滑装置	管路及接头有无泄漏 给脂泵运转时有无异常声音 给脂泵启停时间是否正常

5.4 气体循环设备

干熄焦气体循环设备由循环风机、给水预热器（或热管换热器）、干熄炉、一次除尘器、锅炉和二次除尘器等组成。是干熄焦系统的血管和心脏，它的主要作用是维持干熄焦气体循环，保持循环气体的清洁，冷却红焦，带走红焦的显热，产生蒸汽。本节将介绍除干熄炉和锅炉以外的其他主要气体循环设备。

5.4.1 气体循环设备的构成及作用

5.4.1.1 循环风机

循环风机为气体循环提供动力并根据工况通过调整转速来调节循环风量。风机由上机壳、

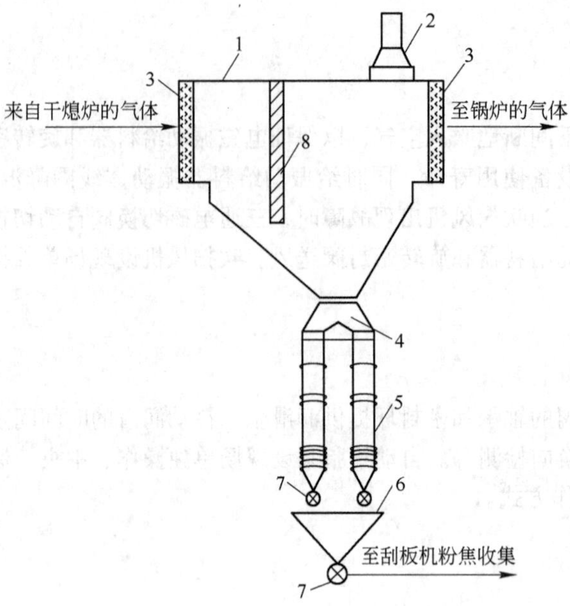

图 5-16　一次除尘器及附属结构图
1——次除尘器；2—气体紧急放散口；3—高温膨胀节；
4—灰斗；5—水冷却套管（4 个）；6—贮灰斗；
7—格式排灰阀；8—重力除尘挡板

下机壳、前后轴承座、叶轮和前后轴封组成，联轴器为齿式，风机叶片堆焊耐磨层，轴封为扇形石墨块，润滑系统为油站集中式。油站设冷却器、加热器、过滤器及各电气联锁装置。风机 2 个吸入口和 1 个排出口为径向布置，入口设置电动百叶调节风门，轴承座上设置温度、振动检测口，壳体上布置有人孔及排水口。前后轴封上设有氮气密封口，机壳作隔音处理。

5.4.1.2　一次除尘器

如图 5-16 所示，一次除尘器（1 Dust Catching），简称 1DC。它利用重力除尘原理将循环气体中的大颗粒焦粉进行分离，减少循环气体对锅炉炉管（主要是二次过热器管道）产生的冲刷磨损，达到保护锅炉炉管的目的。一次除尘器进口粉尘质量浓度在 12 ~ 14g/m^3，出口粉尘质量浓度不大于 10g/m^3。

一次除尘器顶部设置气体紧急放散装置，以备锅炉爆管时紧急放散蒸汽。底部设置有灰斗，用来收集粉焦。灰斗与 4 根水冷套管相连，水冷套管分为 3 层，内筒和外筒通水，中间用来冷却焦粉。水冷套管下部与贮灰斗相连，上部设置料位计，达料位后水冷管下面的格式排灰阀将焦粉排出至贮灰斗。贮灰斗上部设料位计，达料位后贮灰斗下面的格式排灰阀向刮板机排出焦粉。

5.4.1.3　二次除尘器

二次除尘器（2 Dust Catching），简称 2DC。采用立式多管旋风分离除尘，将循环气体系统中的小颗粒焦粉进行分离，达到保护气体循环风机的目的。由于离心力比重力大几百倍、甚至上千倍，因而离心式除尘器比重力除尘器可分离更小的尘粒。二次除尘器出口粉尘质量浓度不大于 1g/m^3。

立式多管旋风分离除尘器在国内外工业锅炉与小型电站锅炉应用较广，由若干单个立式旋风分离器装配而成，如图 5-17 所示。

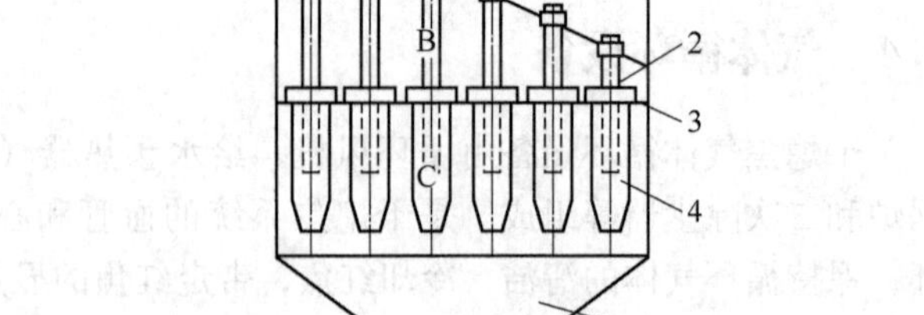

图 5-17　二次除尘器结构图
1—防爆口；2—内套筒；3—旋风子；4—外套筒；
5—贮灰斗；6—格式排灰阀

二次除尘器由进口变径管、内套

筒、外套筒、旋风子、贮灰斗、壳体、出口变径管及防爆装置等组成。进气室内抹浇注耐磨料，室 A、室 B、室 C 三者不得互相串气。入口变径管内抹耐磨层 25～30mm，内套筒材质为 20G，前四排外管面作喷涂耐磨层处理且焊以角钢作挡板保护。旋风子与外套筒为铸件，材质为 KmTBCr26NiMo。内外套筒分别以压板固定于支撑板上，旋风子嵌于外套筒内，单个旋风分离器更换很方便。贮灰斗设有上下 2 个料位计，料位达上限，贮灰斗出口格式排灰阀会向贮灰斗下面的刮板机排出焦粉，料位达下限时停止焦粉排出。

5.4.1.4 焦粉收集装置

一、二次除尘器贮灰斗排出的焦粉由刮板输灰机收集，经斗式提升机送入预除尘器后进入焦粉贮仓。焦粉经过格式排灰阀以及排灰闸门进入到加湿搅拌机，最后将经加湿搅拌处理的焦粉由汽车运走。

5.4.2 气体循环设备的点检与维护

5.4.2.1 循环风机

日常点检及维护内容：油箱油位是否适量；油温是否正常；冷却水是否适量；电动机振动、声音、电流是否正常；风机振动和声音是否正常；基础螺栓有无松动；入口挡板动作是否良好；轴头石墨密封温度是否正常；氮气管路压力是否正常、有无泄漏。

5.4.2.2 一次除尘器

一次除尘器的点检维护见表 5-14。

表 5-14 一次除尘器日常点检表

项 目	点 检 项 目	确 认 方 法	判 断 标 准
1	耐材基本状况	观察或测量表面温度 观察焦粉排出情况 月/年修时打开人孔检查	是否出现局部高温变色； 是否有耐火砖、喷涂料排出
2	水冷套管内泄漏情况	观察焦粉排出情况	干燥、不堵塞、不漏（渗）水
3	冷却套管内管磨穿或破损状况	排出水中是否有焦粉混入	有焦粉则磨穿或破损
4	水冷套管冷却水供应状况（水温过高容易汽化导致内管烧损）	测量冷却水出口温度，观察水量各排水口温度分布均匀	<75℃
5	水冷套管内部状况检查	年修检查	

5.4.2.3 二次除尘器

定期取样检测除尘效果，在年修时进入检查和处理。

5.4.2.4 焦粉收集装置

焦粉收集装置点检维护见表 5-15。

表 5-15　焦粉收集装置点检维护表

点检部位	点　检　事　项	点检部位	点　检　事　项
1. 刮板输送机	是否从各个部位泄漏焦灰	2. 斗式提升机	是否从点检盖子处泄漏焦灰
	壳体有无异常磨损		皮带是否跑偏及有无损伤
	驱动链有无损伤、松弛		减速机的油量是否适宜
	驱动链轮有无磨损		壳体有无异常磨损
	轴有无损伤		提升斗是否出现异常磨损
	固定螺栓是否松动、脱落		检查链条有无损伤、松弛
	确认各部磨损状况	3. 加湿搅拌机	焦灰的加湿是否良好
		4. 排灰闸门	是否从法兰部泄漏焦灰

5.5　锅炉

5.5.1　干熄焦锅炉的结构及原理

干熄焦锅炉是利用吸收了红焦显热的高温循环气体与除盐除氧纯水热交换，产生额定参数的蒸汽，并输送给用户的一种传热设备。是一种特殊的余热锅炉。

干熄焦锅炉是干熄焦系统的重要组成部分。惰性循环气体在干熄炉中冷却红焦后，吸收了红焦显热后的高温惰性循环气体经一次除尘器除去粗颗粒粉焦后进入锅炉，锅炉吸热产生蒸汽，被冷却的惰性循环气体经二次除尘器除去细颗粒粉焦，再由循环风机鼓入干熄炉继续循环冷却红焦。

5.5.1.1　干熄焦锅炉的结构及系统组成

干熄焦锅炉由“锅”、“炉”、附件仪表及附属设备构成。“锅”即锅炉本体部分，包括锅筒、过热器、蒸发器、省煤器、水冷壁、下降管、上升管和集箱等部件；“炉”由炉墙和钢架等部分组成。

锅炉本体支吊在钢结构大板梁上，其整体可由上往下膨胀。锅炉炉墙由前、后、左、右膜式水冷壁组成，膜式水冷壁采用全悬吊结构。循环气体从上部水平引入锅炉，垂直往下先后经过二次过热器、一次过热器、光管蒸发器、鳍片管蒸发器和省煤器，最后排出锅炉。锅炉给水自省煤器下集箱进入锅炉，换热后从省煤器上集箱引出，经省煤器上升管进入顶部平台的锅筒。水循环分两路，一路从锅筒下部引出，经下降管进入四面水冷壁，经水冷壁上升管回锅筒，为自然循环；一路从锅筒下部引出，经强制循环泵加压后分别进入鳍片管蒸发器和光管蒸发器，再从蒸发器出口集箱引出进入锅筒，为强制循环。锅筒内饱和蒸汽从锅筒顶部引出，进入一次过热器后经喷水减温器再进入二次过热器，二次过热器出来的过热蒸汽即为主蒸汽。

锅炉内受热面由二次过热器，一次过热器，光管蒸发器，鳍片管蒸发器，以及相对独立的鳍片管省煤器组成。锅炉内受热面为强制循环，膜式水冷壁部分为自然循环。省煤器两端有波纹膨胀节，利于锅炉的膨胀。一、二次过热器间的喷水减温器，用于控制过热蒸汽的出口温度。干熄焦锅炉结构示意见图5-18。

5.5.1.2　干熄焦锅炉主要部件结构及原理

A　锅筒

锅炉的锅筒，又称汽包，是用钢板制成的圆柱形容器。锅筒两端是凸形的封头，封头上开有人孔，以便安装和检修锅筒内部装置。锅筒的作用是汇集、贮存、净化蒸汽和补充给水。

锅筒筒体上设有上升管、下降管、安全阀、现场液位计、远传液位的平衡容器、现场压力、远传压力、排气、开工用低压蒸汽、停炉用充氮保护和锅筒排污等接口。干熄焦锅炉的锅筒是汇集汽水混合物和使汽水分离的装置，它接受从省煤器来的锅炉给水，并接受蒸发器和锅炉水冷壁来的汽水混合物，经分离后向过热器输送饱和蒸汽。因此，锅筒是炉水加热、蒸发和过热这三个过程的连接枢纽。由于锅筒内部储存一定数量的水，对于锅炉来说，短时间的供水中断，不会立即发生事故。为了增加锅炉的安全性，并同时应对外界负荷的改变，锅筒内部储存一定数量的水又能维持锅炉相对的稳定性。

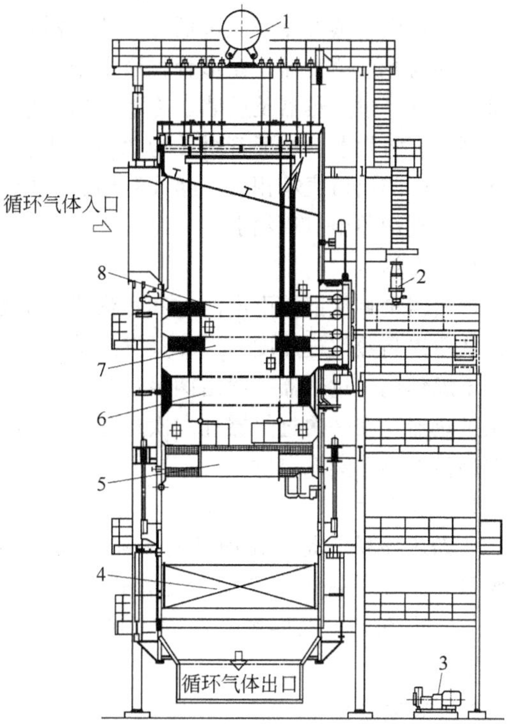

图 5-18　干熄焦锅炉结构示意图

1—锅筒；2—减温器；3—强制循环泵；4—省煤器；
5—鳍片管蒸发器；6—光管蒸发器；
7——次过热器；8—二次过热器

B　省煤器

省煤器按所用材料可分为钢管式省煤器和铸铁式省煤器。干熄焦锅炉省煤器为钢管式省煤器，由一系列并联蛇形管和集箱构成，图 5-19 所示为钢管式省煤器结构。装设省煤器是为了利用锅炉烟道尾部低温烟气的热量来加热给水，以降低排烟温度，提高锅炉热效率。

装设省煤器还可以减少锅炉蒸发受热面，节约金属耗量，降低制造成本。给水在省煤器内可加热至接近或等于饱和温度。当给水经省煤器加热后进入锅筒时，避免了较冷的给水同锅筒接触时因壁温不均而引起的热应力，改善了锅筒的工作条件。

干熄焦锅炉省煤器管子常用鳍片蛇形管的结构形式，管子增加了鳍片后由于强化了传热可减小受热面和省煤器尺寸。鳍片管省煤器的管子形状如图 5-20 所示。

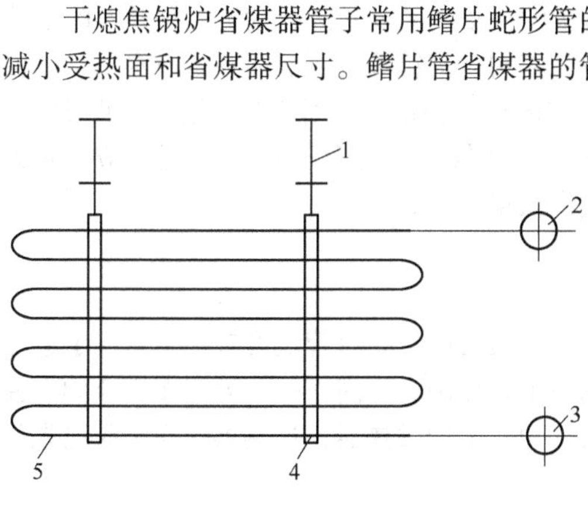

图 5-19　钢管式省煤器结构示意图

1—板梁；2—上集箱；3—下集箱；4—吊架；5—蛇形管

C　蒸发器

蒸发器是干熄焦锅炉主要产生蒸汽的部分，一般设置在干熄焦锅炉的中部区域。

从锅筒中引出的饱和水经下降管通过强制循环水泵压入蒸发器，在蒸发器中与炉内烟气换

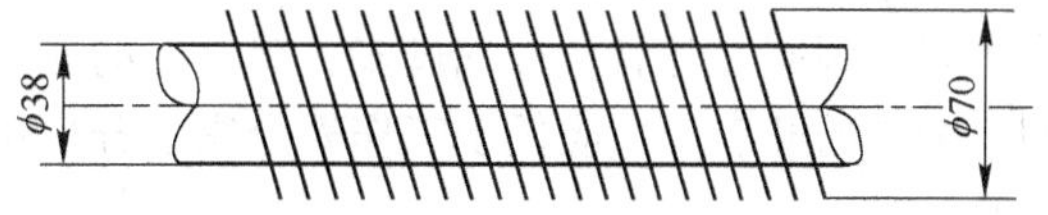

图 5-20　螺旋鳍片管

热，产生的汽水混合物由上升管回到锅筒，经锅筒内汽水装置分离后产生饱和蒸汽。

干熄焦锅炉蒸发器一般包括光管蒸发器和鳍片管蒸发器。

上部为光管蒸发器，蛇形管材质采用20G。光管蒸发器最上部受热面向上引出，与吊顶管对接，一直穿过过热器及后墙水冷壁与出口集箱相接。

鳍片管蒸发器，蛇形管材质为20G，外绕鳍片（Q235-A）以增加受热面积。上部与暴露于烟室之中的出口集箱相接，鳍片管通过吊杆挂在2个出口集箱之下，从出口集箱引出的吊顶管一直引到炉顶出口集箱上。

D　过热器

过热器是将从锅筒引出的饱和蒸汽或一定温度的过热蒸汽加热干燥，并达到一定的过热温度，从而提高蒸汽过热度，增加蒸汽热焓。

干熄焦锅炉过热器一般由两级过热器组成，下段的部件称为一次过热器，上段的部件称为二次过热器。在一次过热器和二次过热器之间安装了喷水减温器，通过喷入减温水控制二次过热器出口的过热蒸汽温度。

E　水冷壁

所谓水冷壁，是指在炉墙的一部分或全部表面上敷设水管，以吸收热量，降低炉墙表面温度。常见的锅炉水冷壁有光管式、膜式和刺管式三种。干熄焦锅炉一般采用膜式水冷壁结构。即在光管上焊接或直接轧制鳍片，将各管的鳍片焊接起来，组成整块的水冷壁受热面。

F　锅炉炉墙

锅炉炉墙起着隔热和密封的作用，形成烟气的通道，并构成了炉膛和烟道等的外形。

锅炉炉墙按结构形式一般可分为三种：重型炉墙、轻型炉墙和敷管式炉墙。现在的干熄焦锅炉一般都采用敷管式炉墙，锅炉受热面管子采用小节距管或膜式水冷壁等。该种炉墙特别适合采用悬吊组合形式安装的锅炉。

G　安全阀

安全阀是锅炉的主要安全附件，在压力过高时起跳泄压，以保护锅炉不受损伤。干熄焦锅炉锅筒上设有两个安全阀，过热器后主蒸汽管上设有一个安全阀。

5.5.2　干熄焦锅炉的点检与维护

干熄焦锅炉属于压力容器，应严格按照国家有关法律法规的要求进行检查、检验。除了法律法规规定的强检项目以外日常点检应该检查：各管路阀门集箱等是否泄漏蒸汽或水、炉体保温是否完好、炉壁及外露构件的腐蚀情况、仪器仪表的运行情况、弹性/刚性支座支吊架的状况、锅炉给水的指标、锅炉换热（产蒸汽）的效果、循环气体中含 H_2、O_2的情况，应认真做好点检和操作运行记录，为年修时的检查和检修提供依据。

5.5.2.1　安全阀的校验

干熄焦锅炉安全阀，在锅炉的锅筒上设有两个，过热器后主蒸汽管上设有一个。为了避免多个安全阀同时开启，排汽过多，锅筒上的安全阀一个为控制安全阀，一个为工作安全阀。控制安全阀的开启压力应低于工作安全阀的开启压力。为了保护过热器，过热器的安全阀应先行开启。

锅炉锅筒和过热器的安全阀整定压力应按国家规定的标准进行调整和校验。新安装锅炉的安全阀及检修后的安全阀，都应校验其整定压力和回座压力。在用锅炉的安全阀每年至少应校验一次，安全阀的校验一般应在锅炉运行状态下进行。安全阀校验后，其整定压力、回座压力和密封性等检验结果应记入锅炉技术档案，校验后的安全阀应加锁或铅封。为了防止运行锅炉的安全阀阀芯和阀座粘连，应定期对安全阀做手动或自动排放试验。在做手动排放试验时，锅筒内的压力应不小于安全阀开启压力值的75%。

5.5.2.2 干熄焦锅炉的水压试验

干熄焦锅炉可采用散件出厂的锅炉，其受压件应逐件在制造单位按压力等级进行水压试验。在使用地点当锅炉所有汽、水压力系统及附件组装完毕后，必须进行水压试验，以检验各承压部件是否严密，强度是否足够。

A　水压试验要求

下列情况需要进行水压试验：

新装锅炉，当汽、水压力系统及其附属装置安装完毕后。

锅炉停止运行较长时间后要恢复运行。

受压部件经过重大修理（如挖补、更换炉管等）以后。

对设备状态有怀疑必须进行检查时，应进行水压试验。

干熄焦锅炉水压试验按《蒸汽锅炉安全技术监察规程》的有关规定进行，同时也应考虑其特殊性。

B　水压试验范围

锅炉机组水压试验的范围原则上应包括受热面系统的全部承压部件，即从给水进口到蒸汽出口的汽、水管道和阀门。有关的疏放水管、排气管、仪表管应打开第一道阀门，关闭第二道阀门。锅炉上的液位计、安全阀一般不参与水压试验，水压试验前应将液位计阀门关闭。

C　水压试验压力

水压试验压力应符合表5-16的规定。

表5-16　水压试验的压力规定

名　称	锅筒工作压力 p	试验压力	名　称	锅筒工作压力 p	试验压力
锅炉本体	<0.8MPa	$1.5p$ 但不小于0.2MPa	锅炉本体	>1.6MPa	$1.25p$
锅炉本体	0.8~1.6MPa	$p+0.4$MPa	过热器	任何压力	与锅炉本体试验压力相同

干熄焦锅炉水压试验压力一般为 $1.25p$。

D　工作压力下的水压试验或超水压试验的合格标准

(1) 在试验压力下，压力保持20min没有下降。

(2) 在工作压力下进行全面检查，检查期间压力保持不变，所有焊缝不应有任何渗漏。

(3) 检查中没有发现破裂、漏水、残余变形及异常现象。

由于锅炉在超压力水压试验时，不仅对锅炉的承压部件的使用寿命不利，而且试验中具有一定的危险性，一般要求超水压试验能一次成功。因此可先做0.3~0.5MPa的气压预试，以便预先消除所发现的缺陷，避免水压试验反复进行。

5.5.2.3 锅炉保养

锅炉长期停炉时，须做好停炉保养，并对锅炉在保养期间的腐蚀情况进行监督。

有关锅炉的保养方法，锅炉停炉时间较短时，采用满水法；停炉时间长，以及时间虽短，但有可能发生结冻的季节，应采用充氮气保护法。

A　充氮保护法

锅炉内充满氮气的目的，是通过这一惰性气体将金属面与空气完全隔离，并保持一定压力，防止空气侵入炉内，确保防腐效果。充入的氮气应为高纯度（99.9%以上），保养期间应定期检查充氮压力。并加强对锅炉各部的检查，以便及时查漏堵漏，达到防止腐蚀的目的。

B　满水法

这种方法是：将联氨（或氨）加入除盐水中，调制到规定的浓度后将它灌满锅炉进行保养。如果是可能发生冻害的季节就不能使用这种方法。为了弥补因保养中温差变化而造成锅炉水体积的变动，又做到不让空气进入锅炉内，在采用满水法之后，要用氮气加压到0.05MPa。另外的方法也有采用在锅炉顶部加装一个水封箱，该水封箱内盛满用所规定药品配制的溶液，与锅筒连接起来进行保养的。在保养期间，每隔一周在各取样点取样分析联氨（或氨）浓度及pH值，必要时还要分析保护液中铁含量。当浓度不足时，应加入联氨（或氨）溶液。若炉内各部位药液浓度不均时，可启动锅炉循环泵，使之均匀。另外还需加强锅炉压力和液位的监督，以便及时处理。

5.6　汽轮发电机

目前干熄焦热、电联产的汽轮发电机组通常采用的汽轮机形式有背压式，抽凝式。它们各自的特点是：

背压式利用排汽直接向外供热，热能利用率高，结构简单，价格便宜。背压机组的运行方式通常是按热负荷运行，即热负荷保持排汽压力不变，提供稳定的蒸汽压力保证。而电负荷则不能保证，即发电的多少取决于热负荷的变化。背压机组的缺点是：电和热不能独立调节，不能同时满足供热和供电的需要。另外，由于背压存在机组焓减小，因此对工况变化的适应力相对较差，背压波动（即热负荷波动）会导致供电的大幅波动，使电网的补偿容量大幅增加。因此使用背压机组必须确保有稳定可靠的热负荷。

抽凝式的特点是电负荷和热负荷可以独立调节。即当热负荷为零时可按电负荷运行，也可同时保证供热供电，运行方式灵活，适应波动能力强。C型为一次调节抽气。CC型为两次调节抽气，可提供两种压力的蒸汽。抽气式的不足：设备相对复杂，费用较高，抽气隔板存在节流损失，机组内效率比非抽气式的低。

发电机的适用形式：现代发电厂中的发电设备几乎都是三相同步发电机。同步电机是一个实现电能和机械能之间相互转换的设备。当它用作电动机时，称为同步电动机，用于恒速大容量的电力驱动；当它用作发电机时，称为同步发电机。

5.6.1　同步发电机

5.6.1.1　同步发电机的原理

A　基本结构及原理

同步发电机的基本结构由转子和定子组成如图5-21所示，定子由机座、定子铁芯和三相绕组等组成。转子部分包括转子铁芯、励磁绕组和滑环，其他还包括电刷装置（对有刷励磁而言）、端盖、轴承和风扇等。

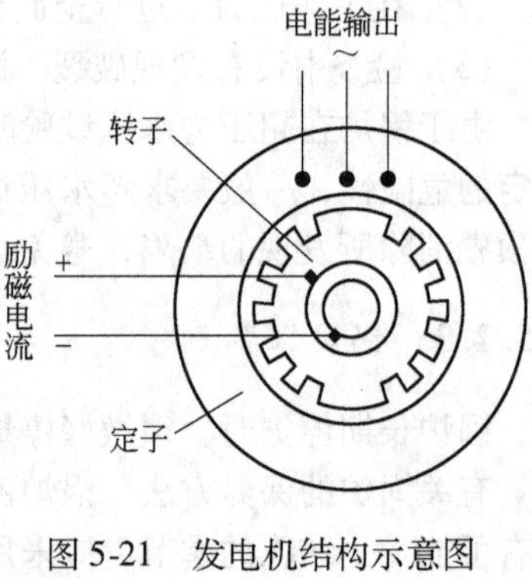

图5-21　发电机结构示意图

发电机的基本原理是利用电磁感应。通过外界做功，使电枢与磁极之间发生切割磁力线的相对移动，在电枢中产生感应电动势，即形成输出电压。所谓电枢就是发电机中产生感应电动势的部分，通常是发电机的定子；所谓磁极就是发电机中提供磁场的部分，通常是发电机的转子。在一般情况下，定子作为电枢，转子作为磁极，不仅绝缘可靠，而且电力输出无需通过滑环与外界连接，结构简单，故障率低。但由于结构和用途的需要，在小功率同步发电机中也有将定子作为磁极，转子作为电枢的情况。例如无刷式同步发电机的励磁机实际上就是一台小同步发电机。它与发电机同轴安装，定子作为磁极，转子产生感应电动势，直接通过同轴转子的轴提供给发电机的定子励磁线圈，形成发电的励磁电流。这样就可以省去结构复杂、磨损快和易出故障的碳刷。

同步发电机的工作原理是通过在转子励磁绕组上通入励磁电流，转子被原动机驱动旋转，形成旋转磁场。定子绕组切割磁力线形成感应电动势输出，即实现了输入机械能到输出电能的转换。通过改变同步发电机转子的励磁电流，可以控制同步发电机的输出电压。

B　典型结构（他励式无刷励磁同步发电机）

同步发电机按励磁的方式可分为他励式和自励式。

他励式是指发电机的励磁绕组由外部电源供电，其励磁电流不受电枢端电压或电枢电流的影响。通常在发电机上同轴安装一台励磁机，实际上励磁机也是一台发电机，通过励磁机发电为发电机提供励磁电流。自励式是指利用同步电机自身发出的电能为励磁绕组提供励磁能量的方式，其励磁电流就是电枢电流或为电枢电流的一部分。

他励式无刷励磁发电机的励磁机，由一台主励磁机和一台副励磁机组成。其主励磁机采用一台三相交流无刷励磁机，副励磁机采用一台单相永磁发电机，如图 5-22 所示。双点划线框内部分为转子部件，虚线框内部分为定子和地面控制部件。从图中可以看出，转子与定子之间没有连线，副励磁机发电为主励磁机的定子提供励磁电流。主励磁机的转子产生感应电动势，经同轴安装的硅整流装置变为直流电为同步发电机转子的励磁线圈供电。通过来自发电机输出端的电压反馈信号来调节副励磁机的输出电流，从而改变主励磁机的输出电压，实现同步发电机输出电压的自动调节。

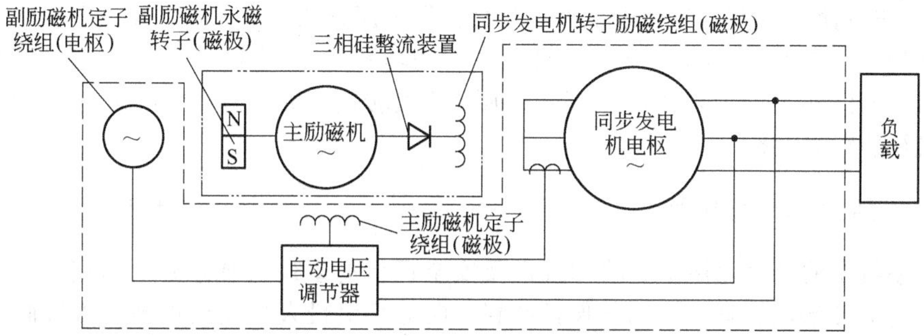

图 5-22　他励式无刷励磁发电机

5.6.1.2　并网

发电机并网就是将发电机的输出端接入供电网络。发电机组发出的电能并不是随意可以并网的，必须具备一定的条件，否则就可能发生事故。发电机在合闸并网前必须确保电压、频率、相位与电网一致。用于确保上述条件达到要求的装置称为同期装置。

同期装置按照实现同期的方法可以分为三种。

A　准同期法

通过调整使待并网发电机的电压与电网电压相等、其频率与电网频率相等、其相位与电网相位一致。当上述三个条件同时满足时，手动或自动将待并机组并网。发电机并网时其频率与电网频率不可能完全相等，发电机是通过自整步作用实现与电网完全同步的。准同期法的特点是冲击电流、冲击转矩和母线电压降很小，但手动并机操作难度大。准同期法有同步表法和灯光指示法等。准同期法在小型机组上应用较广。

B　自同期法

将待并网机组调节至同步转速后，在未加励磁的情况下将其并入系统。然后逐步加入励磁，使机组被拉入同步。该方法要求并网前机组频率与电网频率相近，且无输出电压，待并机组的励磁绕组须经灭磁电阻等构成闭合回路。该方法冲击转矩、冲击电流、母线压降大，但结构简单，操作容易。一般用于大中型机组。

C　粗同期法

将待并机组的电压、频率调至与电网接近时，在任意时刻将机组通过并机电抗器投入系统，拉入同步后，再切除电抗器。该方法对电压和频率只要求与电网接近，冲击转矩、冲击电流、母线压降较大，但操作简单，并网速度快，应用广泛。

5.6.1.3　功率调节

A　无功功率调节

电网的主要负载是感性的（如电机等），它需要发电机提供有功和无功功率，有功和无功的分配取决于 $\cos\varphi$、$\sin\varphi$。通过改变励磁电流的大小来调节无功功率。当励磁电流增大，即"过励"时，发电机端电压高于电网电压，电枢电流比发电机电压滞后 90°。此时，发电机发出感性无功功率。反之当减少励磁电流，即"欠励"时，则出现输出容性无功的情况。即，在保持有功功率不变时，通过改变发电机励磁电流可以调节发电机输出的无功功率。

B　有功功率调节

有功功率调节通常是通过调节原动机的功率来实现的。当原动机转矩增大时，发电机转子将有一个暂时的加速过程，于是电枢电动势将比端电压越前一个 θ 角。在两电动势之差（矢量）的作用下，将使电枢电流上升，亦即有了有功功率输出。同时，新增电枢电流形成的阻力转矩使发电机组拉入同步运行。可见改变原动机的转矩（如调节汽轮机的进汽量），可以调节发电机组的有功功率。

5.6.1.4　发电机的继电保护

电力系统中的电力元件发生故障或危及安全运行的事件（如接地、短路、过流、过负荷和失步等）出现时，通过自动化保护装置，向运行值班人员发出报警或直接向所控制的断路器发出跳闸指令。以防止出现大的故障或事故或把事故故障的不利影响降至最低，这种保护方式称为继电保护。继电保护装置是保证电力元件安全运行的基本设备，它的基本功能就是报警和保护动作联锁，应定期对继电保护装置进行检查和试验，以确保其完好可用。

中小型发电机常用的继电保护有七种：

（1）相间短路保护；

（2）匝间短路保护；

（3）定子接地保护；

（4）定子绕组过电流保护；

（5）失磁保护；

（6）负序电流保护；

（7）过负荷保护。

5.6.2 汽轮机

汽轮机以蒸汽为工质，将蒸汽的热能转化为旋转机械能，驱动发电机发电。汽轮机的结构如图5-23所示。

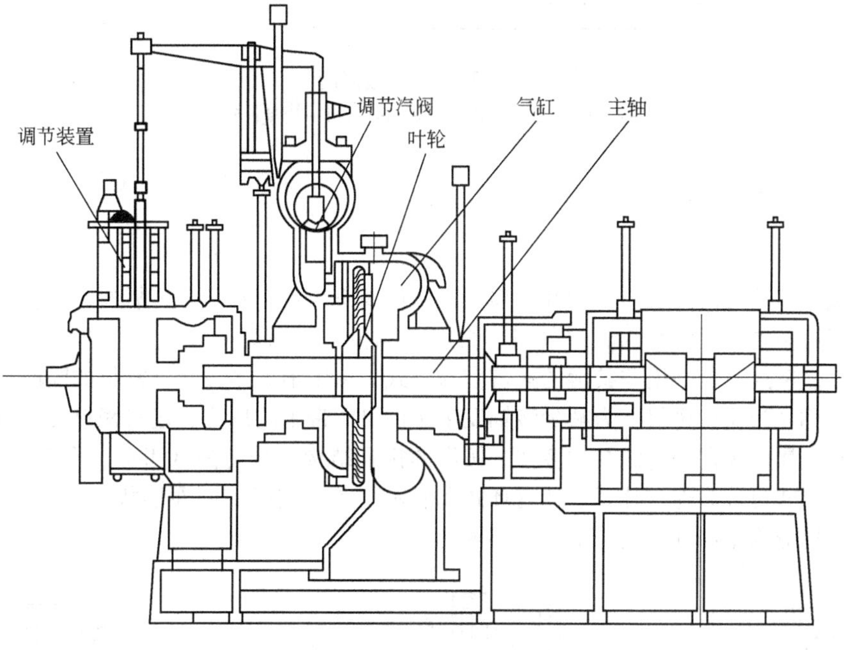

图5-23 背压式汽轮机的结构图

汽轮机本体主要由以下几个部分组成：

转动部分：由主轴、叶轮、轴封和安装在叶轮上的动叶栅及联轴器等组成。

固定部分：由进汽室、气缸、隔板、静叶栅和气封等组成。

控制部分：由调节系统、保护装置和油系统等组成。

5.6.2.1 汽轮机的级

级通常由一列静叶栅（又称喷嘴）和一列动叶栅组成，是汽轮机实现能量转换的基本工作单元。汽轮机由一个或多个级组成。通常意义上讲，汽轮机的级一般指轴流级，因为绝大部分汽轮机为轴流式。下面将以轴流级为对象，来讨论汽轮机的基本工作原理。

如图5-24所示，轴流级是由一列喷嘴（静叶栅）和叶轮（动叶栅）构成。气流先经截面（级的入口）0—0进入静叶栅。在静叶栅中将部分热能转换为蒸汽的动能。在静叶栅出口1—1（即动叶栅入口），气流的速度和方向要满足动叶栅入口条件，气流在动叶栅中，将动能和热能转化为机械功，使叶轮旋转。气流做功后经截面2—2（级的出口），进入下一级或从汽轮机的出口排出。

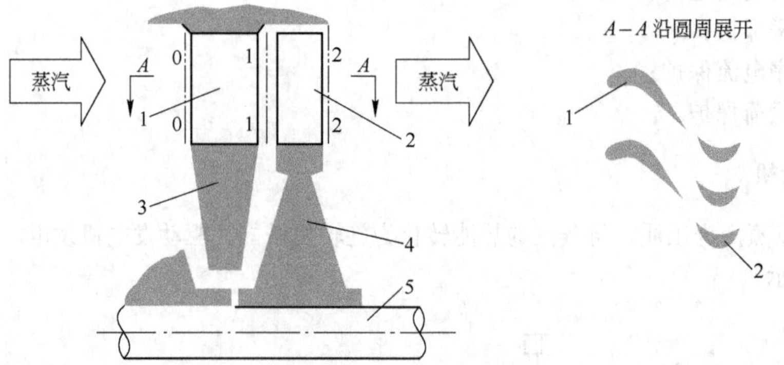

图 5-24　轴流级简图
1—静叶栅；2—动叶栅；3—隔板；4—轮盘；5—轴

5.6.2.2　汽轮机的密封

A　汽轮机密封的类型

为了减少汽轮机内部及向外的漏气损失，以提高机组效率和安全可靠性，汽轮机的不同部位都装有气封装置，通常称为轴端气封、级间（隔板）气封和叶顶气封。汽轮机转速、温度通常很高，故密封一般采用非接触的迷宫密封形式。由于绝大多数迷宫密封的断面结构类似于梳齿，故也称其为梳齿密封。为减少转轴发生摩擦可能带来的危害，迷宫密封的梳齿通常采用铜、铝等软金属。迷宫密封的结构多样，按齿的排列结构可分为高低齿形、平齿形和阶梯形。按齿的结构形式可分为迷宫片式、迷宫环式和蜂窝式等；按齿的断面形状可分为斜齿及直齿。按布置方向可分为轴向和径向，如图 5-25 所示。

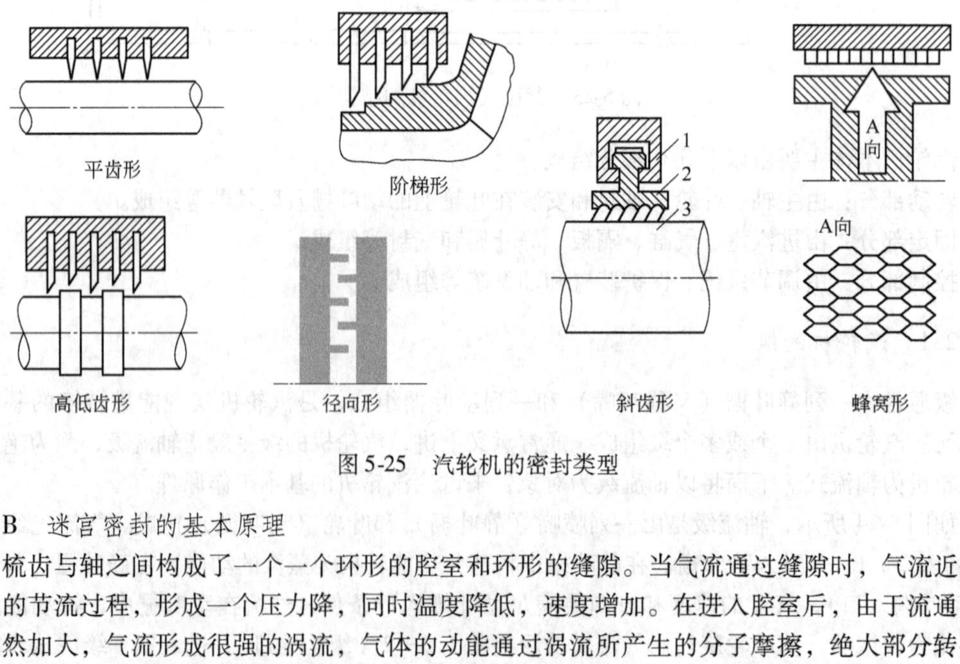

图 5-25　汽轮机的密封类型

B　迷宫密封的基本原理

梳齿与轴之间构成了一个一个环形的腔室和环形的缝隙。当气流通过缝隙时，气流近似于理想的节流过程，形成一个压力降，同时温度降低，速度增加。在进入腔室后，由于流通面积的突然加大，气流形成很强的涡流，气体的动能通过涡流所产生的分子摩擦，绝大部分转变为热能，使气流的温度回升而压力不变。气流每经过一个缝隙和一个腔室，就重复一次上述过程。到最后一级梳齿的出口时，气流在温度几乎保持不变的情况下，经过多次降压，达到接近背压（对轴端汽封而言，则是环境压力）的水平。

事实上蒸汽在轴端汽封内除了轴向流动外，还存在圆周方向的环流。环向流动减弱了涡流降速的效果，从而影响了梳齿的密封性能。目前流行的蜂窝式迷宫密封，则克服了这种缺点，效果比较理想。

5.6.2.3 汽轮机的热膨胀控制原理

汽轮机工作温度很高，是一个复杂的热态工作机械，其热态线性膨胀量高的可达数十毫米。因此，其设计、安装、调整、运行、检修和监控等方面均应充分考虑热膨胀所带来的影响。热膨胀控制不好可能造成的后果有：上下缸膨胀不一致导致缸体的变形；差胀过大导致的转子部件与汽缸部件发生轴向碰擦；因为冷态调整不佳导致热态汽缸镗孔与轴承镗孔的中心线重合度不好，从而导致转子与气封等静止部件发生径向碰擦，以及发电机组的不对中振动；部件受到过大的热应力而发生裂纹、变形等等。

A 汽缸支承

汽缸支承通常采取猫爪形式。通过缸体上伸出的猫爪支撑在轴承座上，猫爪支承分为上缸猫爪支承和下缸猫爪支承两种方式，如图5-26所示。

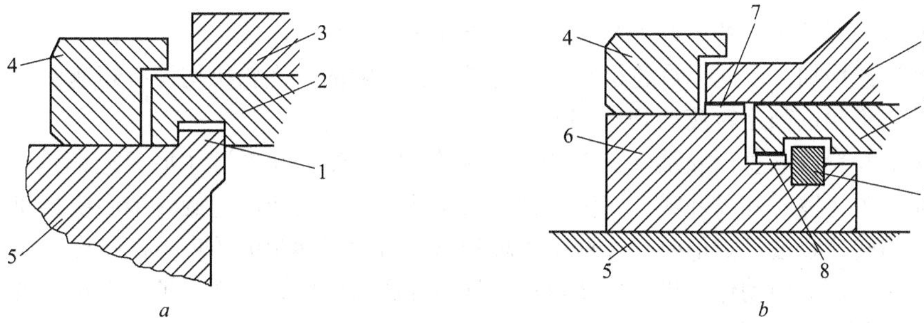

图5-26 汽缸支承形式

a—下缸猫爪支承；*b*—上缸猫爪支承

1—猫爪横销；2—下汽缸；3—上汽缸；4—压板；5—轴承座；

6—水冷垫铁；7—工作垫片；8—安装垫片

有些中低压汽轮机汽缸以及汽轮机的低压排汽缸，由于膨胀量不大而采取下缸直接与轴承座通过半圆法兰连接或直接与基础台板连接的方式。如采用直接与基础台板连接的方式，则连接螺栓不应拧死，而保留0.04～0.07mm间隙。与轴承座采用半圆法兰连接时，在横向和垂直方向均装有定位的膨胀滑销以确保轴承座在膨胀时中心不致变动。轴承座底部螺栓同样要保留一定间隙，这样可以保证汽缸能够沿轴向自由膨胀。具体要求可参阅厂方提供的安装图纸。

B 滑销系统

汽轮机在启动、带负荷和停机过程中，温度变化很大。为确保汽缸与转子中心保持一致，必须使汽轮机按给定的方向自由膨胀和收缩。因此汽轮机均设有滑销系统。滑销按结构形式、安装位置和布置方向可分为纵销、横销、立销、猫爪横销、角销、斜销等。汽轮机的滑销系统对汽轮机的正常膨胀与收缩起着关键的作用。因此在检修中应按照图纸的要求，确保正确的配合间隙。防止卡死或间隙过大，以保证机组的热态精度和安全运行。

C 差胀

由于汽缸和转子形状、材质和质量不同，它们在温度发生变化时，膨胀和收缩的速度及大小不同。通常转子的膨胀、收缩速度大于汽缸。转子与汽缸轴向膨胀量的差值称为“差胀”。我们规定当转子膨胀量大于汽缸时，差胀为正值，反之为负值。显然在汽轮机启动时，差胀为正值。而当汽轮机停机或甩负荷时，蒸汽温度迅速下降，由于转子收缩较快，有可能出现差胀为负值的情况。由于差胀的存在，汽轮机的设计中在叶轮与隔板、汽封梳齿与轴上凸台等与转子部件及与静子部件之间预留了一定的安全间隙，在安装与检修中应特别注意，确保这些安装尺寸，以免发生危险。

温度变化过大、过快，是导致差胀过大的主要原因。在操作过程中，要注意防止过快的温度变化或温差，严格按设备使用说明书的要求操作设备。尤其注意开停机、甩负荷及蒸汽初始参数突然变化等特殊情况下的操作。

5.6.2.4 汽轮机的保护装置

为了保障汽轮机的安全运行，汽轮机设有必要的保护装置。汽轮机常用的保护装置有：超速保护、低油压保护、轴向位移保护、差胀保护、低真空保护（对凝汽式而言）、轴承温度和振动保护、功率限制和防火保护等。在保护装置动作时，通常控制自动主气门、速关阀等可以迅速、直接地切断主蒸汽回路的执行元件，实现快速停机。

A 超速保护

汽轮机转子部件所受的离心力与转速的平方成正比。转速增加，转子部件的结构应力将按平方的关系迅速增加。因此，汽轮机超速运行是十分危险的。汽轮机均设有超速保护装置，控制汽轮机转速不超过额定转速的8% ~12% 。

超速保护装置由危急保安器、连杆或拉钩部件和危急遮断油门（危急遮断滑阀）组成。危急保安器分为飞锤式和飞环式。安装在轴上的飞锤或飞环的质心与旋转中心线之间有一定的偏心距离。当转速超过设定值时，飞锤或飞环的离心力大于弹簧的约束力而飞出，撞击连杆部件，导致危急遮断油门动作，迅速关闭自动主气门和调节气门，实现保护性停机。飞锤或飞环的动作转速（即超速停机转速）可通过调整螺母，改变弹簧的预紧力来调整。

B 轴向位移保护

轴向位移保护装置是汽轮机组的一个重要安全装置，用于防止转子因发生过大的轴向移动而与汽缸静子部件发生摩擦，酿成事故。轴向位移装置的基本原理是，通过感受元件，将主轴位移信号传递给调节机构控制元件及报警装置。当轴向位移达到一定数值时，则发出报警信号。当轴向位移超过给定的停机值时，则通过控制滑阀或磁力断路油门使油压主气门关闭，实现自动保护性停机。有些小型机组在机体进汽室前装有速关阀，这些机组的主气门通常为电动或手动，则轴向位移保护装置对速关阀起作用。

轴向位移按感受器的结构可分为机械式、液压式和电气式三类。

C 低油压保护

低油压保护装置用于防止润滑油压过低而导致汽轮机轴承损坏，酿成事故。低油压保护装置的动作过程为：当油压降至报警值时，发出报警信号，提醒操作人员注意和采取必要措施；当油压降至安全运行值以下时，自动启动辅助油泵，恢复油压；当油压在辅助油泵启动后仍继续下降，则在其降至危险停机值时自动停机；当油压低于盘车油压时，则停止盘车。

D 差胀保护

差胀保护用于防止汽轮机动、静部分由于差胀过大而发生轴向碰擦。大机组一般都设有差胀保护，即在差胀过大时，实现紧急自动停机。

5.6.2.5 油系统

汽轮机油系统由主油泵，汽动油泵或高压电动油泵（调速油泵），交、直流油泵流油泵（润滑油泵），滤油器，冷油器，高、低压过压阀及连接它们的管道和管路附件组成。作用是向机组各轴承供油，以便润滑和冷却轴承，供给调节系统和保护装置稳定充足的压力油，供应各传动机构润滑用油。

主油泵是油系统的动力，正常运行时连续不断地将油送到润滑油和调节油系统。调速油泵作用是当汽轮机启动或停机过程中主油泵没有正常工作时，用来供给动力油和润滑油，也供停机后调节系统静态特性试验时使用。润滑油泵作用是在汽轮机盘车状态下或事故情况下，供汽轮机润滑油。滤油器装在润滑油和调速油管道上，主要是防止油中的杂物进入轴承和调节油系统。冷油器的主要作用是冷却机组轴承的润滑油。高压过压阀（减压阀）是在机组润滑油由主油泵出油经过减压阀供油时，通过减压阀来调节进入润滑油系统的油压。低压过压阀（安全门）是在当润滑油压力过高时，过压阀动作将一部分油排到油箱，保证润滑油压力恒定。

5.6.2.6 汽轮机调节系统

调节系统的主要作用是在外界负荷（电负荷或热负荷）发生变化时，调整机组的进汽状态，以保持被控制参数（转频或输出蒸汽压力）稳定，保障机组正常开停机以及运转的安全。

调节系统一般由感受器、传动放大机构、执行机构和反馈装置等组成。感受器可以感受转速、压力等的变化，并转换成位移、油压或电信号输出；传动放大机构将感受器的输出信号放大成能够推动执行器动作的油压或电流，使执行器发生动作，执行器包括调节气门和传动机构等，根据传动放大机构的输出，来改变汽轮机的进汽量。反馈装置有动态反馈和静态反馈两种，是使机构的输出信号对输入信号进行一定程度反向调节的特殊装置，用于保持调节系统的稳定。调节机构原理示意图见图 5-27。调节系统应满足的要求：当主气门全开时能维持空负荷运行；由满负荷突然降到零负荷时，能使汽轮机转速保持在飞车转速以下；当增减负荷时，调节系统应动作平稳无晃动现象；当危急保安器动作后，应保证主气门、调节气门迅速关闭；调节系统速度变动率应满足要求（一般在3% ~6%），迟缓率应越小越好（一般应在 0.5 以下）。

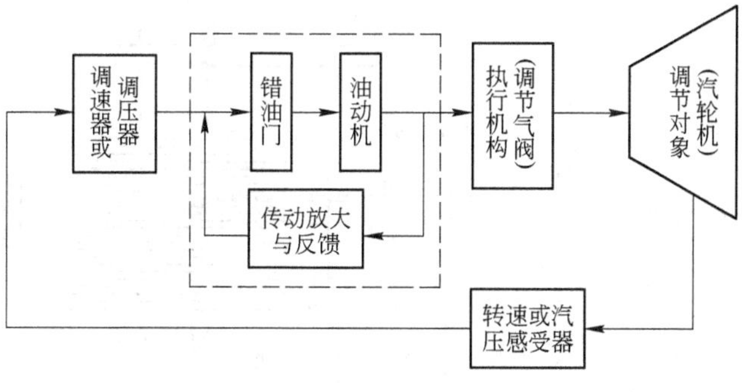

图 5-27 调节机构原理示意图

对于一次调节抽气的抽凝式机组，则有两套执行机构：高压油动机控制调速气门的开度，从而控制汽轮机进汽量；中压油动机控制抽气门的开度，从而控制对外供汽压力与流量。

5.6.3　汽轮机的辅助设备

5.6.3.1　盘车装置

汽轮机停机后，由于上下部存在温差，若转子静止不动则会因自身的温差而向上弯曲，另外在启动的时候，常常需要在冲动转子前向轴封送气，同样会造成汽缸内上下温度分布不均，导致转子发生热弯曲，妨碍开机正常进行。盘车装置较好地解决了这一问题，它可以使转子以一定的速度（中小型机组约 2 ~ 5r/min，大型机组约 40 ~ 70r/min）旋转，均匀受热或冷却。

5.6.3.2　凝汽设备

A　凝汽设备的作用

凝汽设备是凝汽式、抽凝式机组的重要组成部分。凝汽设备的主要作用是：

(1) 将汽轮机的排汽凝结成水，在汽轮机的排汽口建立并维持高度的真空；

(2) 汇集和储存凝结水和其他洁净的疏水，加上补给水，提供给锅炉使用。

对于汽轮机而言，降低背压可以提高循环热效率，降低背压的有效方法就是通过凝汽设备将汽轮机排汽迅速凝结成水，当排汽在密闭的凝汽器中冷却，凝结成水时，其体积会急剧减小，凝汽器内便形成了高度的真空。凝结的水通过收集可以送往锅炉进行再利用。

B　凝汽设备的组成

凝汽设备主要由凝汽器、抽气器、凝结水泵、循环冷却水泵以及这些部件之间的连接管道和附件组成。

图 5-28 所示为一个典型的凝汽系统，汽轮机的排汽进入凝汽器壳程，在其中凝结成水，凝结产生的热量由凝汽器管程的循环冷却水带走。凝结水通过凝结水泵加压后，经过各级加热器后送往锅炉再利用。由于凝汽器内高度真空，外界空气会渗入、蒸汽中的其他不凝性气体会不断聚积，导致真空度下降，而抽气器则能及时将这些不凝性气体抽走，使凝汽器中的真空得以维持。

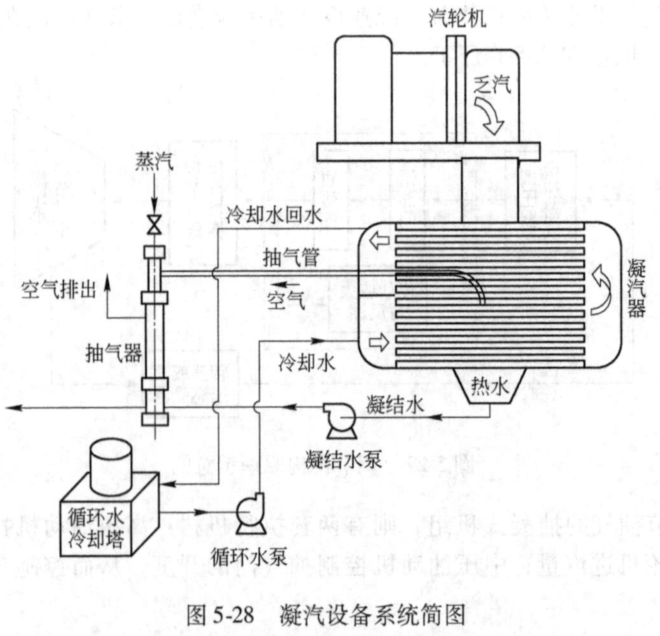

图 5-28　凝汽设备系统简图

C 凝汽器

凝汽器按其凝结方式不同可分为混合式凝汽器和表面式凝汽器两种类型。两种类型的本质区别在于前者是排汽与冷却水直接接触传热，而后者是管程、壳程分开间接传热。直接传热要求冷却水具有与凝结水相同的水质。

凝汽器性能的主要考核指标有：

（1）真空度（要高）；

（2）端差（凝汽器工作压力下的饱和温度和冷却水出口温度之差）（要小）；

（3）凝结水过冷度（要小）；

（4）凝结水含氧量（要低）；

（5）凝汽器水阻（要小）。

D 抽气器

抽气器的主要作用是抽出聚集在凝汽器内的不凝性气体，保持凝汽器内的高度真空。

目前较多采用结构简单的射流泵作为抽气器，称为喷射式抽气器。一般分为射汽式抽气器和射水式抽气器，即前者以蒸汽气流作引射动力，一般用新蒸汽截流作为汽源（1.2 ~ 1.6MPa）；后者用水流作为引射动力，采用循环冷却水，工作水耗量约占循环水的10%左右，一般需配专门的射水泵。

有的机组还采用水环式真空泵作为抽气器，功耗低，维护方便。

5.6.3.3 轴封加热器

轴封加热器为汽轮机轴封系统中的重要附属设备，抽吸从汽轮机轴封逸出的蒸汽，以避免排入汽机房或进入油系统，同时回收蒸汽余热。

在轴封抽风机的作用下，轴封回汽、高压调节汽阀连杆漏汽及不凝结气体进入具有微负压的轴封加热器汽侧，凝结水在管内流动进行热交换，换热后的疏水通过轴封加热器水封筒进入凝汽器，不凝结气体经轴封风机排入大气。

5.6.3.4 旁路系统

旁路系统由减温减压阀、电动和手动阀门，高、低压安全门及相应的连接管道和附件组成。

在干熄焦系统中，旁路的最主要作用就是保证在汽轮机故障状况下的对外供汽。另外对于汽机和供汽系统本身，它还有以下作用：

（1）保证锅炉最小负荷的蒸发量；

（2）保护再热器（有再热器时）；

（3）加快启动速度，改善启动条件；

（4）锅炉安全阀的作用；

（5）回收工质和部分热量，减少排汽噪声；

（6）保证蒸汽品质。

5.6.4 汽轮发电机组运行与维护

5.6.4.1 汽轮机的调试

在机组新安装和机组大修后必须对机组进行调试。新建机组的调试目的是使发电机组最终投入运行，实现既定的功能。对机组设计制造和安装质量进行鉴定，测量和保留必要的机器性能和运行状态数据，为以后的使用、维护和检修提供参考依据。大修后的调试目的是为了鉴定检修质量，检测其性能状态，调整运行工况，实现机组的正常运行。

汽轮发电机整体启动中的主要实验项目：不同转速下的机组各部位振动，发电机及主励磁机转子的交流阻抗；励磁系统试验；发电机空载和短路特性试验；发电机空载灭磁时间常数测定；核对发电机、主变压器的相序；并网前同期装置的检查和试验；并网后继电保护带负载试验；汽轮机危急保安器超速试验；热控自动调节系统的调试和投入；停机时测量惰走曲线。

A　新建机组的调试

新建机组调试大致分为三个阶段。分部试运转：主机调试、辅机与分系统的单项调试和试运转，使其达到系统或整套试运转的条件；整套启动：完成主机启动前的各项检查试验和联锁保护模拟试验后，机组整套启动，并网带满负荷运行72h，完成各项调试以及机器性能和运行状况的检测工作；试运行移交：处理试运行中发现的问题后，再次带负荷运行24h，移交生产。

B　大修后机组的调试

(1) 汽轮机大修后空负荷实验。空负荷时：危机保安器充油跳闸试验、自动主气门及调速气门严密性试验，同步器及调节系统静态特性的测定。

实验要求：同步器在额定参数下应保证机组转速不超出额定范围（通常为 -5% ~ +7%），机组迟缓率不大于0.3%。单独关闭自动主气门或调节气门，应保证汽轮机的稳定转速在1000r/min以下且保证其中有一个气门的稳定转速低于400 ~ 600r/min。当主气门全开时调节系统应能维持空负荷运转，危急保安器充油试验动作合格。

(2) 汽轮机带负荷试验项目。在空负荷试验合格，各项保护及联锁装置动作正常，发电机空载试验完毕，投氢工作完成（对氢冷式发电机组而言）后，方可进行带负荷试验。

超速试验（新机组或大修后的机组，调节系统解体检修后，机组运行2000h后，停机超过一个月启动前应作超速试验）、真空系统严密性试验和调节系统带负荷试验；必要时可进行甩负荷试验。

5.6.4.2　汽轮机运行时进出口工况发生变化对机组的影响

A　初压变化对汽轮机的影响

初温和背压不变时，初压升高使蒸汽的做功能力增强，会使耗汽量下降。但初压升高导致蒸汽的露点升高，从而可能导致末级的蒸汽及背压汽湿度上升，对末级叶片以及后面的设备不利。另外，初压升高使调节级的焓降增大，对调节级的寿命有一定影响。初压降低的影响大体与前者相反。

B　初温变化对汽轮机的影响

初温升高，可使功率增加，背压汽湿度降低，效率有所上升。但却影响安全，会使机组零部件热应力增大、有可能使材料发生蠕变，由此引起高压端零件松动或失去密封性能和漏气等。初温降低则会使机组经济性下降，效率降低，使除末级以外各级焓降减少，反作用度增加，从而导致轴向推力增加。如降温过大过快，易导致蒸汽结露，引发水击，影响设备寿命与安全。因此，蒸气初温应严格控制在规定的范围内。若超出范围应考虑降低负荷或停机。

C　负荷变化对汽轮机的影响

负荷（即驱动发电机所需功率）偏离设计工况时，效率会下降；假定效率变化忽略不计时，则负荷变化与蒸气耗量变化成正比；因此在设计工况条件下工作是最经济的。

D　背压变化对汽轮机的影响

背压对机组的经济性和功率影响很大。背压升高，流量不变则功率下降。如保持功率不变则流量上升，可能导致叶片过负荷，轴向推力增加。背压降低而流量不变时则功率上升，如保持功率不变则耗汽率减少。但由于蒸汽热能转变为机械能的比例增加，会使温度下降，湿度上升，轴向推力增大，且易产生水蚀，对末级叶片以及后面的设备不利。

5.7　干熄焦地面除尘站设备

干熄焦在生产过程中会产生大量的颗粒污染物（主要是焦粉），为了减少扬尘以及符合大气污染物的排放标准，必须对含尘气体进行净化处理。干熄焦环境除尘用于控制并收集干熄焦在装、排焦过程及焦炭在转运过程中散发的大量焦粉尘。干熄焦环境除尘站的尘源主要有干熄炉顶装入装置处、干熄炉炉顶常用放散口、干熄炉预存段压力调节放散口、干熄炉底部排焦处、炉前焦库、转运站及皮带机转运点。

5.7.1　地面除尘站的结构及原理

地面除尘站可以分为环境除尘系统（烟气的净化）以及粉焦收集和输送系统两个部分，其典型的除尘系统工艺流程示意图见图5-29。

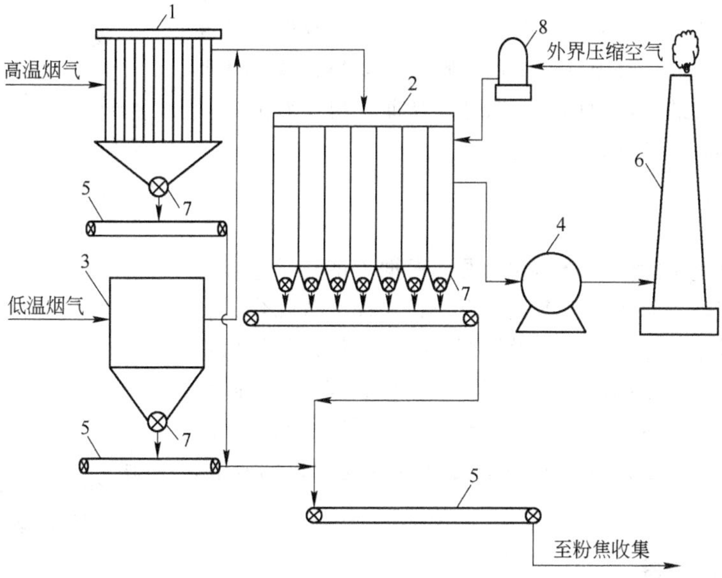

图5-29　除尘系统工艺流程

1—管式冷却器；2—脉冲布袋除尘器；3—百叶式预除尘器；4—除尘风机；5—刮板机；6—烟囱；7—格式排灰阀；8—压缩空气储罐

粉焦收集系统工艺流程如图5-30所示。

地面除尘站主要设备有低压脉冲布袋除尘器、除尘风机、管式冷却器、百叶式除尘器和焦粉收集设备等。

5.7.1.1　低压脉冲布袋除尘器

除尘器由上箱体（净气室）、中箱体（尘气室）、下箱体（灰斗、支架）、清灰系统（喷

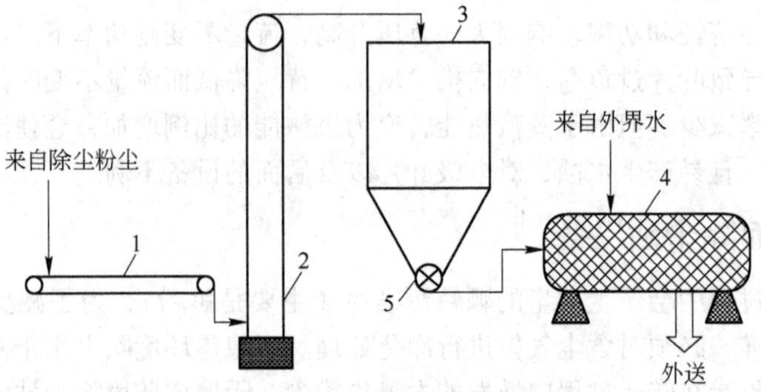

图 5-30　粉焦收集系统工艺流程

1—刮板输灰机；2—斗式提升机；3—灰仓；4—加湿搅拌机；5—格式排灰阀

吹装置）和过滤装置（滤袋、框架）等组成。

其工作原理就是使含尘的气流由上箱体下部进入，因缓冲区的作用使气流向上运动。气流减速后到达滤袋，粉尘阻留在袋外，干净气体经袋口进入上箱体，由出风口排出。随着粉尘量增加，设备阻力逐渐上升，达到设定值时，系统进行清灰。清灰方式为在线脉冲喷吹，脉冲阀在瞬间将气压释放，经喷吹管上的喷嘴喷入滤袋，滤袋外壁上的积粉受到强大的冲击力而落入灰斗，从而保持良好的透气性。袋式除尘器原理如图 5-31 所示。

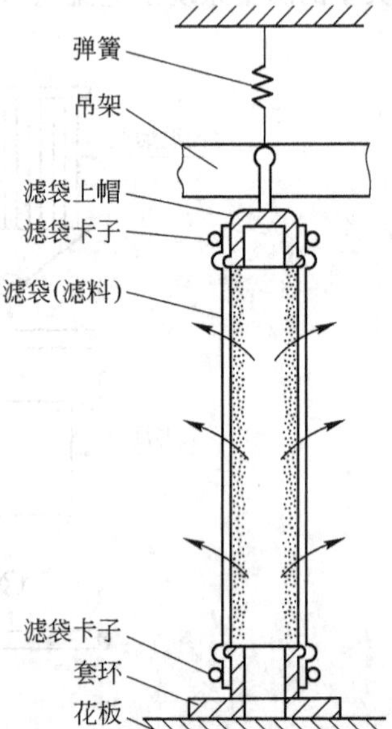

图 5-31　袋式除尘器原理图

5.7.1.2　除尘风机

除尘风机是整个除尘系统的动力源。根据生产要求选择合适的转速，既保证各除尘点无粉尘外逸，又要保证各除尘设备达到最高利用效率。在风机入口设置调节挡板，保证风机低负荷启动，经除尘后合格的烟气通过烟囱直接排放到大气。除尘风机调节方式可设置现场手动和中央自动，在干熄焦装焦和间歇时间内，其转速可通过变频器或液力耦合器进行自动调节，从而达到节能的目的。

5.7.1.3　管式冷却器

管式冷却器的作用是将高温烟气进行冷却，确保其温度低于布袋的耐受值。风机产生的吸力将高温烟气抽到管式冷却器，通过管外空气进行自然冷却，将气体温度降低到100℃左右。由于高温烟气中含有一氧化碳等爆炸性气体，因此在管式冷却器部位设置防爆口。下部灰斗安装了振动器，便于粉尘的排出，集灰斗部位安装料位计，排到料位后自动停止，保证系统密封。

5.7.1.4　百叶式预除尘器

为了提高除尘效率，采用多级除尘，在布袋除尘器之前设置了百叶式预除尘器，将低温烟气中的大颗粒粉尘预先除去，使进入布袋除尘器的烟气含尘粒径变小。主要就是利用重力作用沉降大颗粒粉尘，在下部灰斗安装了仓壁振动器，方便粉尘的排出。

5.7.1.5 焦粉收集系统设备

焦粉收集系统主要设备有：刮板输灰机，斗式提升机，灰仓和加湿搅拌机等一些附属配套设备。为了更好的减少二次污染，这些设备都采用密封结构。根据干熄焦的生产能力和设计的排灰量来选择这些设备的生产能力，保证系统的正常运行。

5.7.2 地面除尘站的点检与维护

5.7.2.1 故障处理

正确判断和处理各类故障，既可以提高除尘系统的工作效率，又可以延长设备的使用寿命。以下简单列出几种除尘系统故障，以便对其进行判断和处理。

（1）布袋除尘器阻力超出正常范围：检查喷吹系统是否进行正常的工作，喷吹管上喷嘴安装是否正确；检查脉冲控制仪、离线阀是否损坏，压缩空气管道是否堵塞、压力是否达到要求等。

（2）除尘风机停止运转：检查调节翻板的开关状态，采用变频调速时检查变频器是否正常工作，轴承冷却温度，轴承振动以及风机电流是否正常；采用液力耦合器调速时检查其油温、冷却水流量、油压、轴承振动以及风机电流是否正常等。

（3）除尘效果不好或系统压力异常：检查管道、各清扫人孔、防爆口各法兰连接处以及灰斗下部是否出现泄漏，各除尘点的风量分配是否均匀等。

（4）外送输灰系统无灰尘排出：检查螺旋输灰机，排灰阀以及加湿搅拌机是否堵塞，检查刮板输灰机、斗式提升机链条是否正常，马达是否正常工作，各闸板是否畅通等。

（5）烟囱冒黑烟：检查各室布袋是否破损，离线阀是否正常工作，除尘各室是否严密等。

（6）外送粉尘扬尘大；检查并调节水量大小。

5.7.2.2 设备检修维护

（1）除尘系统要设专人检修维护。全面掌握除尘系统的性能和构造，发现问题及时处理，确保除尘系统运转正常。操作人员要记录当班运行情况及有关数据。

（2）处理高温烟气时，要查明气体冷却装置等工作是否正常。除尘系统在启动时，要查明 CO 和 O_2 的浓度以及处理气体温度等因素后，才能启动。

（3）启动前应对各仪表进行检查并确认其处于正常状态。

（4）为了防止布袋堵塞，布袋除尘器要在集尘室各部位使用温度保持在处理气体的露点以上的条件下运转。当采用间歇清扫方式时，应注意在规定的压差下运转。当设备停车时，粉尘清扫装置和风机要继续运转 10min 左右，待粉尘清扫完毕和用空气彻底置换排烟以后，布袋除尘器才能停车。

（5）布袋除尘器所处理的粉尘是极细小的，由于粉尘浓度的不同，会有爆炸的危险。因此，应尽量减少漏入集尘室和烟道中的空气量。同时检查滤布上粉尘的附着状态，滤布有无穿孔，安装布袋的袋笼有无脱落，以及粉尘清扫效果等。

（6）应仔细检查滤布的张力，以防止在长期运行中，因处理气体温度等因素的影响而使布袋变形。导致滤布张力不均匀，影响除尘效率。若发现排气口冒烟冒灰，表明已有滤袋破损。检修时，逐室停风打开上盖。如发现袋口处有积灰，则说明该布袋已破损，需更换或补修。

(7) 转动部位要定期注油。压缩空气系统的空气过滤器要定期排污。气包最低点的排水阀要定期排水。设置的储气罐也要定期排水。

(8) 控制阀要由专业人员检修，定期对电磁阀和脉冲阀进行检查。

(9) 除尘器停运前，应对布袋除尘器进行反吹，运行10min左右，以清除布袋上的粉尘。

(10) 定期检查除尘风机的振动、轴承温度、风机电流以及其他附件的运行状况。

复习思考题

5-1　干熄焦设备系统由哪几部分组成？

5-2　干熄炉的构成及作用是什么？

5-3　干熄炉的点检与维护主要有哪些内容？

5-4　装焦设备主要由哪几部分构成？

5-5　电机车的点检与维护应注意哪些事项？

5-6　APS对位装置设备点检维护有哪些？

5-7　提升机异常或故障时如何处理？

5-8　排焦设备主要由哪几部分构成？

5-9　排焦设备的点检与维护应注意哪些事项？

5-10　干熄焦锅炉由哪几部分构成，主要作用是什么？

5-11　干熄焦锅炉的点检与维护有哪些内容？

5-12　同步发电机的原理是什么？

5-13　干熄焦地面除尘站的结构及原理是什么？

5-14　干熄焦地面除尘站的点检与维护有哪些内容？

6　焦炉仪表及干熄焦自动控制系统

6.1　焦炉加热自动控制

6.1.1　概述

交换机是焦炉加热的关键设备之一，在焦炉生产过程中，它通过改变焦炉加热系统气体流动方向来向焦炉输送加热煤气和助燃的空气以及排出燃烧后的废气。为防止残余煤气引起爆炸，采用先关闭煤气，然后交换空气和废气，最后打开煤气这样的顺序进行。通常每一个废气盘上的煤气砣、废气砣、空气口盖板通过杠杆、链子、扇形轮等与交换拉条相连，交换拉条的动作带动煤气砣、废气砣、空气口盖板依次动作，进行各燃烧室火道的煤气、空气和废气切换，这一连串操作都是自动进行，采用的是 PLC 控制。交换机分为机械传动和液压传动两种，目前大多采用液压交换机。

6.1.2　控制方式

交换机的工作在正常情况下以自动控制方式为主，每次交换的时间间隔大约在 30min 左右，特殊情况也可以采取手动控制和点动控制。

6.1.2.1　自动控制

如果一切正常，控制系统会根据交换时间自动进行交换，其控制过程如下：提前 30s 发出交换预报的信号→启动油泵→正向交换→交换完成（正向终点）→下一交换前 30s 发出交换预报→启动油泵→反向交换→交换完成（反向终点）。

6.1.2.2　手动控制

当交换机因故障不能正常按时完成交换的时候，需以手动控制方式根据工艺要求来完成交换，控制过程如下：选择手动控制→启动油泵→正向/反向交换→交换完成（正向/反向终点）。

6.1.2.3　点动控制

当需要进行特殊操作的时候，比如：调节交换行程、停止加热等，需以点动控制方式来进行操作，交换行程可自由控制，但要满足工艺要求。

6.1.3　系统功能

交换机工作是否正常，直接关系到焦炉加热制度能否正常进行，因此控制系统的主要功能除了要满足工艺要求、完成交换外，还应具有下列功能。

6.1.3.1　报警功能

（1）交换机交换前 30s，系统要发出交换预报的警示；

（2）当交换机未按时交换时，系统要发出丢交换报警；

（3）当交换机交换时间过长，系统要发出交换超时报警；

（4）当交换机液压系统出现故障，如：滤油器堵、油温异常、液位低等，系统要发出液压系统故障报警。

6.1.3.2　显示功能

交换机的交换过程、行程指示、油泵运转情况、燃烧室的工作状态（奇数/偶数燃烧）等都能够适时显示，便于操作工掌握。

6.1.4　点检维护和特殊操作

6.1.4.1　点检路线

岗位操作人员应每班一次，在接班前按照下列路线进行点检：

操作室→电机→油泵→单向阀→控制阀→压力表→油位→油温→油缸

6.1.4.2　点检项目及标准

（1）电机运转声音正常、无振动，各部位螺丝紧固无松动。

（2）电机温度正常（温升不高于90℃），无糊味。

（3）油泵运转声音正常、无振动，各部位螺丝紧固无松动。

（4）各类控制阀无异常声音。

（5）轴承温升不大于60℃。

（6）工作压力不大于5MPa。

（7）油位达油标，油温不大于60℃。

6.1.4.3　维护要求及标准

（1）岗位操作人员必须严格执行点检规定，发现问题应及时向当班班长反映和处理，专业问题可由机电修人员负责解决，问题处理完毕后要在点检本上做好详细记录。点检本的书写要求字迹端正，页面整洁，不准做假记录，不得随意撕毁记录。

（2）岗位操作人员必须每班对电机、油泵、液压控制站等设备进行擦抹、清扫，清除油垢和灰尘，做到机械光、马达亮、设备见本色。

（3）设备周围无杂物，无油污，液压站和控制室内保持清洁干净。

6.1.4.4　特殊操作

（1）当系统停电时，需进行手动操作，此时应切断电源，根据工艺要求和行程指示确定交换方向（正向/反向），然后将相应的电磁阀按住，摇动手摇泵进行人工交换。

（2）当工作油泵发生故障时，可倒换备用油泵，此时应切断电源，将选择开关选到另一油泵，试转正常后，可投入使用。

（3）当液控换向阀发生故障时，可关闭当前截止阀，打开另一组截止阀，使另一组液控换向阀投入工作。

6.2 焦炉控管一体化系统

6.2.1 焦炉控管一体化系统原理

焦炉控管一体化系统是对焦炉生产数据进行实时分析处理，实现焦炉稳定均匀加热，提高焦炉生产率和焦炭质量，降低能耗及延长焦炉寿命。20 世纪 70 年代以来，世界各主要产钢国都采用计算机来控制管理焦炉生产。日本、韩国、芬兰、德国等都进行了相当水平的开发，取得了丰硕的成果。

在我国，现代化焦炉一般均装备了完善的基础自动化系统，例如：焦炉机车 PLC 单元自动控制系统、煤气交换机 PLC 定时程序控制系统、三车联锁定位系统（推焦车、煤车、拦焦车），仪控 DCS 系统。这些基础自动化系统虽提高了焦炉的自动化装备水平，但因彼此间相互独立，没有联网，不能实现生产数据共享与统一管理，无法实现炼焦过程的综合优化控制。

为降低能耗、稳定和改善焦炭质量、延长焦炉寿命，国内焦化行业的先进企业都非常关注焦炉控管一体化系统的技术发展状况，有的企业已应用了焦炉控管一体化系统，本节以某企业为例介绍焦炉控管一体化系统。焦炉控管一体化系统由下述子系统构成：

（1）仪控 DCS 系统，便携式红外立火道温度测量仪，导焦车焦饼温度成套测量装置，机侧和焦侧加热煤气的热值分析仪，机侧和焦侧废气氧含量分析仪，焦炉荒煤气温度测量装置，加热煤气温度测量装置，机侧和焦侧废气温度测量装置，环境温度计。

（2）焦炉交换机 PLC 控制系统，车上 PLC 控制系统。

（3）过程控制计算机系统，包括过程计算机系统硬件和系统软件、操作台系统软件和硬件、网络系统等。

（4）数据通讯软件与数据预处理程序。

（5）工艺模型：手动计划模型、动态计划模型、温度评估模型、加热控制模型。

（6）应用软件：人机界面。焦炉控管一体化系统通过通讯应用软件与三车连锁系统、仪控 DCS 系统、交换机 PLC 控制系统等基础自动化系统进行数据通讯，采集焦炉生产过程数据，经数据预处理程序处理成系统所需的数据。应用软件（包括工艺模型）对炼焦过程数据进行实时分析处理和报告；其加热控制模型每个交换周期计算出下次交换的“停止加热时间”，通过通讯软件传送到焦炉交换机 PLC 控制系统并闭环控制焦炉加热；同时将炼焦过程情况以趋势图等形式显示在人—机接口画面上，供操作人员进行过程监控。

6.2.2 焦炉控管一体化系统的硬件构成

焦炉控管一体化系统硬件包括三个部分。

（1）一次检测传感器。含直行温度、横墙温度、荒煤气温度、焦饼温度、热值仪、废气氧含量检测仪表等。

（2）基础自动化系统。

1）DCS 系统。仪控系统采用 DCS 系统，完成焦炉仪控系统的功能，及焦炉控管一体化系统检测项目的数据采集功能。

为适应现场需要，对仪控系统的 I/O 模块应考虑 10% 以上的富余量，配备 2 台计算机操作员站，并做到系统配置简明，使用维护方便，通讯接口标准化。

2）焦炉交换机 PLC 系统。根据焦炉控管一体化系统的要求，焦炉控管一体化系统必须与焦炉交换机 PLC 进行数据通讯，一方面读取焦炉交换的实际中间间歇时间；另一方面，将经焦炉操作人员确认了的中间间歇时间设置到焦炉交换机 PLC 中，控制焦炉生产；同时，将标准时钟传送到焦炉交换机 PLC，使其时钟保持与焦炉控管一体化系统服务器一致。

3）三车定位系统。三车定位系统具备采集推焦时间、推焦车的推力、装煤时间、装煤重量、推焦开始、推焦结束、平煤开始或结束、装煤重量等焦炉生产数据。三车定位系统与焦炉控管一体化系统进行数据通讯，将上述数据传送到焦炉控管一体化系统服务器。同时，接收来自焦炉控管一体化系统服务器并经焦炉操作人员确认的下一个推焦孔号、推焦时间，显示在推焦机的显示屏上，指导生产。三车定位系统还能接受焦炉控管一体化系统服务器发出的标准时钟，保持与焦炉控管一体化系统服务器的时钟同步。

4）火道温度计算机。火道温度计算机须与焦炉控管一体化系统通讯，将火道温度传送给焦炉控管一体化系统。

（3）过程计算机系统。过程计算机系统由下述设备构成：

1）过程计算机系统数据库服务器；

2）数据库服务器系统软件；

3）数据库服务器硬件；

4）操作站系统软件、硬件；

5）网络设备；

6）打印机。

6.2.3　焦炉控管一体化系统的维护要求

（1）计算机部分。定期做好数据备份，要求每周做一次备份工作；计算机冷却风机除尘滤网每月要清扫一次；通讯网络要保持通畅，发生中断时，要有报警方式及故障点检测工具；做好计控、车辆定位等子系统分析检查工作，发现数据不正常时，及时通知相关维护单位。

（2）检测仪表部分。焦炉过程管理系统检测仪表要求由专业计控单位管理，及时发现检测仪表缺陷并按时整改，重视各类仪表的完好率与计控维护费用挂钩。焦炉生产单位应与仪表维护单位加强联系，当数据异常时，应与计控部门共同分析及研究数据，找出故障原因，特别是当工艺条件发生较大变化时，更应如此。

（3）交换机部分。该系统煤气交换机由 PLC 控制，工艺要求每次交换时刻及交换周期固定，由于 PLC 时钟精度原因，交换时刻存在或提前或推迟的问题，这要求每年校准 PLC 时钟一次；交换机交换位置行程限位开关关系到焦炉的安全生产，应精心维护，确保完好。

6.3　焦炉集气管压力调节

6.3.1　概述

焦炉集气管的作用是汇集各炭化室产出的荒煤气，而集气管压力则是焦炉操作的重要参数之一，一般应保持 80 ~ 120Pa（视炉型及炉况有所变化）。

在焦炉炭化室里，配合煤高温炭化过程中，焦炉荒煤气集气管受到多种因素影响，如推焦、装煤、煤气交换机换向、煤气发生量非均衡发生、工艺设备运行状况及管道阻力变化、鼓风机机后压力波动等，上述各种因素的突变都会造成焦炉集气管压力波动。

对焦炉集气管压力进行控制，使其稳定在生产工艺所需范围内，是保证安全生产、提高焦炭产量与质量、节约能源、减少环境污染、延长焦炉炉龄的重要技术措施。

6.3.2 集气管压力调节机的常用类型和调节原理

集气管压力调节机有两种类型，即气动调节阀和电动调节阀。气动调节阀用压缩空气作为动力源，电动调节阀采用380V AC电源作为动力源，两种调节阀均靠改变管道的截面积达到调节介质流量的目的。调节阀在控制回路中不能单独使用，必须与调节器配合使用，调节器输出低电流信号给调节阀，调节阀放大该信号后控制阀的开度或行程，从而改变管道的截面积。如果控制回路中仅有调节阀和调节器，该回路称为开环回路，开环回路的控制精度差；如果控制回路中不仅有调节阀、调节器，还有反馈或前馈电路，则该回路称为闭环回路，闭环回路的控制精度高。焦炉集气管压力调节系统为闭环回路，采用荒煤气输出管道上的吸力测点作为反馈量，调节器是闭环回路的核心，控制策略在调节器中实现，常规的控制策略为PID算法，调节阀只是一个单纯的执行机构。

6.3.3 使用维护

6.3.3.1 日常维护要点及要求

（1）当班操作工要随时了解各调节阀的运行情况，查看相关仪表指示是否正常，检查表体及线路有无损坏、腐蚀，接线端子是否紧固，检查表盘是否松动，电位器旋转是否正常，接触是否良好，检查各操作按钮是否灵活有效，检查仪表供电是否正常。

（2）每天对调节阀进行一次外部清扫，每周对活动部件进行一次润滑保养，每月进行一次调节指示准确度校准。

（3）整机应清洁、无锈蚀，铭牌应清晰无误，漆层应平整、光亮、无剥落，刻度线应清晰，字体应规整，仪表线路敷设齐整，线路标号应齐全、清晰、准确。

（4）整机说明书、合格证、入厂检定证书应齐全，运行记录、检修记录、故障处理记录、校准记录、零部件更换记录应准确无误，系统原理图和接线图应完整、准确，正常运行时的参数整定值及其调节效果记录应齐全、准确。

6.3.3.2 操作注意事项

（1）运行时，调节阀应达到规定的性能指标，正常工况下，压力波动应在可调节的范围内，可调件应处于可调位置；

（2）参数设定正确，被调参数不应发生变化、迟缓和等幅振荡现象。

6.4 干熄焦仪表及自动控制系统功能

6.4.1 干熄焦仪表及自动控制系统概况

干熄焦的电气仪表系统主要由干熄炉本体的计算机控制系统、干熄炉除盐水计算机系统、干熄炉汽轮发电机计算机系统等三部分组成。干熄炉本体的计算机控制系统由Control Logix 5555 PLC控制器和Process logix系统共同组成。Process logix安装在系统服务器和3个操作员工作站上，用于对干熄焦系统的工艺进行操作、控制、数据处理与记录，并将HMI操作画面上的控制指令通过ControlNet网络传送给Control Logix PLC。工程师工作站同时安装了Control Logix和Process logix，完成对PLC系统的编程、监控和工艺操作控制。为确保干熄焦控制系统的可靠性，PLC采用冗余CPU、冗余电源和冗余通讯网络设计。系统分为主站及远程站，主站下设8个分站，整个系统采用ControlNet和EtherNet网络通讯。

干熄炉除盐水计算机系统，选用DCS系统，DCS系统是Process logix。Process logix装在服务器和操作员工作站上，用于对干熄焦除盐水系统的工艺进行操作、控制、数据处理与记录，并将HMI操作画面上的控制指令通过ControlNet网络传送给DCS。除盐水系统DCS采用冗余CPU、冗余电源和冗余通讯网络设计。系统分为主站及远程站，主站下设1个分站，系统采用ControlNet和EtherNet网络通讯。

干熄炉汽轮发电机计算机系统，选用DCS系统，DCS系统是Process logix。Process logix装在服务器和操作员工作站上，用于对干熄焦汽轮发电机系统的工艺进行操作、控制、数据处理与记录，并将HMI操作画面上的控制指令通过ControlNet网络传送给DCS。汽轮发电机系统DCS采用冗余通讯网络设计。系统分为主站及远程站，主站下设1个分站，系统采用ControlNet和EtherNet网络通讯。

6.4.2　干熄焦仪表及自动控制系统组成

干熄焦的计算机控制系统分为15个子系统：

(1) 焦罐车、APS系统；
(2) 提升、走行系统；
(3) 装入系统；
(4) 预存段料位控制系统；
(5) 排焦系统；
(6) 运焦及称量系统；
(7) 除尘系统；
(8) 焦粉排出回收系统；
(9) 气体循环系统；
(10) 锅炉控制及保安系统；
(11) 供水系统；
(12) 汽轮发电机系统；
(13) 能源介质辅助系统；
(14) 生产报表管理系统；
(15) 控制过程报警、诊断系统。

6.5　干熄焦自动控制系统的顺序控制

6.5.1　装焦系统的控制

装焦系统由焦罐车、APS、提升机、走行装置、装入装置、除尘风机等子系统共同完成。从焦炉推出的红焦由装在电机车上的旋转焦罐接受，旋转焦罐由变频器控制，在接焦的过程中恒速旋转，使红焦均匀地落入焦罐。再由电机车牵引到提升机下，由PLC完成定位、锁闸、接空焦罐、解锁、移位、再锁闸、向提升机发出提升红焦罐指令等一系列动作。提升机变频装置在PLC的控制下将红焦罐按预定的速度曲线，完成挂钩、焦罐离床、焦罐盖离床、等一系列加减速动作，将红焦罐提升到卷塔的顶部并准确定位。走行变频装置在PLC的控制下再将红焦罐按预定的速度控制曲线，将红焦罐运送到干熄炉的顶部并再次准确定位。在红焦罐向干熄炉顶部移动的同时，装入装置将干熄炉盖自动打开，同时，炉顶的除尘阀门自动打开，除尘风机的变频装置自动将旋转速度提升到满负荷，使干熄炉盖口的压力为负压，防止粉尘外逸。待干熄炉盖完全打开后，提升机再将红焦罐按预定的速度曲线，落放在干熄炉顶部。焦罐到位后，其底门自动打开，向干熄炉内装入红焦。装料完毕后，干熄炉盖、炉顶除尘阀门关闭，除尘风机将速度减到预定值。提升机、走行装置再按预定的速度曲线，将空焦罐回送到正在电机车上等待的台车上。从而完成一个装焦过程的循环。

提升机、走行装置的卷上、卷下、走行控制，由现场设备上安装的传感器检测其移动的距离，同时发给对应的变频装置和计算机，经过计算机的计算后，再向对应的变频装置发出一系列加减速和定位的指令。

以上程序的关键在于控制提升、走行装置的动作时序、准确定位和焦罐的交接传递。

6.5.2　排焦、运焦及称量系统的控制

排焦、运焦及称量系统，由振动给料器、旋转密封阀、切换溜槽、吹扫风机、润滑装置、空气/氮气切换装置和多台皮带机、走行小车、皮带秤、除尘装置、6个料仓以及料位检测装置、红焦检测、喷淋水阀等设备共同组成。

装在干熄炉内的红焦，通过低温惰性气体的循环吹扫冷却到200℃以下，由计算机根据操作人员在HMI上设定的排焦量和称重反馈量形成闭环，自动控制振动给料器的振动幅值，从而达到控制排焦量的目的。

由于振动给料器和旋转密封阀长期工作在恶劣的高温环境中，所以在软件的设计中，要确保以上设备的润滑和冷却，并在HMI上能实时监控其运行状态。

软件设计根据切换溜槽对皮带运输系统的选择，控制走行小车依据料仓料位的检测信号自动选择料仓进行装焦，并控制皮带机系统的逆流启动和顺流停车。软件还能根据系统所选择的皮带机和料仓，自动控制除尘装置的启停。而红焦检测装置则要控制喷淋水阀的开闭，防止排出焦炭的温度过高损坏皮带机。

6.5.3　供水及锅炉系统的控制

软件设计能保证经过除盐、除氧、预热、化学添加剂处理后的锅炉用水可靠输送。两套互为备用故障自投的除氧水泵和给水调节阀配合液位检测装置，通过计算机的PID数学模型运算严格控制除盐水箱和除氧水箱的水位。两套互为备用故障自投的锅炉给水泵、锅炉循环泵配合给水调节阀、过热防止阀，根据锅炉给水流量、压力检测装置，通过计算机的联锁运算控制，确保锅炉用水量的稳定供给和互备水泵的交替工作。

锅炉汽包液位控制分单冲量控制和三冲量控制，单冲量控制是通过PID调节锅炉给水流量，达到控制汽包液位稳定的目的；三冲量控制是通过PID串级调节，控制锅炉给水流量、汽包排污水流量、主蒸汽流量三个主要参量，达到控制汽包液位稳定的目的。在锅炉投入运行的初期阶段和保温阶段，选择单冲量调节控制汽包液位。在锅炉以额定负荷的75%以上运行时，投入三冲量调节。

6.5.4　预存段料位的控制

由于红焦是密闭在干熄炉内进行干熄，故跟踪计算投入在预存段的红焦料位十分重要。若出现红焦外溢或料位过低，都会对干熄炉设备造成危害。计算机系统根据每次投焦的次数自动计算固定的焦炭重量，并在设定的时间段内，提示操作人员进行料位标定。即加快或放慢排焦的节奏，迫使红焦料位经过γ射线的安装位置，将料位标定于设定的料位值。同时对每次投焦

的固定焦炭重量进行自动修正。在HMI上操作人员还可对料位值进行手动补正。

6.5.5 除尘、焦粉排出回收系统的控制

除尘和焦粉排出回收系统由6kV/900kW的变频除尘风机、除尘阀门、管式冷却器、百叶除尘器、仓壁振动器、排灰格式阀、刮板机、脉冲控制仪、离线阀、滤袋压差传感器、螺旋电机、斗式提升机等众多设备共同组成。

变频除尘风机由计算机控制与干熄炉盖、炉顶除尘阀门联动，自动调节除尘风机的旋转速度，确保干熄炉盖口的压力为负压，防止粉尘外逸。炉顶的高温粉尘经过管式冷却器、炉底出口的粉尘经过百叶除尘器、再经过一组滤袋装置收集到粉仓内。计算机则根据粉仓内的料位传感器，自动控制仓壁振动器、排灰格式阀、刮板机、脉冲控制仪、离线阀、螺旋电机、斗式提升机等设备完成一系列的动作将焦粉排出，同时还要保证粉仓内有一定数量的焦粉，实现循环气体风道的密闭，防止循环气体外逸。

6.5.6 气体循环系统的控制

6kV/1350kW的变频循环风机是干熄焦控制系统的核心设备之一。它由操作人员根据干熄炉的工况，在HMI上设定给定值，由计算机自动完成旋转速度的调节和保安系统的联锁控制。计算机系统还监测循环风机的各项机械振动参数和轴承温度，显示在HMI上。

循环风机的运行有许多联锁条件，它们能够很好地保护循环风机的正常运行，对整个干熄焦系统稳定、安全的运行也起到了重要作用。这些联锁条件包括：

（1）锅炉强制循环泵。当强制循环泵停机10min或锅炉循环水量低于下限时，循环风机自动停机。

（2）锅炉给水泵。当锅炉给水泵停机10min时，循环风机自动停机。

（3）气包液位下限。当气包液位低于下限达10min时，循环风机自动停机。

（4）气包液位上限。当气包液位高于上限达10min时，循环风机自动停机。

（5）风机轴承温度。当风机轴承温度达到上限时，循环风机自动停机。

（6）电机轴承温度。当电机轴承温度达到上限时，循环风机自动停机。

（7）风机轴承振动上限。当风机轴承振动达到上限时，循环风机自动停机。

（8）主蒸汽温度上限。当主蒸汽温度达到上限时，循环风机自动停机。

（9）除氧器水位下限。当除氧器水位达到下限时，循环风机自动停机。

（10）仪表用压缩空气压力下限。当仪表用压缩空气压力低于下限时，循环风机自动停机。

（11）风机电机线圈温度上上限。当风机电机线圈温度达到上上限时，循环风机自动停机。

（12）中央急停信号出现时，循环风机自动停机。

（13）循环风机变频器工作不正常时，循环风机自动停机。

（14）循环风机冷却、润滑油泵重故障时，循环风机自动停机。

6.6 串级控制系统

6.6.1 干熄焦锅筒锅炉给水控制系统

6.6.1.1 锅筒锅炉给水控制的任务

锅筒水位是影响锅炉安全运行的非常关键的因素。当锅筒水位过高，锅筒内容纳蒸汽的空

间就变小，不利于蒸汽蒸发。并导致蒸汽带水增多，含盐浓度增大，从而加剧在过热器管道内及汽轮机叶片上的结垢，影响传热效率，严重时甚至会损坏汽轮机。当锅筒水位过低，蒸汽发生量小，因而过热器管道内的蒸汽流量偏小。一般锅炉的高温烟气量保持恒定，不能同步减少，这样就会使过热器管壁过热而爆管。此外，锅筒给水量不应剧烈波动。如果给水调节不好，频繁的给水波动将冲击省煤器管道，降低锅炉寿命。

总之，给水控制系统的任务就是保证给水流量适应于锅炉蒸发量的要求，维持锅筒水位在合适的范围内，以保证干熄焦装置的安全运行。

6.6.1.2 单冲量给水调节系统

图 6-1 为干熄焦中锅筒锅炉单冲量给水调节系统示意图，给水调节器接收的反馈信号为锅筒液位，其控制输出信号送至给水调节阀调节锅筒给水量。

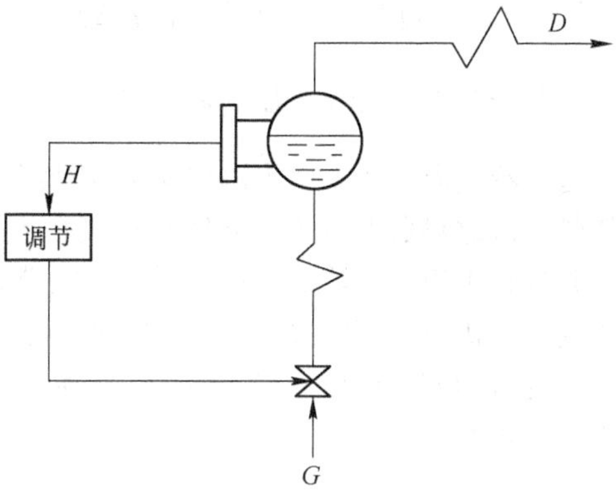

图 6-1 单冲量给水调节系统示意图

干熄焦处于非正常工况时，要采用单冲量给水调节系统。例如，在干熄焦开工调试时，由于干熄炉内红焦较少，即锅炉燃料量不足，产生的蒸汽很少，甚至可以忽略不计，使得锅炉不需连续稳定补水，锅筒内压力很低。在这种非正常生产情况下，需要单冲量给水调节系统解决难题。此外，干熄焦正常生产后，如果蒸汽发生量或给水流量检测系统出现故障，导致三冲量给水调节系统不能正常工作时，也可将单冲量给水系统投入运行，以解燃眉之急。所以在干熄焦工艺中，单冲量给水调节系统确实有存在的必要。在武钢干熄焦项目中，单冲量给水调节系统的控制逊于三冲量给水调节系统，其水位波动范围是 ±40mm。

6.6.1.3 单级三冲量给水调节系统

由于干熄焦锅炉给水流量、蒸汽量及燃料量的动态特征的特殊性，决定了采用单冲量反馈调节给水系统不能满足工艺对控制水位的要求。所以干熄焦锅炉在工况正常的情况下，宜采用三冲量给水自动调节系统。

图 6-2 所示为常用的单级三冲量给水调节系统。主调节器输入端共接受 4 个信号，即锅筒水位 H，蒸汽流量 D，给水流量 W 和锅筒水位给定值 SP。由于锅筒水位是被控量，所以水位信号称为主信号。

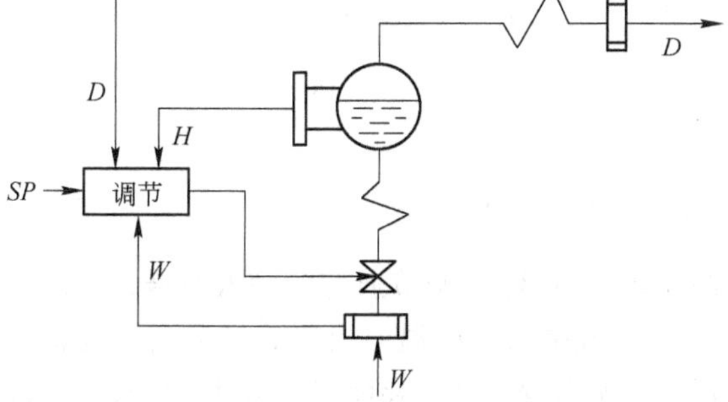

图 6-2 单级三冲量给水调节系统图

当蒸汽量 D 出现扰动，比如耗量增加时，为保持锅筒水位恒定，应增加给水量 W。但在 D 增加时，一段时间内锅筒会出现假高水位现象。如果调节系统仅靠测量出的水位反馈信号控制给水调节阀，就会减少阀门开度，造成给水量 W 的下降。这样就更加剧了锅筒内水汽质量的不平衡，根本无法正常生产。为此，在调节系统中引入了蒸汽流量前馈调节环节，当 D 出现扰动时，用 D 来抑

制 H 的假水位现象。如果前馈环节设计得好，可以大幅限制假水位现象，甚至将其消除为零。

当水位 H 或蒸汽量 D 变化时，给水量 W 应迅速跟踪上述两个量的变化。在这个意义上 H、D 与 SP 一道作为调节器的给定值，而 W 是控制系统的反馈信号。可是当给水量由于自身原因变化时（例如，给水压力波动引起给水流量的波动时），调节器也能立即动作调节装置，使给水流量迅速恢复到原来的数值，从而使锅筒水位基本不变。

6.6.2　干熄焦过热蒸气温度控制系统

6.6.2.1　过热蒸气温度控制的任务

过热蒸气温度是干熄焦锅炉安全及经济运行的重要参数，过热蒸气温度控制就是维持干熄焦锅炉二次过热器出口蒸气温度尽可能恒定。如果过热蒸气温度控制不好，致使蒸气温度偏高，将导致干熄焦锅炉二次过热器，蒸气管道和汽轮机等设备受损。如果过热蒸气温度偏低，会引起汽轮机末级蒸气温度增加，降低汽轮机效率，加快对汽轮机叶片的侵蚀，严重时甚至会影响汽轮机的安全运行。在干熄焦正常生产时，一般要求过热蒸气温度控制在 420℃，偏差不应超过 ±10℃。

6.6.2.2　串级气温调节系统的典型结构及原理

采用喷水减温方式控制过热蒸气温度，对干熄焦锅炉的二次过热器安全运行比较有利。尽管在减温水量变化时，气温的跟随反应时间较长，调节特性不理想。但基于安全考虑，仍是目前过热蒸气温度主流的调节方法。何况利用自动控制的理论和方法，还能较大地克服蒸气温度反应慢的特点。采用喷水减温时，由于对象调节通道有较大的迟延和惯性，所以采用单回路调节系统往往不能获得较好的调节品质。针对过热气温调节对象调节通道惯性迟延大、被调量信号反馈慢的特点。可从对象的调节通道中找出一个比被调量反应快的中间点信号，作为调节器的补充反馈信号。以改善对象调节通道的动态特性，提高调节系统的质量。

目前在干熄焦中采用的是过热气温串级调节系统。过热蒸气温度串级调节系统的组成如图 6-3 所示。

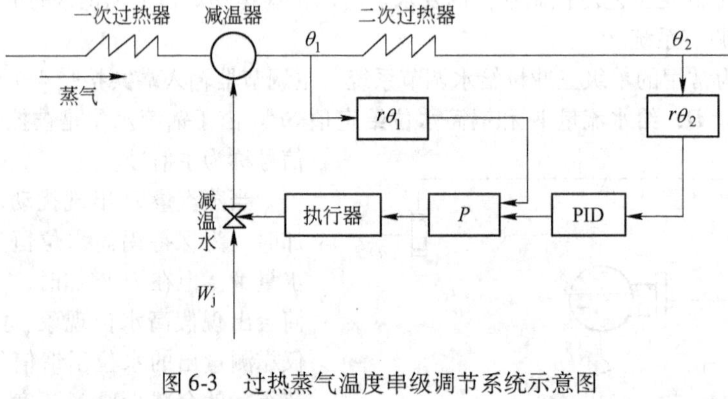

图 6-3　过热蒸气温度串级调节系统示意图

气温调节对象由减温器和过热器组成，减温水流量 W_j 为调节通道的输入信号，二次过热器出口气温 θ_2 为输出信号。为了改善调节品质，系统中采用减温器出口处气温 θ_1 作为辅助调节信号，此信号又称为导前气温信号。当减温器喷水量变化后，导前气温信号 θ_1 的反应比最终控制目标 θ_2 的信号迟延要小很多。由于系统引进了 θ_1 作为副调节量，因而显著提高了系统动态特性。

6.7 循环气体分析仪

在干熄焦系统中，循环气体中 H_2、CO、O_2和 CO_2等微量气体的含量是通过气体分析仪进行分析检测的。因为这些气体中 H_2和 CO 都是易燃易爆气体，O_2是助燃气体，所以它们的含量多少不仅影响红焦的熄灭，而且一旦达到爆炸临界点，将直接影响到安全生产。因此，循环气体分析仪在干熄焦系统中是非常重要的检测仪表。下面以武钢 7 号、8 号焦炉干熄焦气体分析仪为例进行说明。

6.7.1 气体分析仪系统构成及工艺流程

6.7.1.1 分析仪系统装置构成

循环气体分析仪装置主要由样气采集装置及阀门控制盘、气体洗净装置盘和气体分析仪表盘三部分构成，加上外接能源介质管道和排污设施构成整个系统。

（1）样气采集装置及阀门控制盘（VALVE UNIT）。样气采集装置就是从循环气体管道上采集循环气体用于气体分析用的装置。为防止采样装置堵塞，反向吹扫管道的废气（汽）由阀门控制盘排出。

（2）气体洗净装置。气体洗净装置通过气泵采集循环气体样气，在采集过程中将样气中的焦粉等杂质洗净，然后将洗净的气体送往气体分析盘。

（3）气体分析盘。气体分析盘是将洗净的样气干燥过滤后，分成三路分别送往氧分析仪、氢分析仪和一氧化碳、二氧化碳分析仪进行分析。它是整个系统的核心，测量均在此单元进行，数据也在此单元生成。

6.7.1.2 能源介质

分析仪装置所需能源介质有：

氮　气：纯度 99.99%，压力≥0.3MPa；

仪表风：　压力≥0.3MPa；

水：压力≥0.3MPa；

低压蒸汽：压力≥0.3MPa。

6.7.1.3 气体分析的工艺流程

（1）气体分析工艺流程框图（见图 6-4）。

（2）仪表在分析过程中，首先必须保证整个取样过程是全密闭的，包括排水管，必须将

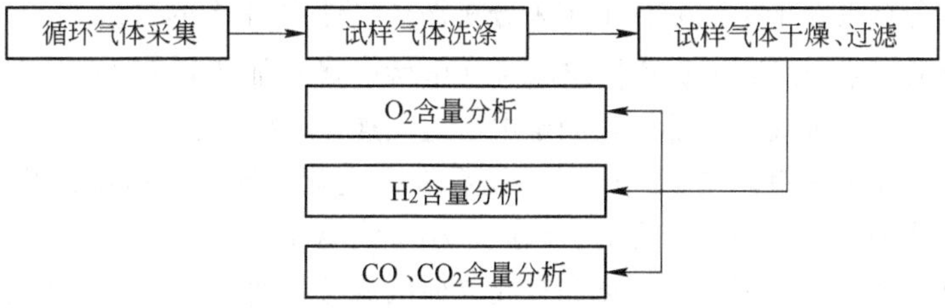

图 6-4 气体分析工艺流程框图

排水口通过水封封住；第二，仪表工作温度必须大于5℃；第三，必须控制仪表入口样气流量的稳定，各样气体流量见表6-1。

表6-1　仪表分析流量表

序　号	仪　表	流量/L·min^{-1}	序　号	仪　表	流量/L·min^{-1}
1	氧分析仪	0.2	3	CO/CO_2分析仪	0.4
2	氢分析仪	0.5			

6.7.2　分析原理

6.7.2.1　磁流量氧分析仪

磁流量氧分析仪用于检测循环气体中的氧气含量，测量原理如图6-5所示。试样气体中若不含O_2分子，则其流量Q_L与辅助气体N_2流量Q_R相等，即$Q_L=Q_R$；当试样气体中含有氧分子时，则因磁场力的作用使得Q_R流量减小，试样气体与辅助气体流量不平衡，$Q_R>Q_L$。流量差$\Delta Q=Q_R-Q_L$与试样气体氧含量成正比例，因而可通过检测流量变化来检测试样气体中的氧含量。流量的变化导致热敏电阻传感器产生的电压信号发生变化，V_R与V_L通过比较放大器装置转换成O_2含量的电流信号输出，磁流量氧分析的原理如图6-5所示。

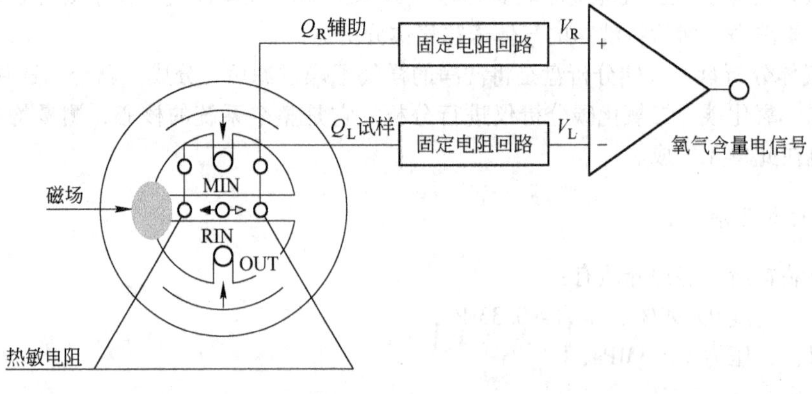

图6-5　磁流量氧分析原理

MIN—试样气体入口；RIN—辅助气体入口；OUT—气体出口；
V_L—Q_L流量的电压信号；V_R—Q_R流量的电压信号

6.7.2.2　热传导气体分析仪

热传导气体分析仪在干熄焦装置中用来分析循环气体中的H_2的含量。

如图6-6所示，铂金线通过直流恒定电流（电桥电路）加热到100℃。两个孔为测量室和比较室。通过两孔的铂金线与外部所设固定电阻之间连接，构成惠斯登电桥。测量气体的热传导率若发生变化，在测量室内铂金线的温度就会发生变化，导致其电阻产生变化。在比较室内，比较气体的热传导率是稳定不变的。因此，铂金线温度和电阻不会变化。电阻的变化导致电桥电路不平衡，此时可根据电压变化和被测气体的成分，通过比较求出要测量气体的成分含量，并转换成电流信号输出。

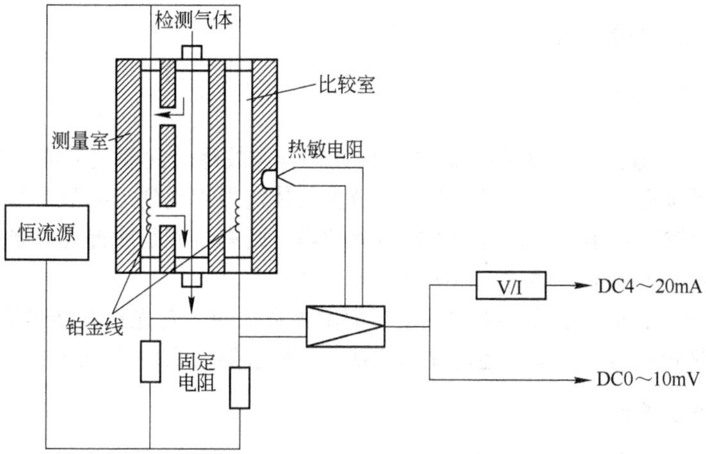

图 6-6 热传导气体分析仪

6.7.2.3 通用红外线分析仪

通用红外线分析仪在干熄焦装置中是用来分析循环气体中 CO 和 CO_2 气体含量的，它是通过红外线发生装置发出红外线光束穿透试样气体，根据红外线被吸收的量进行演算推出样气的成分含量的。

6.7.3 分析仪标定

6.7.3.1 气体分析仪的标定

根据分析仪的测量范围，首先通入零点标样气体设定分析仪的零点；通入满量程标样气体从而设定分析仪的测量范围；设定完毕后，通入范围标样气体验证标定是否正确，否则必须重新进行标定，直至测量值在分析仪的误差范围内为止。

6.7.3.2 分析仪标定气体的选定

分析仪标定时必须有两种气体：(1) 零点气体；(2) 满量程范围气体。

标定时应根据仪表供气技术要求，严格控制标样气体的流量，流量过大会损坏仪表内部的毛细稳流管；流量过小将直接影响到标定值的准确性，导致仪表测量不准。

根据检测气体种类不同，仪表选用的气体有所不同，见表 6-2。

表 6-2 各类气体分析仪选用气体的种类

序 号	仪表种类	测量气体成分	零点气体	范围气体
1	磁流量分析仪	O_2	$N_2$100%	空气（O_2为 20.95%）
2	热传导分析仪	H_2	$CO_2$30% CO 20% N_2平衡气体	$CO_2$30% $H_2$8.5% N_2平衡气体
3	红外线分析仪	CO 和 CO_2	$N_2$100%	$CO_2$30% CO 20% N_2平衡气体

6.7.4　常见故障及处理办法

6.7.4.1　磁流量氧分析仪

（1）元件异常故障：当仪表显示 E—1 时为元件异常故障。此种故障情况有可能是试样气体流量过大或者是辅助比较气体流量不够。可调整气体流量恢复到标准范围内，然后操作仪表解除异常即可。排除上述情况后，若仍不能解除故障，则有可能是前置放大器异常。此时需打开分析腔面板，调整放大器，然后重新暖机直至正常。

（2）恒温部异常：如果温度不随时间变化而增加数值时，首先检查加热器保险是否正常，然后检查加热器是否断路。如果上述情况都正常，则检查温度元件是否损坏。

6.7.4.2　热传导分析仪

热传导分析仪的稳定性比氧分析仪要稳定得多。只要测量气体流量符合规定要求，一般不会出现异常故障。若测量发生偏移，可通过重新标定，调节面板上的微调电阻来调整内部电桥电压，使其符合要求。如果还不能解除故障，只有请专业人员来解决。

6.7.4.3　红外线分析仪

（1）仪表显示值不稳定：可能是红外线光源断线和斩波器旋转不良，也可能是管路漏气或堵塞。

（2）不能进行调零：可能是传感器断线和桥式电路电阻接触不良及检测器密封不严，或者是测定元件和仪表内部投射窗脏污。

6.8　干熄焦料位仪

6.8.1　系统概述

干熄炉内焦炭料位监控是通过γ射线定点监控仪和静电容式料位仪，来完成料位适时监控和高低料位报警与联锁的。以此达到控制干熄炉内焦炭料位，指导干熄焦安全生产。

6.8.1.1　γ射线料位监控仪

γ射线料位监控仪由线源容器、检测器和速率控制器三部分组成。测量料位时将γ射线源和检测器安装在要测量的干熄炉两侧，并安装在设定的料位平面上，如图 6-7 所示。

6.8.1.2　静电容式料位仪

静电容式料位仪是由测定电极和控制器两个部分组成。它在干熄焦工艺中被用来测定干熄炉内焦炭的高料位，是作为γ射线定点监控仪的补充，如图 6-8 所示。

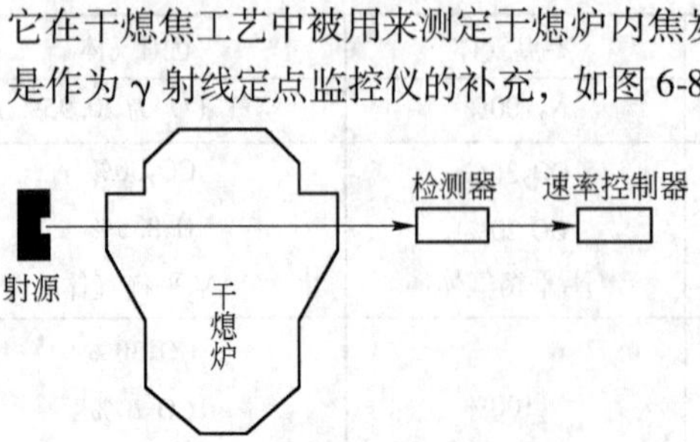

图 6-7　γ射线料位仪系统图

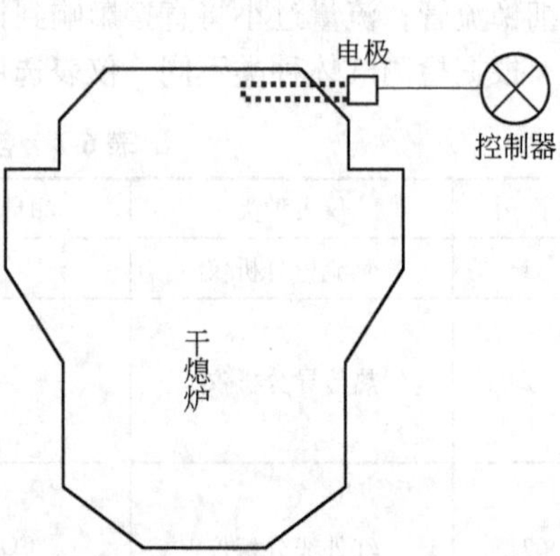

图 6-8　静电容式料位仪系统图

6.8.2 系统控制原理

6.8.2.1 γ射线定点监控仪工作原理

在干熄焦装置中，γ射线定点监控仪安装在干熄炉基准料位平面。当炉内焦炭超过了该料位时，γ射线则被焦炭吸收一部分，到达检测器的检测信号减弱；当炉内焦炭在该料位下时，γ射线检测器检测信号增强。

在速率计上，将来自检测器脉冲信号转换成与脉冲到达率成正比的直流电压，通过该电压判断γ射线是否到达检测器。若料位超过设定料位，则射线被焦炭遮断，γ射线信号减弱，速率计输出低电压，并使电子继电回路动作，将焦炭料位信号传递到中控室。

6.8.2.2 静电容式料位仪工作原理

在干熄焦装置中，静电容式料位仪安装在预存段上部上上料位位置，当干熄炉内焦炭超过该料位时，料位仪的两个电极通过焦炭导通，控制器获得信号后，触发电子回路动作，接点由OFF变为ON。

6.8.2.3 系统工作原理

干熄炉内焦炭量是通过E&I系统内部演算得出，计算公式为：

$$W_n = W_{n-1} + W_{in} - \Delta W_{out} + a \tag{6-1}$$

式中，W_n——干熄炉内焦炭重量；

W_{n-1}——干熄炉内未装入焦炭前的重量；

W_{in}——每次投入焦炭重量（焦炉单炉设计产量）；

ΔW_{out}——干熄炉排除冷焦重量；

a——演算误差修正值。

由于焦炉单炉实际产量与设计产量存在误差及冷焦排出的计量误差等原因会导致演算重量与干熄炉内焦炭实际重量有误差。为了真实掌握干熄炉内焦炭料位，将γ射线定点监控仪安装在基准料位面上（武钢焦化公司140t/h干熄炉设为85t），以检测干熄炉内焦炭基准料位。当干熄炉内焦炭下降到基准料位以下时，γ射线导通，接点信号由ON—OFF。系统自动校正一次，$a = 85 - W_n$。

在日常生产中，干熄炉内的焦炭既不能排空，也不能装满而导致红焦溢出。因此，E&I系统通过演算料位设置了高低料位报警和联锁。同时为防止演算失误，通过静电容式料位仪设置了上上料位联锁，见表6-3。

表6-3 预存室料位报警与联锁一览表

序号	料位	140t/h实际料位/t	条件	报警	联锁
1	HH	175	静电容式料位仪动作	○	装入系统停止装焦
2	HH′	170	E&I演算值≥HH′	○	装入系统停止装焦
3	H	149	E&I演算值≥H	○	
4	正常	0~149	H>E&I演算值>L		
5	L	0	L≥E&I演算值	○	排焦系统停止排焦

6.8.3　注意事项

6.8.3.1　γ射线定点监控仪

A　线源

线源有放射线辐射，对人体有伤害，因此在使用中要特别小心，注意安全。

（1）严禁从线源容器上拆卸线源保持架，操作线源开关时一定要小心操作，操作完毕后一定要用插销固定并上锁。

（2）定期点检线源容器有无破损、线源开关手柄动作状态及线源开关显示灯是否正常。

B　检测器

检测器为密封结构，电器回路 IC 化，具有很高的稳定性。但是检测器为精密电子器件，在使用中应注意以下事项：

（1）在安装使用过程中严禁冲撞检测器，以免损坏仪器内部的闪烁光电子放大器。

（2）不管检测器是否使用，当环境温度超过 40℃，就必须通冷却水循环冷却，因此必须定期点检循环冷却水是否正常。

（3）检查维修检测器时，一定要关闭线源开关，防止放射线辐射对人体造成伤害。

C　速率计

速率计是将检测器的电压信号转化为开关量信号的检测仪表。它安装在控制室的仪表柜上，使用时一定要注意以下事项：

（1）装卸速率计时一定要切断电源，安装连接器时要正确连接扁平电缆。

（2）线源放射强度是不断衰减的，这会导致速率计的计数率指示下降。为了防止装置的误动作，要定期调整速率计的判断动作点，一般每 6 个月 1 次。

6.8.3.2　静电容式料位仪

静电容式料位仪电极端部绝缘体是陶瓷（氮化硅）制造，因此在搬运和装卸时应注意以下事项：

（1）在搬运和堆放时不可对其施加冲击；安装和拆卸时注意不能对电极施加大的力量，以免损坏电极。

（2）在高温场所输入和抽出电极时，温度不能发生急剧变化（热冲击），需要用 2h 的时间慢慢推进或抽出。正常操作要求规定：电极推进或抽出速度为 10cm/min，而电极端部的抽、送速度为 30cm/min。

6.8.4　故障处理

干熄炉预存段料位在干熄焦生产中起着非常重要的作用。因此，一旦γ射线料位计出现故障不能运行，原则上应停止干熄焦的生产，及时对γ射线料位计进行修复。检修γ射线料位计时，要采取特殊防辐射的安全措施后进行。检查γ射线料位计的电源是否正常，冷却水是否正常、γ射线检出器是否正常，发现异常情况按要求进行处理；还要检测γ射线料位计的辐射强度是否达到要求，如因辐射太弱不能正常工作要予以更换等等。待γ射线料位计恢复正常运行后，尽快对预存段焦炭料位强制校正一次，然后恢复干熄焦的正常生产，并通知干熄焦发电机准备发电。

复习思考题

6-1 交换机控制系统由哪些部分组成，具有哪些功能?
6-2 焦炉控管一体化系统由哪些子系统构成?
6-3 对焦炉控管一体化系统的维护有哪些要求?
6-4 简述感应无线通信的原理，其特点是什么?
6-5 焦炉车辆全自动操作系统有哪些主要功能，联锁功能的含义是什么?
6-6 焦炉车辆全自动操作系统日常维护应注意哪些问题?
6-7 焦炉车辆全自动操作系统在使用中应注意什么问题?
6-8 集气管压力调节机有几种类型，简述其工作原理。
6-9 简述干熄焦计算机控制系统的组成。
6-10 干熄焦自动控制系统的主要控制功能有哪些，气体循环系统的联锁条件有哪些?
6-11 干熄焦自动控制系统的日常维护及要求有哪些?
6-12 锅筒锅炉给水控制的任务是什么，操作时应注意哪些问题?
6-13 过热蒸气温度控制的任务是什么?
6-14 气体分析仪的常见故障及处理办法有哪些?
6-15 γ射线料位仪在使用中应注意哪些问题?

7 煤焦化验设备

煤焦化验设备概括而言包括取制样设备、工业分析设备、工艺性能检测设备、岩相分析设备、焦炭检测设备几大类。随着自动化程度的提高，煤焦化验设备的品种、型号越来越多，无法一一介绍，本章重点介绍常规检验设备的基本要求及一些典型新设备的基本性能。

7.1 煤焦的取、制样设备

7.1.1 取样设备

目前，全断面取样机已经普遍在焦化企业应用，并有逐步替代人工取样的趋势，它具有以下特点：

（1）全自动采样、制样，保证取样样本的真实性。

（2）计算机随机选择取样点，保证取样的公正性和公平性。

（3）螺旋叶片提升、电机驱动的螺旋钻式采样头，能适应全断面和各种原料采样。

（4）计算机现场动态监控，操作简单。

（5）可分为全自动、半自动、手动工作方式。

（6）系统结构简单，工作可靠，易于维护，维修方便。

（7）取样方式：按 GB/T 475—1996 标准布点取样随机自动选点，任意随机深度全断面取样。

7.1.2 制样设备

A 煤的制样设备

适用于煤样的制样设备有颚式破碎机、锤式破碎机、对辊破碎机、钢制棒（球）磨机、其他密封式研磨机。

B 焦炭的制样设备

适用于焦炭的制样设备有颚式破碎机、对辊式粉碎机和其他密封式研磨机。只要破碎机的材质和破碎比符合要求，无污染，易清扫，即可使用。

（1）颚式破碎机。颚式破碎机通常有三种规格：

1）开口尺寸约 200mm × 150mm，用于将大、中块焦炭破碎到 60mm 以下；

2）开口尺寸约 150mm × 125mm，用于将 60mm 焦炭破碎到 13mm 以下；

3）开口尺寸约 100mm × 60mm，用于将 13mm 焦炭破碎到 6mm 以下。

（2）对辊式粉碎机。对辊式粉碎机的辊径一般应大于或等于 250mm；辊宽一般应为 75 ~ 200mm。通常需两个。

1）用于将 6mm 的试样粉碎到 3mm 以下；

2）用于将 3mm 的试样粉碎到 1mm 以下。

（3）振动粉碎研磨机。研磨机研磨部件的材质应为高锰钢或高铬钢等耐磨合金材料。

7.2 煤的工业分析设备

7.2.1 煤的工业分析常规设备

煤的工业分析常规设备包括：

（1）分析天平：感量0.1mg。

（2）干燥箱：温度能保持在105～110℃范围内。

（3）马弗炉。

1）灰分测定：炉膛具有足够的恒温区，能保持温度为（815±10）℃。炉后壁的上部带有直径为25～30mm的烟囱，下部离炉膛底20～30mm处有一个插热电偶的小孔，炉门上有一个直径为20mm的通气孔。马弗炉的恒温区应在炉门下测定，并至少每年测定一次。

2）挥发分测定：炉膛具有足够的恒温区，能保持温度为（900±10）℃。炉子的热容量为当起始温度为920℃时，放入室温下的坩埚架和若干坩埚，关闭炉门后，在3min内恢复到（900±10）℃。炉后壁有一个排气孔和一个插热电偶的小孔。小孔位置应使热电偶插入炉内后其热接点在坩埚底和炉底之间，距炉底20～30mm处。马弗炉的恒温区应在炉门下测定，并至少每年测定一次。

7.2.2 自动化设备

随着计算机技术的发展和制造业的进步，全自动工业分析仪正逐步得到推广应用。该类型的测定仪既有进口设备，主要产地在美国，也有国内自主开发成功的，二者之间存在较大的价差，国内设备价格仅相当于进口设备的1/3～1/4，但是从性能的稳定性方面来比较进口设备明显优于国产设备。

主要的功能有：

（1）内置万分之一电子天平，采用热重分析法，快速、自动、连续地进行20个左右试样的试验，每180min左右出全部样品的空气干燥基水分、灰分、挥发分的分析结果，并自动计算出该样品的发热量、固定碳及氢含量。速度快、在线程度高，可用于指导生产。

（2）采用三温双炉一体化结构，可并行工作，缩短实验时间，并且炉膛恒温区互不干扰，确保空气干燥基水分、灰分、挥发分的测试更准确。

（3）计算机自动完成称量数据采集、结果计算、报表打印、存储等。

（4）用先进的PCI技术，适应计算机技术的新发展，可与其他仪器组成综合测试仪，实现一机多控。可联电子天平、可联网实现远程数据共享。

7.3 煤、焦硫分的测定设备

煤、焦中硫分的测定方法包括艾士卡法、库仑法和高温燃烧中和法，其中库仑法最为常用。

7.3.1 库仑测硫仪

库仑测硫仪由以下几个部分组成：

（1）管式高温炉。能加热到1200℃以上并有90mm以上长的高温带（1150±5）℃，附有铂铑—铂热电偶及控温装置，炉内装有耐温1300℃以上的异径燃烧管。

（2）电解池和电磁搅拌器。电解池高 120 ~ 180mm，容量不少于 400mL，内有面积约 $150mm^2$ 的铂电解电极对和面积约为 $15mm^2$ 的铂指示电极对。指示电极响应时间小于 1s，电磁搅拌器转速约 500r/min 且连续可调。

（3）库仑积分器。电解电流 0 ~ 350mA 范围内积分线性误差应不超过 ±0.1%。配有 4 ~ 6 位数字显示器和打印机。

（4）送样程序控制器。可按指定的程序前进、后退。

（5）空气供应及净化装置。由电磁泵和净化管组成。供气量约 1500mL/min，抽气量约 1000mL/min，净化管内装氢氧化钠及变色硅胶。

7.3.2 全自动定硫仪

该类型的测定仪与全自动工业分析仪类似，有国外进口产品也有国内自主开发成功的产品，二者之间存在较大的价差，但是从性能的稳定性方面来比较进口设备明显优于国产设备。主要的功能有：

（1）采用一体化结构，将自动送样机构、电子天平、高温裂解炉、电解池、搅拌器、空气净化系统等部件配在整个箱体内，使仪器结构紧凑，造型美观。

（2）采用特制的坩埚取代传统的瓷舟装样，利用库仑滴定法原理进行测定。

（3）一次可装样 20 个左右，由程序控制实现连续自动送样、自动称重、自动测定、自动存盘、自动打印，操作人员所做的工作只是装样，极大地提高了工作效率。

（4）测定时间可根据不同煤样及装样重量自动判别。

（5）采用多点动态系数校正法，系统误差直接通过软件自动修正，确保高、中、低硫含量的准确度更高。

（6）采用先进的 PCI 技术，适应计算机技术的新发展，可与其他仪器组成综合测试仪，实现一机多控。可联电子天平、可联网实现远程数据共享。

（7）检测精度比传统设备提高一倍以上，检测时间比传统设备缩短两倍以上。

7.4 烟煤的其他检测设备

7.4.1 黏结指数测定设备

（1）分析天平：感量 1mg。

（2）马弗炉：具有均匀加热带，其恒温区（850 ± 10）℃，长度不小于 120mm，并附有调压器或定温控制器。

（3）转鼓试验装置：包括两个转鼓、一台变速器和一台电动机，转鼓转速必须保证（50 ± 2）r/min。转鼓内径 200mm、深 70mm，壁上铆有两块相距 180°、厚约 3mm 的挡板。

（4）压力器：以 6kg 质量压紧试验煤样与专用无烟煤混合物的仪器。

（5）自动搅拌仪：新近开发出的自动搅拌仪能模仿人工搅拌的全过程，既有效地减轻了操作者的劳动强度，又克服了人工搅拌过程中的误差，确保数据的稳定性。

7.4.2 胶质层指数测定设备

7.4.2.1 常规设备

（1）双杯胶质层测定仪：有带平衡砣和不带平衡砣的两种类型。

（2）程序控温仪：温度低于250℃时，升温速度约为8℃/min；250℃以上，升温速度为8℃/min。在350～600℃期间，显示温度与应达到的温度差值不超过5℃，其余时间内不应超过10℃。也可用电位差计（0.5级）和调压器来控温。

（3）煤杯：煤杯由45号钢制成，其规格为：外径70mm；杯底内径59mm；从距杯底50mm处至杯口的内径60mm；从杯底到杯口的高度110mm。

煤杯使用部分的杯壁应当光滑，不应有条痕和缺凹，每使用50次后检查一次使用部分的直径。检查时，沿其高度每隔10mm测量一点，共测6点，测得结果的平均数与平均直径（59.5mm）相差不得超过0.5mm，杯底与杯体之间的间隙也不应超过0.5mm。

（4）探针：探针由钢针和铝制刻度尺组成。钢针直径为1mm，下端是钝头。刻度尺上刻度的单位为1mm。刻度线应平直清晰，线粗0.1～0.2mm。对于已装好煤样而尚未进行试验的煤杯，用探针测量其纸管底部位置时，指针应指在刻度尺的零点上。

（5）加热炉：由上部砖垛、下部砖垛和电热元件组成。上下部炉砖的物理化学性能应能保证对煤样的测定结果与用标准炉砖的测定结果一致。炉砖可同时放两个煤杯，分别称为前杯和后杯。

硅碳棒电加热元件的规格和要求如下：

电阻6～8Ω；使用部分长度150mm，直径8mm；冷端长度60mm，直径16mm；灼热部分温度极限1200～1400℃。硅碳棒的灼热强度能在冷端15mm处降下来。

每个煤杯下面串联两支电阻值相近的硅碳棒。也可使用镍铬丝加热盘，但必须加热均匀，并确保满足规定的升温速度和最终的温度要求。

（6）架盘天平：最大称量500g，感量0.5g。

（7）记录转筒：其转速应以记录笔每160min能绘出长度为（160±2）mm的线段为准。每月应检查一次记录转筒转速，检查时应至少测量80min所绘出的线段的长度，并调整到合乎标准。

（8）测定时，煤样横断面上所承受的压强p应为98kPa。

（9）热电偶：镍铬-镍铝电偶，一般每半年校准一次。在更换或重焊热电偶后应重新校准。

7.4.2.2　全自动测定仪

新近开发出的半自动胶质层指数测定仪和全自动胶质层指数测定仪已经陆续在生产中得到应用。全自动胶质层测定仪由计算机主机、打印机、胶质层炉体、控制器和智能机械手四部分组成，其性能特点如下：

（1）温度的测量和控制、X曲线的显示和计算、胶质层厚度的测定均通过计算机自动控制，采用智能机械手代替手工探胶过程，自动测量胶质层厚度（Y值）大大减小了化验人员的劳动强度，避免了原有人工测定产生的人为误差，提高了测量精度。

（2）实时显示温度曲线和煤样膨胀曲线；采用位移传感器把煤样的膨胀收缩过程转换成电压的变化，然后通过数据采集处理，把煤样的膨胀过程实时的显示在计算机屏幕上，避免了常规设备（用转鼓钟记录煤样的膨胀收缩过程）煤样的膨胀曲线经常断线、不连续等现象，提高了测量精度。

（3）智能机械手整体结构由压力传感器、位移传感器、步进电机、高强度探针和机械传动部分组成，能够完全模拟人手完成胶质层厚度的上下点的自动测定。

（4）智能机械手整体位于原炉体上，采用可旋转式设计，操作更方便、更灵活，且前后和上下位置可以自由调节，能够准确确定探测点的位置。

（5）智能机械手连接计算机，可以自动按照 X 位移曲线中煤样峰形变化进行自动测量，也可以通过人工指令进行测量，大大减轻了人工测定的劳动强度，提高了劳动效率。

（6）电脑自动控温，可以在线修改控温参数，控温更加准确。

7.5　烟煤的工艺性能检测设备

检测烟煤工艺性能的设备主要是试验焦炉，其历来受到广大焦化行业工程技术人员高度重视，各种形式的试验焦炉一直处在发展之中。国内外现有多种类型的试验焦炉，按炭化室用砖分有黏土砖、高铝砖、镁铝砖和碳化硅砖；按加热方式分有煤气加热和电加热；按炭化室宽度分有固定炉宽（150～500mm）和可变幅炉宽；按装煤方式分有顶装、侧装及底装；按试验规模分有500kg、400kg、250kg、15kg等。我国试验焦炉的型号之多可居世界前列，从7～700kg的各种结构形式都有。在国内焦化企业中应用比较广的试验焦炉是20kg和40kg试验焦炉，部分大型焦化企业也配备了200kg试验焦炉。

早期，鞍山热能院、北京煤炭院、本钢、太钢等均建成200kg试验焦炉。经过统一化、标准化后，200kg试验焦炉成为我国试验焦炉的里程碑，为我国炼焦事业的腾飞立下不可磨灭的功勋。从20世纪70年代初开始，我国起动煤分类方案的制订工作，为了制订出新的中国煤分类方案，从全国各煤矿采集了176个煤样，在200kg试验焦炉上进行了炼焦试验，据此确定各煤种的炼焦特性。200kg试验焦炉的炼焦结果，对我国现行的煤炭分类（炼焦用煤）起到了举足轻重的作用。

200kg试验焦炉采用煤气加热，炉温调节由人工控制，技术水平要求较高，炉温均匀性较难达到，人为因素较多。

经过十几年的配煤炼焦试验后，对全国的炼焦用煤质量有了基本的了解，配煤炼焦试验的任务亦相对减少。进入20世纪80年代，为适应新形势，鞍山热能院、武钢焦化厂、武汉钢铁学院、华东冶金学院、北京煤炭院和鞍山钢铁学院等单位，相继研制出了几千克至几十千克的试验焦炉，旨在使炼焦试验更灵活方便，其主要炉型有7kg、20kg，以及目前推广应用的40kg试验焦炉，这些小型试验焦炉均采用电加热方式。

7.5.1　20kg试验焦炉

20kg试验焦炉从20世纪90年代初开始在国内焦化企业得到了广泛应用，其主要特征如下：

（1）试验焦炉一次装煤量23kg（干煤）；

（2）配合煤细度80%～85%（小于3mm所占比例%）；

（3）配合煤水分10%±1%，配合煤中单种煤的配入量，应以干煤为基准，否则影响配煤比的准确性；

（4）燃烧室温度（1060～1080±10）℃；

（5）采用电加热方式，程序自动控温；

（6）结焦时间8h；

（7）焦饼中心温度不小于950℃。

（8）转鼓强度 M_{40}、M_{10}，通过回归方程换算成大生产的 M_{40}、M_{10}，主要采用1/4米库姆转鼓：直径1000mm，长250mm；转鼓25r/min，每次试验100r/min。若转速超差时，则保证转动时间，但不得超过4min±10s。

（9）投资少、试验费用低。

7.5.2 40kg 试验焦炉

近年来，40kg 试验焦炉越来越受到焦化企业的青睐，它既克服了 200kg 试验焦炉投资大、试验工作量大、煤气加热无法自动控温的缺点，又比 20kg 试验焦炉在区分配合煤质量、提高与大焦炉相关性上具有明显的优势。

40kg 试验焦炉多采用非金属加热元件进行电加热，铁箱装煤，从炉底或侧面出焦，炭化室多采用碳化硅砖砌筑。炭化室基本尺寸为宽 400mm、长 500mm、高 500mm，装煤量 40 ~ 50kg。称取出炉焦炭 12.5kg，在 1/4 米库姆转鼓中测试强度。40kg 试验焦炉一般配置工控计算机，使加热温度的控制灵活可靠、准确度高，温度波动可控制在 1 ~ 2℃范围内，40kg 试验焦炉具有如下特征：

（1）劳动强度较轻；

（2）炉温控制采用计算机监控，控温精度高；

（3）开停炉方便、灵活、快捷；

（4）铁箱装煤，铁箱与炭化室墙之间有一定的间隙；

（5）煤气经燃烧或回收净化后排放，改善了劳动环境，降低污染；

（6）采用 M_{40}（或 M_{25}）、M_{10} 指标，可直观反映焦炭强度；与工业焦炉相关性好。

主要技术参数如下：

（1）炭化室一次装煤量 40 ~ 50kg；

（2）装煤时炭化室墙温度：750℃或 800℃；

（3）加热最终温度 1050 ~ 1200℃；

（4）焦饼中心温度：950 ~ 1050℃；

（5）结焦时间 16 ~ 24h（可任意设定）；

（6）相关系数：$r_1 \geqslant 0.95$（焦炭强度 M_{40}），$r_2 \geqslant 0.90$（焦炭强度 M_{10}）。

7.6 煤的岩相分析设备

在美国、日本等许多大钢铁公司试验室都装备有完善的煤岩分析与测定设备，用于指导炼焦生产日常操作。进入 20 世纪 90 年代，煤岩学的应用研究在中国的焦化行业不断扩大和深化。

煤的岩相分析设备主要包括制片设备、显微镜光度计、图像分析设备。由于测量仪器和计算机技术的改进以及图像分析设备的快速发展，煤岩学研究手段朝着方法标准化、信息数字化和操作自动化的方向发展。

7.6.1 煤岩制片方法的自动化

沿用至今的煤岩制片方法因为操作程序复杂、制片速度慢，一直影响着煤岩指标在生产中的应用。目前，半自动和全自动磨抛机已经广泛应用于科研、生产领域，该类产品主要产自美国和德国，其中全自动磨抛机在金相研究中应用较多，半自动磨抛机在国内焦化企业也已经应用，进行煤岩制片，效果显著。

全自动磨抛机主要由几部分集成，包括：磨抛机、磨料配送系统、超声波清洗器、试样干燥器。其主要特点如下：

（1）从研磨到最后抛光整个过程全自动完成。

（2）可以设置 50 个左右的常用工作程序。

（3）整个过程的每个工序之间都进行夹持器和样品的清洗与烘干，充分保证了样品制备的高效与高质性。

（4）操作界面友好，彩色液晶显示，触摸式操作。

（5）操作过程的全自动化模式，节省了人工并有效地提高了效率与质量。

7.6.2　煤的镜质组反射率测定设备

煤的镜质组反射率测定原理是根据光电倍增管所接受的反射光强与其光电信号成正比的原理，在显微镜下以一定强度的入射光照射时，对比镜质组和已知反射率的标准片的光电信号值而加以确定。根据测定时的介质，可以分为空气中反射率（R^a）和油浸反射率（R^o），后者准确、灵敏，因而应用广泛。

7.6.2.1　常规设备

测定仪器为由偏反光显微镜、光电倍增管、高压稳压电源、显示器、光源稳定设备等构成的显微镜光度计。

（1）光源：应采用有足够亮度，输出稳定的光源。宜采用功率为50W或100W的卤素石英灯。

（2）偏光器（起偏器和检偏器）：可选用片状或棱镜偏光器，应能装卸和旋转。

（3）控光孔径：两个可变光圈组成，其一是孔径光圈，可被聚集在物镜后焦面上；另一个是视域光圈，可聚集在样品表面上。二者都能对中到显微镜光轴上。

（4）垂直照明器：可选用北瑞克（Berek）棱镜、镀膜平面玻璃或史密斯（Smith）照明器（反光镜和平面玻璃的组合）之一种。

（5）物镜：适用于偏光和折射指数为1.518的油浸液的无应变物镜，漫反射值低，放大倍数在×20至×60之间。

（6）目镜：两个观察目镜，其中之一应装有十字丝和测微尺。目镜、物镜和接筒的总放大倍数在×250至×750之间为宜。

（7）显微镜光度计接筒：

1）测量光圈：使到达光电倍增管的光线限制在小于80μm^2的样品面积（圆形时，相当于直径小于10μm）所反射的范围内，并且能对准观察目镜的十字丝中心；

2）观察目镜应备有遮光装置，否则将仪器放在暗室中以防外部光线干扰；

3）显微镜接筒黑到足以吸收杂光。

（8）滤光片：透射峰范围为（546±5）nm，半峰宽小于30nm。

（9）光电倍增管：装在与显微镜连接的筒内，让光线通过测量光圈和滤光片射到光电倍增管的窗口上。

（10）显微镜载物台：装有能使样品沿 X、Y 轴方向移动，具微调装置的机械推尺。对于最大反射率测定，载物台应能垂直于光轴旋转360°，并且可调节物台或物镜以进行对中。

（11）光源的直流稳压电源，应满足如下条件：

1）灯的输出在额定输出的90%～95%之间；

2）若供电电压变化10%，输出变化小于0.02%；

3）满载时波纹系数小于0.07%；

4）温度系数小于0.05% K^{-1}。

（12）光点倍增管的直流稳压电源：

1）若供电压变化10%，输出变化小于0.05%；

2）满载时波纹系数小于0.07%；

3）温度系数小于0.05% K^{-1}。

4）从0到满载的变化引起输出电压的变化小于0.1%。

（13）显示器，选用下列设备之一：

1）最小灵敏度为 10^{-10}A/mm 的检流计；

2）数字电压表（灵敏度0.1mV）或数字显示器。

测定时，必须备有一系列与煤的反射率相近的标准片和零标准片（它的油浸反射率小于 10^{-6}%）。这些标准片由蓝宝石、钇铝石榴石、钆镓石榴石、金刚石、碳化硅和 K_6 玻璃等制成，用来标定光电系统的线性和作为反射率的定值标准。测定烟煤的反射率时，选用零标准片、蓝宝石、钇铝石榴石、钆镓石榴石几种标准片即可。

7.6.2.2 自动化设备

当反射率指标进入炼焦生产应用时，完全依靠人工测定就显现其不足，主要存在两个方面的问题：

（1）测定速度慢，熟练的操作人员一般一天只能做两对平行试验。人工操作，在目测选点时自始至终需要注意力高度集中，人眼很容易疲劳，也因此影响测定结果。

（2）测点少，通常单煤的测点在100点左右，混配煤在200点左右，在生产上应用显得测点代表性不够。特别是现在普遍重视对反射率分布图的解析，测点少影响了反射率分布图的解析效果。

近年来，随着计算机技术的飞跃发展，实现反射率测定的自动化已经成为可能。美国、德国和日本开展此工作较早，且颇有成效。据报道，美国宾州大学自动测反射率显微镜光度计，配以计算机，每分钟可测5000点；日本钢铁公司对自动测反射率的显微镜做了改进，12min可测10000多个点的反射率值，并可同时绘出反射率分布图。此外，计算机还可相应算出惰性组分和活性组分含量。

在国内，也有部分学者对此项工作进行了深入的研究，并取得了比较好的效果。如20世纪90年代末期成功研制出的可与国产显微镜配套使用的全自动显微镜光度计，主要特点如下：

（1）可自动测量煤、焦等反射率，自动计算出煤镜质组反射率参数，自动绘制反射率分布图。

（2）可鉴别混煤并确定混煤比例，可确定焦炭气孔结构参数等。

（3）测量重现性、再现性好于人工测定结果，分辨率与人工测定相当，较人工测定可大幅度提高效率。

（4）实现了显微镜自动调焦、自动旋转偏光镜、程控增益、自动校正仪器零点等技术。

（5）软件中独创采用了“多点提取”镜质组、“曲线相减消除黏结物”、“曲线剥离分峰确定混煤比”、“线相减确定显微煤岩组分”等数据处理技术。

该类型的设备在国内数十家焦化企业得以推广应用，并取得了良好的效果，尤其是在混煤的鉴定方面效果较为明显。

尽管如此，由于多种原因，自动测定反射率的技术在国内仍处于研究和初步应用阶段，还需要进行大量的工作来提高自动测定反射率装置的测定精度，并增强其对煤种的适应性。

7.6.3 图像分析系统

随着图像分析设备的快速发展，数字式图像采集系统已经能够快速识别高灰度等级的图像，因此将煤岩光片中各种不同组分的反射率转换成灰度进行测定，然后转化成反射率值已经取得了成功，为实现反射率的自动测定探索了一条新路。

目前用于测定反射率的常用设备是显微镜光度计，其测量元件是光电倍增管，测定区域较大，对部分结构小于测定区域组分的反射率无法准确测定，从而无法实现煤岩组分组成的自动测定。随着高灰度等级数码摄像头的出现和计算机的图像处理能力大幅度提高，国外已经研究用其替代目前的光度计测定煤岩反射率，不仅测定区域变小，而且具备图像识别功能，配备自动扫描和自动调焦装置，使得煤岩组分的自动测定也成为可能。采用图像分析系统不仅测定速度可以大幅度提高，而且可以在很短的时间内将一块光片全部测定而不是抽样测定，数据量大幅度提高后所获得的信息也更多、更准确可靠，将会使煤岩学的应用有飞跃性的发展。

图像分析系统在进行焦炭研究方面也具有优势，应用该系统可以检测焦炭的气孔结构，如气孔的大小和形状、气孔壁的厚度、气孔率等影响焦炭质量的重要信息。

总之，图像分析系统是未来煤岩分析发展的重要方向，很多煤、焦的重要信息都能够通过该系统完成，而且更易于实现自动化。

7.7　焦炭检测设备

焦炭质量检测主要包括两个方面：冷态强度和热态强度。冷态强度主要指的是焦炭在常温条件下测定的转鼓强度，我国焦炭冷态强度试验采用米库姆转鼓；热态强度主要指的是焦炭在高温条件下与二氧化碳反应后残余物的转鼓强度，我国焦炭热态强度试验采用I型转鼓。

7.7.1　焦炭冷态强度检测设备

焦炭转鼓强度是表征常温下焦炭的抗碎能力和耐磨能力的焦炭机械强度重要指标。各国工业生产上测定块焦转鼓强度的试验方法均已标准化。美国采用ASTM转鼓试验。日本采用JIS转鼓试验或ASTM转鼓试验。国际标准化组织采用米库姆转鼓，同时规定可采用法国钢铁研究院的IRSID转鼓试验。其他大多数国家，均采用米库姆转鼓试验。中国于1980年也将米库姆转鼓试验列为测定焦炭机械强度的国家标准。

米库姆转鼓（见图7-1所示）的鼓体是用厚度不小于5mm的钢板制成的封闭式圆筒，其内径和长度均为（1000 ± 5）mm。在鼓内壁周长上，沿鼓长每隔90°各焊一根100mm × 50mm ×10mm（高×宽×厚）的不导边角钢提料板。角钢的长度等于转鼓的内壁长度（为清扫方便，每根角钢两端可留10mm间隙），角钢100mm的一边对着转鼓的轴线，50mm的一边和转

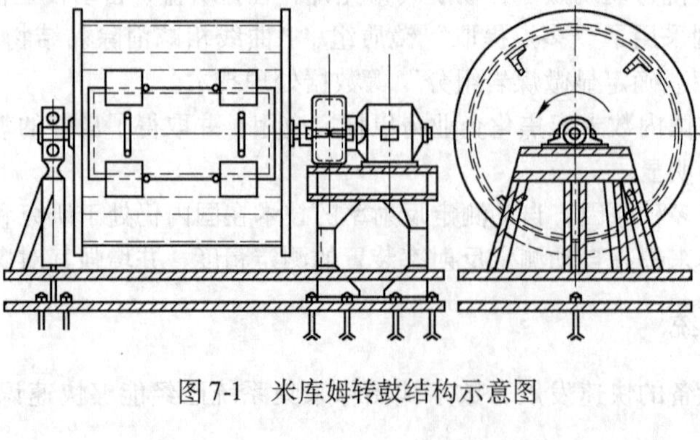

图7-1　米库姆转鼓结构示意图

鼓曲面接触，朝向与转鼓旋转方向相反。

转鼓圆柱面上有一个开口，尺寸为600mm×500mm，由此将焦炭装入、卸出和清扫。开口应安装一个盖，盖内壁的大小与鼓体上的开口相同，且曲率及材质与转鼓鼓壁一致，这样，当盖关紧时，其内表面与转鼓内表面应在同一曲面上。为了减少试样的损失，在盖的四周应镶嵌橡胶垫或羊毛毡。

转鼓由1.5~2.0kW的电动机带动，经减速机以25r/min的恒定转速运转100r/min，并采用计数器控制规定的转数。转鼓应安装手动装置可以正反两个方向旋转，便于卸空。

转鼓每季度标定一次转数。如100r/min超过4min±10s，应及时调整。

每半年检查一次转鼓磨损情况，用测厚仪测量转鼓的厚度，鼓壁任一点厚度小于5mm时，转鼓应更换。鼓内任一根角钢，其磨损深度达到5mm部分的总和超过500mm，即需修补或更换。

7.7.2 焦炭热态强度检测设备

焦炭热态强度检测设备主要包括电炉、反应器、I型转鼓、二氧化碳供给系统和氮气供给系统、精密温度控制装置等，测定的指标是焦炭反应性CRI和反应后强度CSR。

7.7.2.1 电炉

炉膛内径140mm，外径160mm，高度640mm（高铝质外丝管）。

电炉丝：高温铁铬铝合金电阻丝，最高使用温度1400℃，直径2.8mm。

电炉安装要点：炉壳底部封死，上口敞开，预先在底板上装好脚轮。在底部铺一层耐火砖，将绕好电阻丝的外丝管立放于底板正中。在外丝管与炉壳间隙之间，填充轻质高铝砖预制件（由标准尺寸的轻质高铝砖切制），炉丝由上下两端引出，与固定在炉壳上的绝缘子相连接。炉丝引出部分用单孔绝缘管保护好，切忌互相搭接，以免造成短路。在外丝管外侧的保温砖上紧贴炉丝外预先钻一个直径8mm的孔，深度自上而下为350mm。埋设热电偶套管，盖好上盖，插入控温电偶，将电炉与控温仪及电源接好，每一台电炉安装完毕即测定恒温区，使炉膛内（1100±5）℃温度区长度大于150mm。电炉示意图见图7-2。

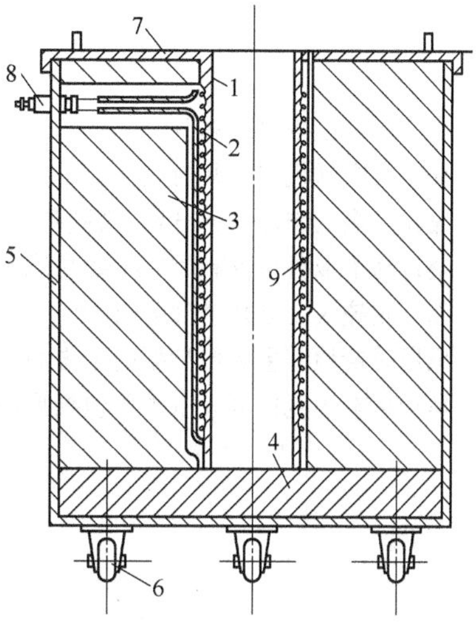

图7-2 电炉示意图

1—高铝外丝管；2—铁铬铝炉丝；3，4—轻质高铝砖；5—炉壳；6—脚轮；7—炉盖；8—绝缘子；9—控温热电偶

7.7.2.2 反应器

反应器结构如图7-3所示，由耐高温合金钢制成（GH23或GH44）。

I型转鼓：转速（20±1.5）r/min。

（1）鼓体：用ϕ140mm，厚度5~6mm的无缝钢管加工而成。

（2）减速机：速比50（WHT08型）。

（3）电动机：0.75kW，910r/min（Y905-6）

（4）转鼓控制器：总转数600r，时间30min。

7.7.2.3 二氧化碳供给系统

（1）二氧化碳钢瓶及氧压表。钢瓶内二氧化碳含量大于98%。

（2）转子流量计：0.6m³/h。

（3）洗气瓶：容积500mL，内装浓硫酸（ρ＝1.84g/mL）。

（4）干燥塔：容积500mL，内装无水氯化钙。

（5）缓冲瓶：容积6000mL。

7.7.2.4　氮气供给系统

（1）氮气钢瓶及氧压表。钢瓶内氮气含量大于98%。

（2）转子流量计：0.25m³/h。

（3）洗气瓶：容积500mL，内装焦性没食子酸的碱性溶液。

（4）干燥塔：容积500mL，内装无水块状氯化钙。

（5）当使用高纯氮气（氮含量99.99%）时，洗气瓶及干燥塔均不需要。

7.7.2.5　精密温度控制装置

温控范围：0～1600℃，精度±5℃，不带隔离变压器。

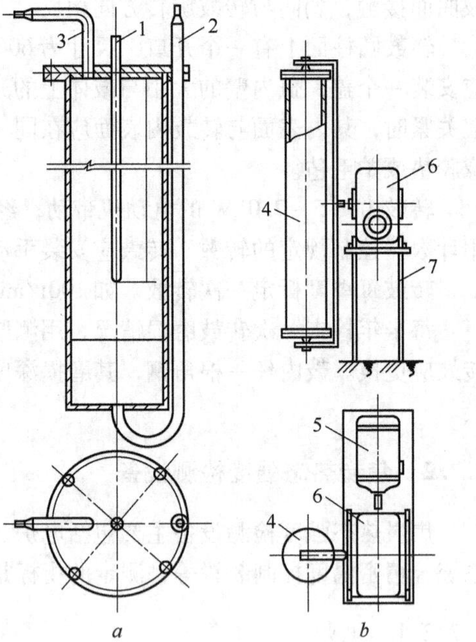

图7-3　块焦反应性测定装置示意图

a—反应器；b—Ⅰ型转鼓

1—中心电偶；2—进气管；3—排气管；4—鼓体；5—电动机；6—减速机；7—机架

复习思考题

7-1　煤焦化验设备包括哪些？

7-2　全断面取样机有哪些特点？

7-3　煤和焦炭的制样设备分别有哪些？

7-4　全自动工业分析仪有哪些主要功能？

7-5　库仑测硫仪由哪几个部分组成？

7-6　焦炭质量检测主要包括哪两个方面，并简述其作用。

7-7　焦炭热态强度检测设备主要包括哪些，简述各设备的结构和作用。

8 安全监控系统

在炼焦生产过程中，广泛使用高炉煤气（BFG）、焦炉煤气（COG）等有毒有害、易燃易爆气体和氮气（N_2）等易窒息性气体，生产现场铁路、公路纵横交错，煤焦皮带系统纷繁复杂，这些都给炼焦企业的安全生产带来了很大的威胁。针对这些情况，除了提高员工安全意识、加强安全管理外，使用安全监控系统会极大地减少事故的发生，提高企业的安全生产水平。

8.1 气体检测仪

焦炉加热用高炉煤气（BFG）CO 含量约为 22%。CO 一旦经呼吸道吸入，通过肺泡立即与血红蛋白结合形成碳氧血红蛋白（HbCO）。它与血红蛋白具有很强亲和力，即 CO 与血红蛋白的亲和力比氧与血红蛋白的亲和力约大 300 倍，致使血携氧能力下降。同时 HbCO 的解离速度却比氧合血红蛋白的解离慢 3600 倍，且 HbCO 的存在影响氧合血红蛋白的解离，阻碍了氧的释放，导致低氧血症，引起组织缺氧。缺氧和脑水肿造成脑血液循环障碍，引发严重疾病，引入过多可导致当场死亡。此外，CO 还是一种可燃气体。

在干熄焦生产过程中，氮气被用作循环气体使用。单质氮在常况下是一种无色无臭的惰性气体，一旦在地下皮带通廊等相对密封的空间泄漏，将会造成区域氧含量不足，导致人员窒息。

因此，加强人员作业场所 CO、O_2 等气体含量的监测对于预防事故的发生至关重要。

8.1.1 系统的构成及原理

气体检测仪的关键部件是气体传感器。气体传感器从原理上可以分为三大类：

（1）利用物理化学性质的气体传感器：如半导体式（表面控制型、体积控制型、表面电位型）、催化燃烧式、固体热导式等。

（2）利用物理性质的气体传感器：如热传导式、光干涉式、红外吸收式等。

（3）利用电化学性质的气体传感器：如定电位电解式、迦伐尼电池式、隔膜离子电极式、固定电解质式等。

可燃气体发生爆炸必须具备一定的条件，那就是：一定浓度的可燃气体，一定量的氧气以及足够热量点燃它们的火源，这就是爆炸三要素（如图 8-1 所示的爆炸三角形），缺一不可，也就是说，缺少其中任何一个条件都不会引起火灾和爆炸。当可燃气体和氧气混合并达到一定浓度时，遇到火源就会发生爆炸。我们把可燃气体遇火源发生爆炸的浓度称为爆炸浓度极限，简称爆炸极限，一般用百分数（%）表示。

实际上，这种混合物也不是在任何混合比例上都会发生爆炸而要有一个浓度范围。如图 8-1右图所示的阴影部分。当可燃气体浓度低于 LEL（最低爆炸限度）时（可燃气体浓度不足）和其浓度高于 UEL（最高爆炸限度）时（氧气不足）都不会发生爆炸。不同的可燃气体的 LEL 和 UEL 都各不相同，这一点在标定仪器时要十分注意。

为安全起见，一般我们应当在可燃气体浓度在 LEL 的 10% 和 20% 时发出警报。这里，10% LEL 称作警告警报，而 20% LEL 称作危险警报。这也就是我们将可燃气体检测仪又称作

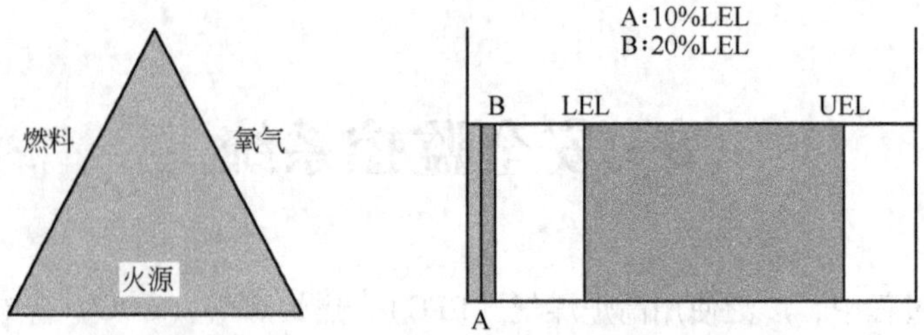

发生爆炸的三要素　　LEL、UEL和警报浓度

图 8-1　爆炸三要素和爆炸限度示意图

LEL 检测仪的原因。需要说明的是，LEL 检测仪上显示的 100% 不是可燃气体的浓度达到气体体积的 100%，而是达到了 LEL 的 100%，即相当于可燃气体的最低爆炸下限，如果是甲烷，100% LEL = 4% 体积浓度（VOL）。

在工作中，以 LEL 方式测量这些气体的检测仪是我们常见的催化燃烧式检测仪。它的原理是一个双路电桥（一般称作惠斯通电桥）检测单元，图 8-2 为 LEL 气体检测器原理示意图。在这其中的一个铂金丝电桥上涂有催化燃烧物质，不论何种易燃气体，只要它能够被电极引燃，铂金丝电桥的电阻就会由于温度变化发生改变，这种电阻变化同可燃气体的浓度成一定比例，通过仪器的电路系统和微处理机可以计算出可燃气体的浓度。

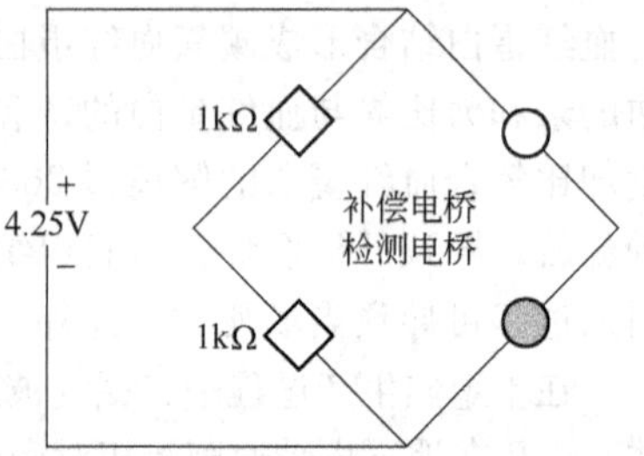

图 8-2　LEL 气体检测器原理示意图

直接测量可燃气体的体积浓度的热导式 VOL 检测器也可以在市场上得到，同时，也已经有了 LEL/VOL 合二为一的检测器。VOL 可燃检测器特别适合于在缺氧（氧气不足）的环境中测量可燃气体的体积（VOL）浓度。

8.1.2　气体检测仪的选用原则

（1）确认所要检测气体种类和浓度范围

如果甲烷和其他毒性较小的烷烃类居多，选择 LEL 检测仪无疑是最为合适的。这不仅是因为 LEL 检测仪原理简单，应用较广，同时它还具有维修、校准方便的特点。如果存在一氧化碳、硫化氢等有毒气体，就要优先选择一个特定气体检测仪才能保证人身的安全。如果更多的是有机有毒有害气体，考虑到其可能引起人员中毒的浓度较低，比如芳香烃、卤代烃、氨（胺）、醚、醇、脂等等，就应当选择光离子化检测仪，而绝对不要使用 LEL 检测器应付，因为这可能会导致人员伤亡。

如果气体种类覆盖了以上几类气体，选择一个复合式气体检测仪可能会达到事半功倍的效果。

（2）确定使用场合

工业环境的不同，选择气体检测仪种类也不同。

1）固定式气体检测仪。它可以安装在特定的检测点上对特定的气体泄漏进行检测。固定式检测器一般为两体式，有传感器和变送组成的检测头为一体安装在检测现场，有电路、电源和显示报警装置组成的二次仪表为一体安装在安全场所，便于监视。它在工艺和技术上更适合于连续、长时间稳定工作的特点。它们同样要根据现场气体的种类和浓度加以选择，同时还要注意将它们安装在特定气体最可能泄漏的部位，比如安装在焦炉地下室用于 CO 含量检测、安装在干熄焦排焦装置附近用于 O_2 含量检测等。此外，还要根据气体的密度选择传感器安装的最有效的高度。

2）便携式气体检测仪。由于便携式仪器操作方便，体积小巧，可以携带至不同的生产部位，电化学检测仪采用碱性电池供电，可连续使用 1000h；新型 LEL 检测仪、PID 和复合式仪器采用可充电池（有些已采用无记忆的镍氢或锂离子电池），使得它们一般可以连续工作近 12h。所以，作为这类仪器在炼焦厂的应用越来越广。

如果是在开放的场合，比如敞开的工作车间使用这类仪器作为安全报警，可以使用随身佩戴的扩散式气体检测仪，因为它可以连续、实时、准确地显示现场的有毒有害气体的浓度。这类的新型仪器有的还配有振动警报附件以避免在嘈杂环境中听不到声音报警，并安装计算机芯片来记录峰值、STEL（15min 短期暴露水平）和 TWA（8h 统计权重平均值），为工人健康和安全提供具体的指导。

如果是进入密闭空间，比如储料罐或容器、下水道或其他地下管道、地下设施、隧道等工作场合，在人员进入之前，就必须进行检测，而且要在密闭空间内进行检测。此时，就必须选择带有内置采样泵的多气体检测仪。因为密闭空间中不同部位（上、中、下）的气体分布和气体种类有很大的不同。比如：一般意义上的可燃气体的密度较小，它们大部分分布于密闭空间的上部；一氧化碳和空气的密度差不多，一般分布于密闭空间的中部；而像硫化氢等密度较大的气体则存在于密闭空间的下部。同时，氧气浓度也是必须要检测的种类之一。另外，如果考虑到密闭空间内可能的有机物质的挥发和泄漏，一个可以检测有机气体的检测仪也是需要的。因此一个完整的密闭空间气体检测仪应当是一个具有内置泵吸功能——以便可以非接触、分部位检测；具有多气体检测功能——以检测不同空间分布的危险气体，包括无机气体和有机气体；具有氧检测功能——防止缺氧或富氧；体积小巧，不影响工人工作的便携式仪器。

另外，进入密闭空间后，还要对其中的气体成分进行连续不断的检测，以避免由于人员进入、突发泄漏、温度等变化引起挥发性有机物或其他有毒有害气体的浓度变化。

8.1.3 设备的点检与维护

（1）每日巡查

向当班操作工了解气体报警检测装置的运行情况；供电电源检查；接线端子松动检查；表体及线路有无损坏检查；检查取样器、过滤器和校正气体用导管等有无泄漏或堵塞；检查分析仪内电器回路用保险丝是否熔断，分析仪输出是否达到精度要求。

（2）日常维修

检查分析仪内部的接线、焊点有无接触不良、间接短路等现象，如有则更新导线和处理短路。检查接线端子有无表面氧化、接触不良，如有则进行针对性处理。取样器、过滤器检查，若有堵塞则应立即进行清扫；检查电磁阀动作是否正常。

（3）定期维修

每天进行一次仪表外部清扫（尤其是粉尘大的场所）；每一个月进行一次过滤网检查、更换；每季度进行一次仪表内部清扫；检查校正气体导管和阀门是否有泄漏；定期检查校正气体导管是否有粉尘堵塞；零气体标准样气瓶检查，定期对其进行校准。

8.2　火灾自动报警系统

为保障人的生命和财产安全，减少不必要的损失，预防防范火灾事故，火灾自动报警系统随着科学技术的进步而得到发展。

火灾报警系统经历了多线制结构、总线制结构，目前发展到智能系统结构。

多线制结构是由多个探测器与火灾报警控制器相连的，早期的多线制有 $n+4$ 线制（n 是探测器数），仅当其中一个探测器选通线处于有效信号时，其传送的信号才是该探测部位的状态信号。总线制结构是所有探测器挂在总线上，彼此并联而且有各自独立的地址电路。报警控制器通过通信方式访问每只探测器。但是总线出现故障，所有的回路失效。智能火灾报警分为三种形式。第一种智能探测器形式。探测部分的处理芯片能根据环境作出快速响应，并对信号识别做出报警信号。控制器完成供电、信号显示、控制其他部件的功能。第二种智能控制器。这时探测器只起传感器作用，将环境变化产生转化的电信号送给控制器，控制器做出分析并报警输出。第三种探测器和控制器同时具有智能处理信号能力。对信号的分析判断更加准确。

8.2.1　探测器

火灾探测器是火灾报警系统中最关键的部件之一，安装在监测场所，不间断地接受环境产生的物理变化并转换成正确的电信号送到控制器中。探测器可分为感烟式探测器、感温式探测器、感光式探测器、气体火灾式探测器等。

感烟探测器又可分为离子感烟和光电感烟两种。离子式感烟探测器内装有电离室，电离室内的放射源将空气电离成正负离子。当烟雾进入电离室，烟雾颗粒阻挡离子运动，迫使电离电流减小，电流的变化经过处理送到控制器。光电式感烟探测器利用烟雾颗粒对红外光的散射使光接收装置接收红外光的原理，产生电信号。由于不同的火灾产生的烟雾颗粒不一样，所以宜用哪种感烟探测器视产生烟的性质而定。

感温探测器的原理是利用物质燃烧进程中周围环境温度的升高，探测器内置热敏元件发生变化产生的电信号的改变送到控制器，通过差温或者定温的阀值判断报警。

感光式探测器利用光敏元器件接收特定波长光，并将其转换为电信号分析其特有频率判断输出报警信号，它比感烟探测器响应时间短，可以用于易燃易爆区域。

气体探测器检测空气中可燃气体的浓度如 CO，当其浓度超过设定时报警输出。

8.2.2　火灾报警器控制器

全智能总线型 5800 火灾报警控制系统集电子、通信、控制技术一体，采用软件编程和大屏幕汉字显示技术并与常规编址单元配套，具有强大的监视、自诊断、报警功能。

信号输入编址单元：

DM-701 型编码底座（配 F732 型离子感烟探测器、262/062 型电子定温控测器）

ZZ-4721 型并联底座

DM-100B 型地址编码底座（配 1451 型离子感烟探测器、2451 型光电感烟探测器）

J-SAP-M-9130 型编址手动按钮

J-SAP-M-9131 型并联手动按钮

SM702 型智能输入模块

SG-98A 型编址声光报警盒

KM703 型智能输入/输出模块火灾显示盘

FS-99A 型火灾显示盘打印机

大屏幕智能火灾报警控制器6800 系列。其特点是有效反映被监视环境各种细微变化并对湿度、灰尘自动补偿，对电干扰自动处理，有效降低误报、漏报的产生。系统的主从网络结构满足不同的工况需求，实现总线联动控制。

6800 系列火灾报警控制器和智能型编址单元配套构成完整系统

JTY-LZA-SC552 智能离子感烟探测器

JTW-ZDA-SF551 智能感温探测器

JTY-GD-ZM2551 智能光电感烟探测器

JTF-YW-ZM3251 智能模拟量探测器

DZ-B501 型智能底座

J-SAP-M-M500K 型手动报警按钮

M500C 型智能控制模块

M500M 型智能监视模块

M500D 型智能监视控制模块

M500X 型总线隔离模块

CMX-10R 型可编程继电器卡

CDI 并联接口

FS-99A 型火灾显示盘

SD-6800/32 型手动控制盘

8.2.3 设备的点检与维护

（1）每日巡查。向当班操作工了解报警检测装置的运行情况；查看主机显示状态，检查线路及探头有无损坏。

（2）定期维修。每周进行一次设备清扫（尤其是粉尘大的场所）；定期检查探测器是否正常并进行手动报警试验。

8.3 视频监控装置

电子防护技术（Electronic Protection）主要是指用于安全防范的电子、通信、信息、计算机、网络等相关技术。电视监控（视频监控）是电子防护技术的一部分，因其可以准确及时地观看到前方信息，广泛应用于楼宇、交通、码头、金融、电力、企事业等。工厂厂区的监控基于保护厂区财产、人身安全和更方便的管理。针对重要特定区域、通道、出入口进行图像监控并通过存储设备保存，管理者足不出户就可以全面、准确、及时地观察到被监测的现场的真实情况。既节省了宝贵的时间，又减轻了管理层的工作量，大大提高了管理效率和管理自动化水平。

8.3.1 视频监控技术的发展

视频监控随之经历了三个时代。第一代：模拟监控时代。视频以模拟方式采用同轴电缆进行传输，并由控制主机进行模拟处理。其特点是建设方便，价格低廉，但这种方式传输距离有限，安全性较差，监控方式单一。第二代：半数字监控时代。视频以模拟方式采用同轴电缆进行传输，由多媒体控制主机或硬盘录像主机进行数字处理与存储。其特点是依赖于通信网络构成整个视频监控系统，功能较强，灵活性高，但功耗大，环境适应能力差，可靠性差。第三代：全数字监控时代。随着计算机、网络以及图像处理、传输技术的发展，数字视频监控系统和网络视频监控（嵌入式视频监控系统）改变了视频监控系统从信息采集、数据处理、传输、远程系统控制等行为形式，视频从图像采集设备输出时即为数字信号，并以网络为传输媒介，基于国际通用的TCP/IP协议，采用流媒体技术实现视频在网上的多路复用传输，并通过设在网上的网络虚拟（数字）矩阵控制主机，来实现对整个视频监控系统的指挥、调度、存储、授权控制等功能。视频监控信息流的数字化、编码压缩、开放式的协议，使智能网络视频监控系统与安防系统中的各个子系统间实现无缝连接，如：防盗报警系统、门禁系统等前端设备输出的数字信号也可由多网合一的方式，通过网络复用进行传输并在同一平台上进行管理与控制。

8.3.2　视频监控系统的组成

视频监控系统的一般过程是：在被监控场所安放一个或若干个摄像机拍摄监控现场，然后将视频信号通过传输网络（线缆、无线、光纤或以太网），传到指定的视频监控中心，再通过存储设备，将视频媒体数据存储到存储介质上，同时还可以根据不同需要和途径在现场安装其他的探测装置，作为视频监控系统的辅助设备。通常由摄像、传输、控制和显示四部分组成，结构如图8-3所示。

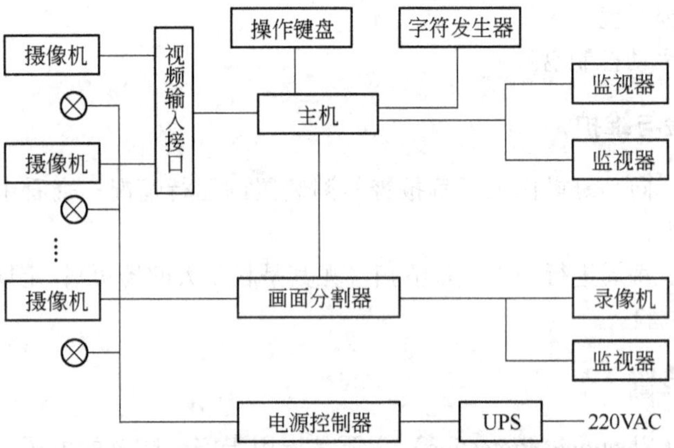

图8-3　视频监控系统的组成示意图

（1）摄像部分

摄像部分包括摄像机、镜头、防护罩、云台等。

1）摄像机：摄像机通过摄像管或CCD将拾取的图像光信号转变成电信号，放大整形处理后形成标准电视信号输出。CCD（Charge Coupled Device）是产生于20世纪70年代的一种不同于真空摄像管的MOS集成电路器件，具有体积小、灵敏度高、寿命长、惰性小等优点。衡量摄像机性能主要指标有：清晰度、灵敏度、信噪比、输出信号幅度等。

2）镜头：镜头就是实现光电转换的光学部件，按光圈、焦距的不同组合分为各种类型。如定焦镜头、变焦镜头、自动光圈变焦镜头。其主要的技术参数有成像尺寸、焦距、视场角、安装接口、景深。

3）云台：云台是摄像机的底座，一般分为普通型和球形。普通型需加装防护罩，球形有全球形、半球形防护罩。电动云台可以做水平360°、垂直小于正负90°的运动。其主要技术参数是：输入电压、功率、负重能力、转速、安装尺寸。

4）防护罩：防护罩用于保护摄像机。按照使用场合可分为室内型、室外型。室内防护罩有悬挂天花板和安装云台上两种。室外全天候防护罩因长期日晒雨淋，使用环境恶劣，可配置加热机、抽风机、雨刷、遮阳罩等附件。特殊环境下防护罩在耐温、耐压、耐腐、密封有特别的要求。

（2）控制部分

由主控台对信号进行放大、校正、切换、记录、分配，利用画面分割器使多路图像同时在一台监视器上显示；并通过终端解码器解出控制命令对前端设备和辅助设备控制。当有多个监控分点时也可以通过副控台对系统进行控制操作。

1）视频矩阵切换主机。由多个摄像机组成的监控系统中，摄像机数量大于监视器数目时往往需要视频切换主机来进行图像的选择。它可以将任何一台摄像机采集的画面送到多台监视器上，也可以轮换显示多个摄像机采集的画面到一台监视器上，同时可处理多路控制命令，因而是视频监控中不可或缺的控制设备。

2）画面分割器。画面分割器采用图像压缩、数字处理方式将多个摄像机采集的图像同时显示在一个监视器屏幕上。使用比较多的主要有4画面分割器、9画面分割器、16画面分割器。其主要性能指标有多路（4、9、16）视频输入和多路（4、9、16）视频输出，时间可调的顺序切换输出及独立切换输出，8个字符编程名称显示，人机操作方便，解析度高并实时更新。

3）监视器。按色彩来分监视器有黑白、彩色监视器；按显示来分有显像管、液晶、等离子监视器；按屏幕尺寸来分有9in、17in、18in、21in、29in、34in等规格。液晶监视器使用的显示器件是LCD，它自身显示方式为数字方式。监视器的主要技术指标有清晰度、灰度等级、通道频率、对比度、亮度、信噪比、几何失真、色调、高频行频辐射等。

4）视频信号传输。在近距离传输中通常采用视频基带传输，通过同轴电缆如SYV-75-5将摄像机捕捉的图像直接送到主控台。其特点是系统简单、失真小。远距离传输中可以通过射频方式或光纤传输。尤其是光纤的传输容量大，质量高，其传输性能是同轴电缆、电话电缆所不能相比的。

8.3.3 监控系统常见问题和处理

8.3.3.1 光纤收发器ACT灯没有正常闪亮

（1）检查供电电源是否正常，收发器电源灯是否正常；

（2）电源正常时检查连接收发器的光纤和双绞线连线是否连接好，有无错线、断线现象；

（3）收发器连接指示灯乱闪时，检查相应网络设备的速率是否正常；

（4）做短距离试验来判断收发器的好坏。

（5）针对上述情况做出相应处理：保证正常供电和线路完好时，判断网络故障还是设备故障，若是设备有问题则更换光纤收发器。

8.3.3.2 分割器故障

（1）电源工作不正常，引起分割器锁机。更换电源。

（2）接入BNC头视频线接触不良，造成画面跳动。

（3）由于误设程序，造成分割器工作混乱，重新设置。

8.3.3.3　摄像机故障

A　无图像输出

（1）检查电源是否接好，测量电压是否正确；

（2）BNC 接头或视频电缆是否接触不良；

（3）镜头光圈有否打开；

（4）视频或直流驱动的自动光圈镜头控制线是否接对。

B　图像质量不好

（1）检查镜头是否有粉尘覆盖，表面太脏；是否受潮、有污渍印记；

（2）检查视频信号线连接不好，接触不良、屏蔽是否良好；

（3）检查光圈是否调好；

（4）按传输介质是否按要求限定敷设的传输距离；

（5）检查设备工作电压是否正常、稳定；

（6）检查是否存在干扰源、信号是否衰减；

（7）监视器否正常，显像管是否老化或内部电路有故障。

复习思考题

8-1　CO 使人中毒的机理是什么？

8-2　爆炸的“三要素”是什么？

8-3　气体检测仪的选用原则是什么？

8-4　火灾探测器有哪几种？

8-5　感温探测器的原理是什么？

8-6　感光探测器的原理是什么？

8-7　视频监控技术历经哪几个发展过程？

8-8　视频监控系统由哪几个基本部分组成？

8-9　摄像部分的基本组成是什么？

8-10　视频监控系统的工作过程是什么？

参考文献

1　姚昭章．炼焦学（第2版）．北京：冶金工业出版社，1995
2　严文福，郑明东．焦炉热工测试与调节．北京：冶金工业出版社，1994
3　郑中．炼焦工艺．北京：兵器工业出版社，2003
4　魏宇梅，李哲浩等．焦化机械基础及维护．武汉：武汉工业大学出版社，1991
5　梁英华等．炼焦机械与设备．北京：化学工业出版社，2005
6　潘立慧，魏松波等．干熄焦技术．北京：冶金工业出版社，2005
7　潘立慧，魏松波等．炼焦新技术．北京：冶金工业出版社，2006
8　潘立慧，魏松波等．炼焦技术问答．北京：冶金工业出版社，2006

冶金工业出版社部分图书推荐

书　　名	作　者	定价(元)
炼焦学（第3版）（本科教材）	姚昭章　等编	39.00
煤化学（本科教材）	虞继舜　主编	23.00
煤化学产品工艺学（本科教材）	肖瑞华　等编	45.00
固体物料分选理论与工艺（本科教材）	张一敏　主编	68.00
炼焦化学产品回收技术（培训教材）	何建平　主编	59.00
炼焦新技术	潘立慧　等编	56.00
干熄焦技术	潘立慧　等编	58.00
炼焦煤性质与高炉焦炭质量	周师庸　著	29.00
煤焦油化工学	肖瑞华　编著	25.00
焦炉科技进步与展望	严希明　编	50.00
焦化废水无害化处理与回用技术	王绍文　等编	28.00
高浓度有机废水处理技术与工程应用	王绍文　等编著	69.00
炭素工艺学	钱湛芬　主编	24.80
燃气工程	吕佐周　等编	64.00
炼焦技术问答	潘立慧　等编	38.00
炭素材料生产问答	童芳森　等编	25.00
煤的综合利用基本知识问答	向英温　等编	38.00
焦化厂化产生产问答（第2版）	范伯云　等编	16.00
炼焦化学产品生产技术问答	肖瑞华　编	35.00
炭材料生产技术600问	许　斌　等编	35.00
工业除尘设备——设计 制作 安装与管理	姜凤友　主编	158.00
烟尘纤维过滤理论与技术	何晓东　编著	45.00
噪声振动与控制技术	袁昌明　编著	23.00
工业防毒技术	袁昌明　编著	28.00
钢铁冶金环保与节能	李光强　编著	39.00
球团矿生产技术	张一敏　主编	38.00
球团矿生产知识问答	张一敏　主编	19.00
材料成形工艺学（国规教材）	齐克敏　等编	69.00